海洋深水油气田开发工程技术丛书

丛书主编　　曾恒一

丛书副主编　谢　彬　李清平

深水流动安全保障技术

李清平　姚海元　程　兵　等

著

上海科学技术出版社

图书在版编目（ＣＩＰ）数据

深水流动安全保障技术 / 李清平等著. -- 上海 ：
上海科学技术出版社，2021.3
（海洋深水油气田开发工程技术丛书）
ISBN 978-7-5478-5258-3

Ⅰ．①深… Ⅱ．①李… Ⅲ．①海上油气田－油气田开
发－安全管理 Ⅳ．①TE58

中国版本图书馆CIP数据核字（2021）第046392号

深水流动安全保障技术
李清平　姚海元　程　兵　等　著

上海世纪出版（集团）有限公司 出版、发行
上 海 科 学 技 术 出 版 社
（上海钦州南路71号　邮政编码 200235　www.sstp.cn）
上海雅昌艺术印刷有限公司印刷
开本 787×1092　1/16　印张 18.75
字数 410 千字
2021 年 3 月第 1 版　2021 年 3 月第 1 次印刷
ISBN 978 - 7 - 5478 - 5258 - 3/TE·7
定价：158.00 元

内 容 提 要

本书主要介绍了深水流动安全保障的实验系统、关键技术、工艺流程和研究进展。全书分为 10 章,第 1 章对比了国内外流动安全保障技术研究现状,指明了我国今后的发展方向;第 2 章主要介绍了国内外流动安全实验系统建设运行情况;第 3 章主要介绍了深水多相混输系统流动安全工程设计及相关软件的开发;第 4 章、第 5 章、第 6 章分别介绍了深水流动安全保障中的段塞预测技术、蜡沉积预测技术和水合物防控技术;第 7 章主要介绍了流动安全处理设备及工艺;第 8 章主要介绍了防腐工艺及进展;第 9 章主要介绍了深水流动安全监测技术;第 10 章论述了作者对相关技术的展望及建议。通过阅读本书,技术人员可以了解深水流动安全保障中的各类关键防控措施及相应工艺流程,并有助于在工程设计和现场作业中解决实际问题。

本书可供从事深水油气田开发、管网设计、管道建设技术研究的科研人员、工程技术人员、现场作业人员,以及高等院校相关专业师生参考。

丛书编委会

主　编　曾恒一

副主编　谢　彬　李清平

编　委　（按姓氏笔画排序）

马　强	王　宇	王　玮	王　清	王世圣
王君傲	王金龙	尹　丰	邓小康	冯加果
朱小松	朱军龙	朱海山	伍　壮	刘　健
刘永飞	刘团结	刘华清	闫嘉钰	安维峥
许亮斌	孙　钦	杜宝银	李　阳	李　博
李　焱	李丽玮	李峰飞	李梦博	李朝玮
杨　博	肖凯文	吴　露	何玉发	宋本健
宋平娜	张　迪	张　雷	张晓灵	张恩勇
陈海宏	呼文佳	罗洪斌	周云健	周巍伟
庞维新	郑利军	赵晶瑞	郝希宁	侯广信
洪　毅	姚海元	秦　蕊	袁俊亮	殷志明
郭　宏	郭江艳	曹　静	盛磊祥	韩旭亮
喻西崇	程　兵	谢文会	路　宏	裴晓梅

专 家 委 员 会

丛书序

目前，海洋能源资源已成为全球可持续发展主流能源体系的重要组成部分。海洋蕴藏了全球超过70%的油气资源，全球深水区最终潜在石油储量高达1000亿桶，深水是世界油气的重要接替区。近10年来，人们新发现的探明储量在1亿t以上的油气田70%在海上，其中一半以上又位于深海，深水区一直是全球能源勘探的前沿区和热点区，深水油气资源成为支撑世界石油公司未来发展的新领域。

当前我国能源供需矛盾突出，原油、天然气对外依存度逐年攀升，原油对外依存度已经超过70%，天然气的对外依存度已经超过45%。加大油气勘探开发力度，强化油气供应保障能力，构建全面开放条件下的油气安全保障体系，成为当务之急。党的十九大报告提出"加快建设海洋强国"战略部署，实现海洋油气资源的有效开发是"加快建设海洋强国"战略目标的重要组成部分。习近平总书记在全国科技"三会"上提出"深海蕴藏着地球上远未认知和开发的宝藏，但要得到这些宝藏，就必须在深海进入、深海探测、深海开发方面掌握关键技术"。加快发展深水油气资源开发装备和技术不仅是国家能源开发的现实需求，而且是建设海洋强国的重要内容，也是维护我国领海主权的重要抓手，更是国家综合实力的象征。党的十九届五中全会指出，"坚持创新在我国现代化建设全局中的核心地位，把科技自立自强作为国家发展的战略支撑"，是以习近平同志为核心的党中央把握大势、立足当前、着眼长远作出的战略布局，对于我国关键核心技术实现重大突破、促进创新能力显著提升、进入创新型国家前列具有重大意义。

我国深海油气资源主要集中在南海，而南海属于世界四大海洋油气聚集中心之一，有"第二个波斯湾"之称。南海海域水深在500 m以上区域约占海域总面积的75%，已发现含油气构造200多个、油气田180多个，初步估计油气地质储量约为230亿～300亿t，约占我国油气资源总量的1/3，同时南海深水盆地的地质条件优越，因此南海深水区油气资源开发已成为中国石油工业的必然选择，是我国油气资源接替的重要远景区。

深水油气田的开发需要深水油气开发工程装备和技术作为支撑和保障。我国海洋石油经过近50年的发展，海洋工程实践经验仅在300 m水深之内，但已经具备了300 m以内水深油气田的勘探、开发和生产的全套能力，在300 m水深的工程设计、建造、安装、运行和维护等方面与国外同步。在深水油气开发方面，我国起步较晚，与欧美发达国家还存在较大差距。当前面临的主要问题是海洋环境及地质调查数据不足,工程设计、建造和施工技术匮乏,安装资源不足,缺少工程经验,难以满足深水油气开发需求,所以迫切需要加强对海洋环境和工程地质技术、深水平台工程设计及施工技术、水下生产系统工程技术、深水流动安全保障控制技术、海底管道和立管工程设计及施工技术、新型开发装置工程技术等关键技术研究,加强对深水施工作业装备的研制。

2008 年,国家科技重大专项启动了"海洋深水油气田开发工程技术"项目研究。该项目由中海油研究总院有限责任公司牵头,联合国内海洋工程领域 48 家企业和科研院所组成了 1 200 人的产学研用一体化研发团队,围绕南海深水油气田开发工程亟待解决的六大技术方向开展技术攻关,在深水油气田开发工程设计技术、深海工程实验系统和实验模拟技术、深水工程关键装置/设备国产化、深水工程关键材料和产品国产化以及深水工程设施监测系统等方面取得标志性成果。如围绕我国南海荔湾 3-1 深水气田群、南海流花深水油田群及陵水 17-2 深水气田开发过程中遇到的关键技术问题进行攻关,针对我国深水油气田开发面临的诸多挑战问题和主要差距(缺乏自主知识产权的船型设计,核心技术和关键设备仍掌握在国外公司手中;深水关键设备全部依赖进口;同时我国海上复杂的油气藏特性以及恶劣的环境条件等),在涵盖水面、水中和海底等深水油气田开发工程关键设施、关键技术方面取得突破,构建了深水油气田开发工程设计技术体系,形成了 1 500 m 深水油气田开发工程设计能力;突破了深水工程实验技术,建成了一批深水工程实验系统,形成国内深水工程实验技术及实验体系,为深水工程技术研究、设计、设备及产品研发等提供实验手段;完成智能完井、水下多相流量计、保温输送软管、水下多相流量计等一批具有自主知识产权的深水工程装置/设备样机和产品研制,部分关键装置/设备已经得到工程应用,打破国外垄断,国产化进程取得实质性突破;智能完井系统、水下多相流量计、水下虚拟计量系统、保温输油软管等获得国际权威机构第三方认证;成功研制四类深水工程设施监测系统,并成功实施现场监测。这些研究成果成功应用于我国荔湾周边气田群、流花油田群和陵水 17-2 深水气田工程项目等南海以及国外深水油气田开发工程项目,支持了我国南海 1 500 m 深水油气田开发工程项目的自主设计和开发,引领国内深水工程技术发展,带动了我国海洋高端产品制造能力的快速发展,支撑了国家建设海洋强国发展战略。

"海洋深水油气田开发工程技术丛书"由国家科技重大专项"海洋深水油气田开发工程技术(一期)"项目组长曾恒一院士和"海洋深水油气田开发工程技术(二期、三期)"项目组长谢彬作为主编和副主编,由"深水钻完井工程技术""深水平台技术""水下生产技术""深水流动安全保障技术"和"深水海底管道和立管工程技术"5 个课题组长作为分册主编,是我国首套全面、系统反映国内深水油气田开发工程装备和高技术领域前沿研究和先进技术成果的专业图书。丛书集中体现海洋深水油气田开发工程领域自"十一五"到"十三五"国家科技重大专项研究所获得的研究成果,关键技术来源于工程项目需求,研究成果成功应用于工程项目,创新性研究成果涉及设计技术、实验技术、关键装备/设备、智能化监测等领域,是产学研用一体化研究成果的体现,契合国家海洋强国发展战略和创新驱动发展战略,对于我国自主开发利用海洋、提升海洋探测及研究应用能力、提高海洋产业综合竞争力、推进国民经济转型升级具有重要的战略意义。

中国科协副主席
中国工程院院士

丛书前言

　　加快我国深水油气田并发的步伐,不仅是我国石油工业自身发展的现实需要,也是全力保障国家能源安全的战略需求。中海油研究总院有限责任公司经过 30 多年的发展,特别是近 10 年,已经建成了以"奋进号""海洋石油 201"为代表的"五型六船"深水作业船队,初步具备深水油气勘探和开发的能力。国内荔湾 3-1 深水气田群和流花油田群的成功投产以及即将投产的陵水 17-2 深水气田,拉开了我国深水油气田开发的序幕。但应该看到,我国在深水油气田开发工程技术方面的研究起步较晚,深水油气田开发处于初期阶段,国外采油树最大作业水深 2 934 m,国内最大作业水深仅 1 480 m;国外浮式生产装置最大作业水深 2 895.5 m,国内最大作业水深 330 m;国外气田最长回接海底管道距离 149.7 km,国内仅 80 km;国外有各种类型的深水浮式生产设施 300 多艘,国内仅有在役 13 艘浮式生产储油卸油装置和 1 艘半潜式平台。此表明无论在深水油气田开发工程技术还是装备方面,我国均与国外领先水平存在巨大差距。

　　我国南海深水油气田开发面临着比其他海域更大的挑战,如海洋环境条件恶劣(内波和台风)、海底地形和工程地质条件复杂(大高差)、离岸距离远(远距离控制和供电)、油气藏特性复杂(高温、高压)、海上突发事故应急救援能力薄弱以及南海中南部油气开发远程补给问题等,均需要通过系统而深入的技术研究逐一解决。2008 年,国家科技重大专项"海洋深水油气田开发工程技术"项目启动。项目分成 3 期,共涉及 7 个方向:深水钻完井工程技术、深水平台工程技术、水下生产技术、深水流动安全保障技术、深水海底管道和立管工程技术、大型 FLNG/FDPSO 关键技术、深水半潜式起重铺管船及配套工程技术。在"十一五"期间,主要开展了深水钻完井、深水平台、水下生产系统、深水流动安全保障、深水海底管道和立管等工程核心技术攻关,建立深水工程相关的实验手段,具备深水油气田开发工程总体方案设计和概念设计能力;在"十二五"期间,持续开展深水工程核心技术研发,开展水下阀门、水下连接器、水下管汇及水下控制系统等关键设备,以及保温输送软管、湿式保温管、国产 PVDF 材料等产品国产化研发,具备深水油气田开发工程基本设计能力;在"十三五"期间,完成了深水油气田开发工程应用技术攻关,深化关键设备和产品国产化研发,建立深水油气田开发工程技术体系,基本实现了深水工程关键技术的体系化、设计技术的标准化、关键设备和产品的国产化、科研成果的工程化。

为了配合和支持国家海洋强国发展战略和创新驱动发展战略,国家科技重大专项"海洋深水油气田开发工程技术"项目组与上海科学技术出版社积极策划"海洋深水油气田开发工程技术丛书",共 6 分册,由国家科技重大专项"海洋深水油气田开发工程技术(一期)"项目组长曾恒一院士和"海洋深水油气田开发工程技术(二期、三期)"项目组长谢彬作为主编和副主编,由"深水钻完井工程技术""深水平台技术""水下生产技术""深水流动安全保障技术"和"深水海底管道和立管工程技术"5 个课题组长作为分册主编,由相关课题技术专家、技术骨干执笔,历时 2 年完成。

"海洋深水油气田开发工程技术丛书"重点介绍深水钻完井、深水平台、水下生产系统、深水流动安全保障、深水海底管道和立管等工程核心技术攻关成果,以集中体现海洋深水油气田开发工程领域自"十一五"到"十三五"国家科技重大专项研究所获得的研究成果,编写材料来源于国家科技重大专项课题研究报告、论文等,内容丰富,从整体上反映了我国海洋深水油气田开发工程领域的关键技术,但个别章节可能存在深度不够,不免会有一些局限性。另外,研究内容涉及的专业面广、专业性强,在文字编写、书面表达方面难免会有疏漏或不足之处,敬请读者批评指正。

中国工程院院士 曾恒一

致 谢 单 位

中海油研究总院有限责任公司

中海石油深海开发有限公司

中海石油(中国)有限公司湛江分公司

海洋石油工程股份有限公司

海洋石油工程(青岛)有限公司

中海油田服务股份有限公司

中海石油气电集团有限责任公司

中海油能源发展股份有限公司工程技术分公司

中海油能源发展股份有限公司管道工程分公司

湛江南海西部石油勘察设计有限公司

中国石油大学(华东)

中国石油大学(北京)

大连理工大学

上海交通大学

天津市海王星海上工程技术股份有限公司

西安交通大学

天津大学

西南石油大学

深圳市远东石油钻采工程有限公司

吴忠仪表有限责任公司

南阳二机石油装备集团股份有限公司

北京科技大学

华南理工大学

西安石油大学

中国科学院力学研究所

中国科学院海洋研究所

长江大学

中国船舶工业集团公司第七〇八研究所

大连船舶重工集团有限公司

深圳市行健自动化股份有限公司

兰州海默科技股份有限公司

中船重工第七一九研究所

浙江巨化技术中心有限公司

中船重工(昆明)灵湖科技发展有限公司

中石化集团胜利石油管理局钻井工艺研究院

浙江大学

华北电力大学

中国科学院金属研究所

西北工业大学

上海利策科技有限公司

中国船级社

宁波威瑞泰默赛多相流仪器设备有限公司

本书编委会

主　编　李清平

副主编　姚海元　程　兵

编　委　（按姓氏笔画排序）

王　玮　王　清　王君傲　朱军龙　朱海山

伍　壮　刘永飞　李　焱　杨　博　宋本健

张　雷　陈海宏　周云健　庞维新　郑利军

秦　蕊　喻西崇　路　宏

前　言

　　自 1975 年壳牌公司首次在密西西比峡谷水深约 313 m 处发现 Cognac 油田以来，深水已经成为世界能源储量和产量的重要接续区。近 10 年来全球年新增油气可采储量 40％以上来自深海，其中 2012 年超过 70％。墨西哥湾、巴西、西非等深水开发的"金三角"，其深水区的产量也已经超过浅水区。深水能源开发工程技术和装备日新月异，科技创新助力深水油气田开发进程不断加快。深海油气开发水深纪录达到 2 943 m，深水油气田开发的集输半径纪录达到 150 km。

　　深水高静水压、海底低温（2～4℃）、深水陆坡区地势起伏，以及深水油气田高黏、易凝、高含二氧化碳等复杂油气藏特性，使得运行和工作在那里的连接着油气藏、各个卫星井、边际油气田及中心处理系统之间的设施，以及从几千米、几十千米到数百千米海底管道组成的深水油气水多相流动体系面临着更为严峻的考验。来自油田现场的资料表明：由于多相流自身组成、海底地势起伏、运行操作等带来的一系列问题如固相生成（水合物、析蜡）、段塞流、多相流腐蚀、固体颗粒冲蚀等，已经严重威胁到生产的正常进行以及海底生产系统和混输管线的安全运行，由此引起的险情频频发生。

　　固相生成不仅使原有的多相流动更加复杂，而且可能造成设施和管道部分堵塞，在目前技术发展阶段阻塞点定位和处理都很难；通常发生海底混输管线立管段的严重段塞流，不仅使上下游设备处于非稳定工作状态，而且容易引发管道、连接部件、设施的不规则振动，甚至发生严重的流固耦合问题，直接威胁到中心平台或油轮的安全；而海底混输管道输送的多是未经净化处理的多相井流，即含有 H_2S、CO_2 等酸性介质的多相流引起的冲刷腐蚀成为一种涉及面广且危害很大的腐蚀类型，近年来已成为腐蚀和多相流交叉学科的研究热点。因此，从油藏、井筒、水下设施到依托设施的深水油气水多相流动安全保障技术的重要性日益彰显。深水流动安全保障技术不仅是深水油气田开发和安全运行的热点和难点，也是制约深水油气田开发模式、集输半径的核心要素之一。早在 20 世纪 80 年代，著名的欧洲"海神计划"、美国"海王星计划"和巴西"深水计划"等都无一例外地将深水流动安全保障技术作为核心攻关技术。

　　2006 年，我国南海第一个深水油气田——水深 1 480 m 的荔湾 3-1 气田的发现拉开了南海深水油气田开发的序幕。当时我国海上油气田开发的最大水深仅 333 m，同时我国海上油气具有高黏、高凝、油气比变化大等特点。随着我国海洋石油走向南海，深水流动安全保障将面临巨大挑战,因而兼顾引进和创新,开展深水流动安全保障技术和水合物风险控制技术的研究不仅具有重要的现实意义,也具有长远的战略意义。2008年,国家科技重大专项启动"深水油气田流动安全保障技术"课题研究,以实现我国南海深水油气田的自主开发为目标,围绕深水高压低温环境以及我国深水油气田油品特性,重点突破从水下流动设施到海底管线、立管以及下游设备流动全过程中的技术瓶颈,包括深水流动安全实验研究与设计技术、流动系统中固相生成、控制与清除技术、段塞流预测与控制技术、深水流动安全在线监测与预警技术。经过"十一五""十二五""十三五"持续攻关,课题研究取得了丰硕的成果,主要包括:一是建立了世界先进的深水高压低温油气水多相流动安全实验系统和实验技术体系;二是形成了基于我国深水油气藏物性特征和开发特点的 1 500 m 水深深水油气水多相流动安全工程技术体系;三是建立深水油气水等未经处理的多相生产流体中水合物、蜡沉积、立管多相段塞等预测、监测和控制方法;四是探索了深水油气田流动监测和管理技术方法。研究成果直接支撑我国荔湾 3-1 气田采用全水下生产系统、79 km 海底混输管道回接到水深 205 m 浅水集输处理平台的"深—浅—陆"开发模式,同时为我国第一个自营深水油气田陵水 17-2以及流花深水油气田的设计、建设和运维提供了强有力的技术保障。

本书为"十一五"以来深水油气水多相流动安全保障技术研究进展的总结和提炼。李清平负责全书的策划、统稿,并编写第 1 章、第 10 章;郑利军编写第 2 章;姚海元编写第 3 章、第 4 章;程兵、刘永飞、朱军龙、王君傲编写第 5 章;庞维新编写第 6 章;秦蕊、刘永飞编写第 7 章;王清、张雷编写第 8 章;程兵编写第 9 章;朱军龙、宋本健负责全书文字及图表的整理;王玮、朱海山、伍壮、李森、杨博、陈海宏、周云健、喻西崇、路宏参与了深水流动安全保障技术的相关研究,审阅、提供参考资料,以及做了其他相关工作。本书的出版无疑是课题组全体研究人员、联合研究团队科研人员、海上现场实施人员历时多年的辛勤劳动和共同努力的结果,特向他们表示衷心的感谢。希望本书的出版,为广大科研工作者、科研人员以及面向海洋工程的在校学生,提供有意义、有价值的参考,同时也供相关科技界、教育界、企业界等深入研究深水流动安全技术、解决现场问题提供参考和基础。

由于深水油气田流动安全保障涉及的专业领域多、范围广,加之我国深水油气田开发刚刚拉开序幕,可供参考比对的现场实践经验有限,我们只对课题主要研究成果及在一定范围内的应用验证进行了梳理和总结,不当或疏漏之处在所难免,敬请读者批评指正。

编　者

2020 年 12 月

目　录

第1章 绪 论

深水是世界石油重要储量和产量的主要接续区,随着陆上与近海油气资源的日益减少,海洋油气田开发已经逐步进入深海领域。我国深水海域蕴藏着丰富的油气资源,其中南海海域的石油地质储量大致在 230 亿～300 亿 t,有着广阔的深海油气开发前景。从 20 世纪 70 年代开发水深约 100 m,到 2019 年开发水深已经达到 2 943 m,深水正在成为 21 世纪重要的能源基地和科技创新的前沿。

深水高压、低温以及复杂的油气藏特性,不仅对井筒设施和水下、水中、水面的生产设施提出了苛刻的要求,也使连接各个卫星井、边际油气田及中心处理系统间的海底管道、管网和油气水多相集输系统安全面临着巨大的挑战。由于各个生产井井流物的多相性、海底地势起伏、运行操作等带来的一系列问题(如水合物、蜡、沥青质等固相生成,段塞流,多相冲蚀,低温乳化等),已严重威胁到油藏、井筒、水下设施、海底管道和立管等在内的整个流动体系全寿命周期的安全运行,因此深水油气水多相流动安全保障技术和流动工程体系的研究成为深水油气田开发的核心技术和重点攻关方向,也是制约深水油气田开发模式、集输半径、安全运行的热点和难点。

1.1 深水流动安全保障技术研究概况

自从 1975 年第一口深水探井钻探以来,人类开发深水油气田的步伐不断加大。截至 2019 年,已经开发油气田水深纪录达 2 943 m,水下井口采出的油气水等未经处理的多相井流集输半径的纪录为 150 km。2009 年,挪威北海 SNOVHOT 气田充分利用海底地势特点,采用全水下生产系统,将采出油气水多相流体通过 146 km 海底长输管道直接输送到陆上终端。深水流动安全保障创新技术的发展与应用,助力深水油气田开发向更深更远海域进军。

1.1.1 深水流动安全保障技术研究目标和计划

深水油气田开发模式主要包括深水平台(干式采油)、水下生产系统＋浮式生产平台、水下生产系统＋浅水平台(陆上终端)(图 1－1)。无论哪种方式,海底油气水多相混输系统是深水油气田开发最主要的油气集输模式,流动体系主要包括储层、井筒、生产设施、井口区管道和海底集输管道,是以设备为点、管道等为线组成的庞大系统。深水海底高压低温环境复杂,井流特性复杂,必然会引起集输系统中安全流动障碍的出现,所以深水流动安全保障一直是石油强国关注的热点和难点。

深水油气田多相流动保障所要解决的主要问题是油气水多相流整个流动体系中不

图1-1 水下生产系统＋海底管道＋陆上终端

稳定的流动行为,包括原油的起泡,低温乳化,固相沉积(如水合物、蜡、沥青质和结垢等)(图1-2),水下设施、跨接管、海底管道和立管段塞流,以及气液、油水两相流流型引发的多相流动态腐蚀、冲蚀等。集输系统中多相流流动行为的变化将影响正常的生产运行,甚至会导致油气井停产,所以如何保证从设计到建造、运维、弃置全时段,从储层、井筒、水下设施、海底管道到下游设施整体油气水多相流动体系中任何时间、任何地点"流动畅通",是流动安全保障技术和工程研究的目标。

早在20世纪80年代,英国、挪威、法国、美国、德国、巴西等国家纷纷采取以科研机构、石油公司、设备公司三方合作的方式,投入大量的人力、物力,开始进行深水工程的长期研究计划,从事与深水远距离多相输送流动保障相关的研究工作,如欧洲的"海神计划",巴西一系列深水研究计划 PROCAP1000、PROCAP2000、PROCAP3000 等(表1-1),都一直将深水流动安全保障技术作为中长期深水科技战略重要研究方向。

经过十几年的探索和研究人员的不懈努力,美国、挪威、巴西等国分别从机理研究到建立大型多相流试验环路,油气水多相管流工艺设计技术日臻完善,流动安全的系统监测以及复杂工况的处理技术、装备不断发展。与此同时,水下多相增压设备、多相计量仪表、水下气液高效分离技术等取得了长足的进步,12套水下多相增压泵、多套水下气液分离系统已经投入现场使用,部分设备和软件进入商业化应用阶段。这些创新技

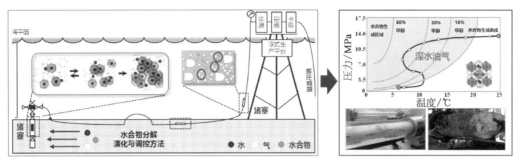

(a) 水合物堵塞

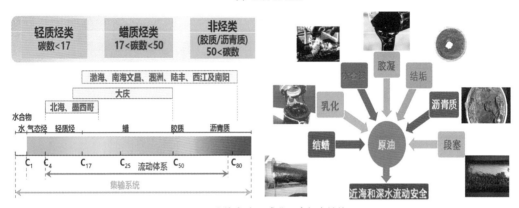

(b) 固相沉积、乳化、多相腐蚀等

图 1-2 典型流动安全问题

表 1-1 国际知名的深水工程研究计划

计 划 名 称	地区或国家	时 间	关 键 技 术
海神计划	欧洲 (英国、法国、德国、挪威)	20 世纪 80 年代初至今	① 深水水池和大型环路系统 ② 新型半潜式生产平台(SEMI-FPS)设计技术 ③ 水下油气增压、计量 ④ 多相流动安全保障技术
PROCAP (1000、2000、3000)	巴西	20 世纪 90 年代初至今	① 深水水池、流动安全试验环路 ② 全电式水下控制 ③ 水下设施的检测技术 ④ 深水多相流动安全保障
海王星计划	美国	20 世纪 80 年代末至今	① 深水水池、流动安全、腐蚀环路 ② 新型张力腿平台(TLP)、深吃水立柱式平台(SPAR)设计建造技术

术的研发为深水油气水多相远距离集输系统的设计、运行安全提供了有力的技术支撑和保障,同时极大地促进了北海、墨西哥、巴西等地区海底管道的建设。目前国外海底混输管道的建设已经具有一定的规模,其显著特点如下:

① 建设区域广：包括北海、墨西哥湾、澳大利亚、巴西、加拿大等。

② 输送介质以天然气凝析液、轻质原油为主。

③ 铺设的水深范围大：从几十米到数千米。

④ 海底混输管道的发展趋势为大口径[内径从 12 in 到 40 in（1 in＝2.54 cm）]、长距离（最长 500 多千米）、高压力。

⑤ 智能控制技术开发与应用：包括软件模拟和流态控制技术在管道设计及运行管理方面的应用。

⑥ 新型输送技术研究与应用：如采用超高压力和密相输送，使多相变单相，采用水下多相增压技术、分离技术等延长卫星井或油田回接距离及上岸距离等。

1.1.2 深水流动安全保障技术研究方向

围绕混输系统的设计及运行，今后将要进行的工作和主要研究趋势主要包括以下 7 个方面：

1）中试环路系统或流动安全实验系统的建立

建立大型的以天然气、原油为实验介质的中试环路系统，开展针对目标区域油气田油品物性的流动安全实验系统。目前墨西哥湾、北海、巴西都建立了一定功能的实验环路系统，通过从实验室、中试到现场大型试验研究系统，一方面有效地保护自己油气田的资料信息，并针对性地开展流动安全实验研究工作，有效降低新产品在海上油气田使用中的风险；另一方面作为产品测试的窗口，为新设备的设计与选择提供可能，通过有效的科研成果转化机制，真正服务于油气田现场需求。目前各主要研究结构、国际石油公司逐步建立了自己的实验研究体系。

2）流动安全预测技术研究

主要是通过实验研究，建立相应的计算模型和方法，对基本压力、温度等流动参数及物性参数进行预测，为工艺设计和运行安全提供技术支持。目前在大型实验研究和现场数据不断收集、完善、整理的基础上，已有一系列软件、经验公式，如 OLGA5、PIPEFLOW、PIPESYS 等。

3）复杂工况（段塞流、蜡、水合物）的在线监测与预防

通过理论和实验相结合的方法，研究蜡、水合物、段塞流等的形成机理和条件；对停输启动、清管等特殊作业过程进行分析和指导；通过实验研究和理论分析，确定蜡、水合物、段塞、沥青质、水垢等形成过程中的特征参数，研制基于各种原理的在线监测系统和控制技术；在弄清管壁结蜡机理、水合物形成机理的基础上，需要进一步研究管道的防堵技术，包括降压技术、保温技术、注入化学药剂技术、机械清管技术。

4）复杂工况的检测与处理技术研究

研究混输系统出现故障后如何进行水合物、蜡、漏蚀等问题在线检测以及恢复正常

生产的技术手段。

5）流动优化与管理技术研究

流动安全保障要保证流动无堵塞,其涉及油气中的水合物、蜡、沥青质、矿物结垢和其他固态物质（如砂）等,它们容易堵塞管道,并容易在输送设备和油罐内沉积,而过度的沉积会影响阀门和仪器等的正常工作;还要控制油气管道输送工况,优化流动行为,降低运行费用,如泡沫过多、乳化及固体沉积等不稳定现象会使流动能耗增加、化学稳定性变差,从而使油井产量降低,致使生产成本增加。研制高性能的流动改性减阻材料是目前研究热点之一。

6）海底混输管道多相流腐蚀问题研究

由于混输管道输送介质成分复杂,运行工况及流动状况不稳定,因而对管材内腐蚀的分析评价十分困难。影响海底混输管线多相流腐蚀的影响因素较多,例如多相流的流速流型（环状流、层流、段塞流、弹状流等）、环境介质组成（CO_2、H_2S、Cl^- 等介质组成含量,矿化度,油品类型,砂粒类型和含量等）、管道布置方式和几何形状（平管、立管、斜管、突扩突缩、弯管等）、材质类型和添加化学药剂品种,都会对多相流腐蚀的腐蚀速率和腐蚀形态造成巨大影响。目前,国内外都是通过试验对一些主要因素如 H_2S、CO_2、CO_3^{2-}、HCO_3^-、Cl^-、流速、含水量等进行模拟研究,一般都没有对油气水多相混输的流体特征及该条件下管道的内壁腐蚀进行系统的理论研究和试验研究,尤其是对油气混输中常常出现且可能对管壁产生严重腐蚀的段塞流进行研究。有关专家已对段塞流的产生、发展及流体力学特征进行了较细致的研究,也初步探讨了多相流体对管壁的力学作用特点和可能导致的腐蚀机理,但不够完善和系统。对多相条件下管壁的腐蚀机理和影响因素研究还处于初始阶段,许多重大问题尚未取得突破,需要进行深入研究。

7）高效的水上、水下油气集输处理技术研究

随着流动安全技术的不断深入,对水下油气集输处理系统和设备的需求日益迫切。目前 10 多台水下增压泵站已经投入使用,水下湿式压缩机将投入使用,水下分离器已进入工业化应用阶段,水下段塞流捕集器正在试验中,深水水下油气采出液处理及回注技术正在逐步成为现实。

1.2 国外深水流动安全保障技术研究进展

深水流动安全保障技术研究涉及多个方面,包括多相流流变特性、输送特性、清防

蜡技术、水合物的防治技术、腐蚀机理、降黏减阻技术等。下面简单介绍国外主要技术研究进展。

1.2.1 水合物预测和防控技术研究进展

深水油气水集输系统面临的共性问题是固相沉积,主要表现为随着温度、压力等的变化,水合物、蜡、沥青质、垢等逐步在海底设施、管道内沉积下来。如何准确预测固相生成的特性并研究相应的防控技术,是研究重点和工业界不断实践的方向。

油气集输系统中,水合物通常是由甲烷等烃类气体、CO_2 等与水在高压低温条件下生成的结晶状的笼型化合物,其生成过程是一个多元、多相相互作用的动力学过程。关于水合物的研究主要包括生成预测、防控方法等。

1) 水合物预测

水合物结晶是一个随机的过程,在液体水相中水合物晶核的形成类似于不均匀结晶,通常在界面发生(液固界面、气液界面、液液界面),水合物造成管道或设施堵塞过程是水合物晶体不断生长、聚并的过程(图 1-3)。因此,关于水合物形成条件预测,主要包括基于相平衡原理的热力学模型,还有描述水合物晶体动力学生长特性的动力学模型。目前热力学预测方法已经较为成熟,被广泛应用于工业实践;动力学模型的研究难点是很难将诱导期、分子扩散和热量传递综合起来预测水合物晶体的生长过程,多为考虑单一控制因素的经验和半经验模型,因此还没有形成统一的模型。

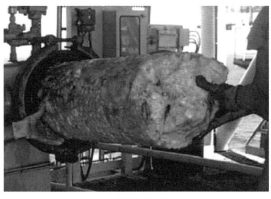 

(a) 固体水合物　　　　　　　　(b) 液态水合物淤泥

图 1-3　管道水合物堵塞体

2) 水合物防控

水合物防控方法主要包括传统抑制与风险控制两种方式。

(1) 传统抑制

水合物防控的传统方法主要有化学药剂法、机械法和保温或加热法等,最常用的方法是采用热力学抑制剂和加热或保温等方式,如通过向管线中注入热力学抑制剂(甲醇、乙二醇)改变水合物生成条件,或通过加热管线或者绝热防止管线温度降低。其目的是改变油气水多相体系中水合物生成的热力学条件即相平衡条件,使多相体系在环境温度下仍能处在水合物生成区域以外,以达到抑制水合物生成的目的。

(2) 风险控制

风险控制是指通过向管线中添加低液量抑制剂——动力学抑制剂和防聚剂或通过冷流技术,其基本原理是延迟或抑制晶核形成、减缓晶体生长速率或减缓水合物颗粒聚集聚并,允许管道中水合物生成,并以管道内液相主流体为载体,呈现水合物浆液流动状态,从而实现风险控制水合物的目的。

传统抑制水合物的方式主要是在海底管线中采取水合物控制技术,但其用量大、储运成本高。随着海洋油气田开发水深、回接距离的增加,传统热力学抑制技术局限性及高额成本之不足,促使水合物风险控制方式成为国内外研究人员关注的焦点。

1.2.2　蜡沉积预测和防控技术研究进展

蜡沉积是深水流动保障所要解决的主要难题之一。当所输送原油温度低于析蜡点时,蜡就在井筒、水下设施、海底管道及下游设施中开始析出,一般是 C18~C30 烃类,先是高分子量的蜡组分析出,而后是低分子量的蜡组分析出。含蜡原油蜡分子的析出过程受温度直接影响:一方面,在深海低温环境中,当海底管道的管壁温度低于油温,并且低于原油析蜡点温度时,在管壁附近溶解于含蜡原油中的蜡分子将会析出,形成固相小颗粒,并在温差等因素的驱使下移动到管壁,导致在管壁处发生沉积,蜡沉积的发生减小了管道的流通面积(图1-4)、增大了管输压力、降低了管道的输送能力,严重时甚至会造成堵塞管道的事故;另一方面,随着海底管道长度的增加,管道中低于原油析蜡点温度的管段更长,蜡沉积造成管道堵塞的风险加大(图1-5)。目前,海上含蜡原油的开采正在不断地向着深海和较冷的水域延伸,结蜡现象愈加严重,在世界范围内因结蜡问题已造成了巨大的经济损失。

图 1-4　蜡沉积层导致管道有效流动面积减小

管流蜡沉积是原油组成、流体温度、液壁温差、流速、流型、管壁材质及沉积时间等多种因素共同作用的结果,是一个相当复杂的过程。国内外学者已对单相流动条件下的蜡沉积问题展开了多年的研究,对影响蜡沉积的因素及蜡沉积机理有了较为深刻的了解。目前,由于多相体系蜡沉积的复杂性,多相管流蜡沉积模型的预测精度还不理

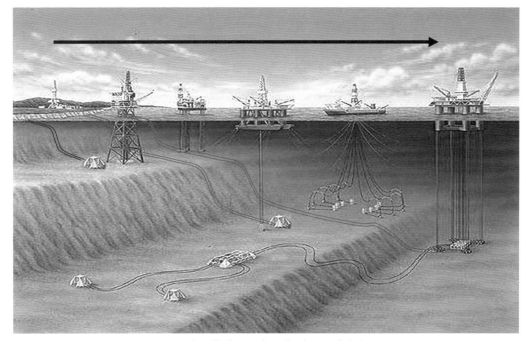

图 1-5 海底管道向深海延伸,离岸距离大幅增加

想,要提出未来能够用于准确预测多相流动条件下的蜡沉积模型,还有相当多的研究工作需要开展。

蜡沉积防控方法包括化学药剂法、机械法和保温加热,其中保温加热和化学药剂法使用较多。所用的化学药剂一般称为降凝剂(以下称"蜡抑制剂"),是一种油溶性高分子有机化合物或聚合物,在原油中加入蜡抑制剂可以改变原油中固体烃的结晶形态,如结晶尺寸、大小和形状等,使其不易形成空间网络结构,达到降凝、减黏、改善原油低温流动性的目的。在油品中加入少量蜡抑制剂就能改变油品中蜡的结晶过程、显著降低含蜡油品的凝固点,使油品在低温下也能保持正常流动。目前关于蜡抑制剂的作用机理尚无公认的结论,主要有以下几种理论:成核理论、吸附理论、共晶理论、改善蜡的溶解性理论、抑制蜡晶中三维网状结构生成的吸附共晶理论。

水合物和蜡的固相生成的预测及防堵技术,包括保温技术、注入化学药剂技术、清管技术和流动恢复技术,是研究关键所在。经过研究人员的努力探索和各大石油公司的积极支持,目前已经取得一些初步的研究成果,PIPEPHASE、OLGA2000 等著名的多相流仿真模拟软件能够对水合物、蜡生成条件和典型的抑制剂注入量进行初步分析,但还没有软件能够预测油气水混输体系中水合物、蜡开始形成和开始分解的条件和时间。以水合物为例,其常规的抑制方法有降压、加热、脱水、注入抑制剂等,其中注入甲醇和乙二醇等热力学抑制剂是常用方法之一,存在用量大、费用高、需回收、不够环保等方面的问题,其防治费用占到油田总投资的 8%~15%,因而蜡、水合物生成和分解动力学研究以及经济高效动力学抑制剂或多作用抑制剂研制将是今后一段时期内的主要研究方向。

停输启动是流动安全研究的另一主要问题。当含蜡原油或胶凝原油多相混输管道在进行计划检修和事故抢修时,管线要停输。停输后管内流体温度不断下降,原油黏度增大,形成结垢并胶凝,管道再启动时的阻力显著增加。为了保证管道运行的安全,必须在管道停输前进行处理或进行停输再启动处理。停输再启动过程中涉及两个关键问题,即停输过程的温降和管道再启动所需的压力。

1.2.3　混输体系段塞预测及控制技术研究进展

段塞流是混输体系特别是海底管道和立管中经常遇到的一种典型的不稳定工况,表现为周期性的压力波动和间歇出现的液塞,其往往给集输系统的设计和运行管理造成巨大的困难和安全隐患,因而段塞流的控制一直是研究的热点。

比较典型的段塞有流动段塞、清管段塞及停输再启动造成的段塞。目前 OLGA2000、TACITE、PLAC 等软件都能够预测段塞流的长度、压降及持液率,但只有 OLGA2000 采用双流体模型附加段塞流跟踪模型,能够计算段塞流流量及压力波动参数等。尽管如此,当段塞较大或跟踪移动段塞时,不仅计算效率低,而且容易发散,同时现有计算软件大多建立在气液两相流或简化三相流基础之上,因而对于油气水三相流研究是改进现有模型和计算方法的根本。

相对于预测技术而言,段塞流特别是严重段塞流控制更为困难。以立管段塞为例,因为其主要特征是周期性循环和周期性波动,对下游管道、设备等造成关停或损坏,发生严重段塞流时,压力、速度等流动参数将出现周期性、大幅度的波动,严重时会造成系统压力的剧烈波动,乃至出现整个管线与设备剧烈振动这样的流固耦合现象;长液塞会增加平台上油气处理设备的控制难度,严重时还会导致生产中断,而且严重段塞流现象会产生很高的背压,对油气藏造成诸多不利影响,甚至出现死井事故,因此称之为严重段塞流。一般来说,可以把严重段塞流周期划分为四个阶段,如图 1-6 所示。每个周期开始阶段管道长时间内无流体流出,即在此期间立管出口无气液流出,然后是大量的气液流出的交替流动现象。严重段塞流是海底管道中的常见现象,因此实时监测流动系统的流动形态,并开发一种能够消除或抑制严重段塞流危害的方法,继而形成一套完整成熟的技术和系统,成为目前油气开采向深水海域推进迫切需要解决的流动安全课题,相关的技术开发工作具有重要的应用价值。

国际先进石油公司均在研究严重段塞流的预测、监测和控制技术(如图 1-7 示例),以减少段塞流造成的损失。传统控制方法有提高背压、气举、顶部阻塞等。目前随着对严重段塞流发生机理的认识不断深入,国外在尝试一些更经济更安全的控制方法,如水下分离、流动的泡沫化、插入小直径管、自气举、上升管段的底部举升等,但这些方法在海上油气田中的应用还有待于进一步深入研究和现场实践检验。

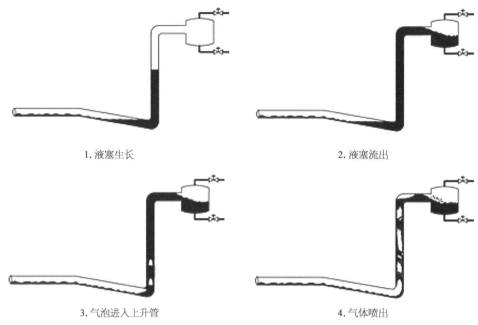

1. 液塞生长　　　　　　　　　　　2. 液塞流出

3. 气泡进入上升管　　　　　　　　4. 气体喷出

图 1-6　混输立管典型段塞周期图

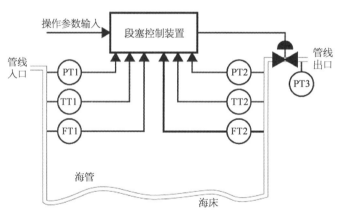

图 1-7　Optimize^{IT} Active Flowline Control 控制系统示例

1.2.4　深水油气田流动监测技术研究进展

数字油田是信息化发展的必然产物,是油田生产过程与信息技术的高度融合。数字油田的目标就是能更快、更智能、更安全地解决生产操作等安全问题。数字油田建设是指将监测技术、模拟分析技术、控制模拟技术以及其他各学科技术相互结合,共同构建深水油气田流动监测和生产管理系统。

1) 监测技术

深水油气田监测系统主要包括:

（1）油井部分

它是指对油井压力、温度、药剂注入量、砂侵蚀等的监测。其中部分油气藏产量受砂侵蚀影响很大，对砂侵蚀进行有效的监控可以提高产量、消除安全隐患。

（2）生产设施

它是指对生产设施压力、温度、水合物、段塞流、结蜡、腐蚀等的监测。目前最新动态是使用实时流动安全系统在线瞬态多相流模拟软件，进行水合物、蜡、段塞等生成预测，使用腐蚀监测系统、泄漏监测系统进行相关风险监控。

2）模拟分析技术

模拟分析主要根据实时数据进行，包括油藏动态分析、井筒及下游流动状态的模拟分析，同时出于安全生产的目的，对海底设备的机械性能、状态以及稳定性进行监测，并预测潜在风险。

3）控制模拟技术

控制系统现阶段主要包括油藏动态产能优化、水下设施药剂注入优化、危险工况的预警以及严重段塞的控制。目前使用较多的 OLGA 在线，包括稳态模型和瞬态模型如 OLGA 以及黑盒经验模型，可以进行虚拟流量计量、水合物生成预测、药剂管理及优化产能等，指导清管作业。

现代海底油田控制和监测系统应该视作一个统一的整体，应该包括统一的应用环境、数据显示和相关的工作流程。因此，深水流动管理和智能流动方面还有很大的发展空间。

1.2.5　深水多相流动态腐蚀研究进展

深水油气田开发过程中，流动安全保障和腐蚀控制问题是长距离海底管道和立管服役安全的重要基础。介质流动过程中引起的附加腐蚀问题，一方面给海底管道工艺和结构设计带来难题，另一方面也限制了流动保障工艺的实施。深水海底管道湿气输送过程中，多相流流型对腐蚀、药剂有效性等产生不同影响，从而影响了海底管道流动保障需求和相关设计参数的确定。因此，需要通过针对深油气田多相动态腐蚀的系统研究，形成科学的评价技术和控制对策，提升设计和运行管理水平。深水多相流动态腐蚀研究目前主要集中在深水湿气管道输送中冷凝水顶部腐蚀、高气速下的腐蚀、油水分层流对内腐蚀的影响因素研究。

深水天然气管道顶部冷凝工况下的腐蚀模拟目前并没有规范的实验室评价方法，主要采用以下几种缓蚀剂缓蚀效率实验室评价方法：a. 高温高压釜气相静态实验；b. 高温高压冷凝釜模拟实验；c. 高压湿气环路模拟实验。其中，利用高温高压釜进行气相的静态挂片实验，由于直接将样品试片悬挂于高压釜的气相空间，试片与气相介质间没有温差，难以在样品表面形成液膜，所获得的腐蚀速率往往较低，且无法模拟流动工况，因此与实际工况差别较大，适用于缓蚀剂的初步评价筛选。而高温高压冷凝釜虽然可以模拟湿气冷凝工况,但是对于流动工况也同样无法很好地模拟。高压湿气环路是最能准确模拟实际工况环境的装置,但是环路装置造价昂贵,运行维护困难,且实验成本较高,目前全世界拥有湿气环路的科研机构并不多。

深水高气相流速工况下的缓蚀剂筛选前,应先分析天然气管道高气相流速下腐蚀现状,总结高气相流速下的腐蚀规律,确定影响缓蚀剂性能的主控因素,对腐蚀环境进行归类总结,收集适应该高气相流速腐蚀环境下对应生产系统的基础技术资料,如气液比、流速、温度、总压和 CO_2 分压等,科学评价缓蚀剂有效性。

油水两相层流腐蚀研究主要集中在药剂筛选。影响油水两相层流腐蚀用缓蚀剂性能的因素有生产运行参数(如油水比、油水波动速度、流速、温度、压力等)、腐蚀性介质(如有机酸、H_2S、CO_2、O_2、硫等)、细菌(如腐生菌、硫酸盐还原菌等)、酸碱度,以及其他药剂应用情况等。缓蚀剂筛选前,应先分析油气管道油水两相层流腐蚀现状,总结油水两相层流腐蚀规律,确定影响缓蚀剂性能的主控因素,对腐蚀环境进行归类总结,收集适应该油水两相层流腐蚀环境下对应生产系统的基础技术资料,根据缓蚀剂所处的流体工况特点包括物理环境、化学环境、力学环境等,进行科学的评价。

1.2.6　水下油气水处理技术研究进展

高效油气水处理技术一直是海上油气集输处理系统和节能减排保护海洋环境的关键技术,深水平台使油气水处理设备的工作条件更为苛刻。如何保持液面稳定、防止共振现象,以及研制小型、轻便的气液分离装置是研究重点。利用离心原理的气体旋流器、水力旋流器、指状凝析液捕集器、管柱式气液旋流分离器得到迅速发展,同时随着水下生产系统的应用,为了减小海底管线的直径,减小用于流动安全维护的化学药剂用量和管线直径,水下油气水、油砂分离设备等也得到不断发展,工业样机已经进入现场应用。

1.2.7　多相流试验系统研究进展

通过从实验室、中试到现场的大型实验研究系统,形成从实验室到现场有效的科研成果转化机制,从而真正服务于油气田现场需求,也是流动安全技术研究领域的主要进展。各主要研究结构、国际石油公司逐步建立了自己的实验研究体系。比较著名的是法国石油研究院(IFP)室外大型实验环路(图1-8),长140 m,内径50 mm,实验温度范围0~50℃,最大实验压力100 bar(1 bar=0.1 MPa)。从1993年开始,IFP的科研团队在该实验环路流动安全方面取得了广泛的成果,主要包括以下几个方面:
① 油气混输系统中的天然气水合物形成问题。
② 蜡沉积问题。
③ 水合物形成和聚集条件下的关闭和再启动。
④ 化学药剂(阻聚剂、乳化剂、水合物抑制剂和减阻剂)的效果评价。
⑤ 生产过程、传感器和装置的评价。

图 1 - 8　IFP 多相流实验环路

　　挪威 SINTEF 实验室是目前世界上最大的多相流实验室。实验室包括大型流动环路、中型流动环路、水合物实验室（小型高压流动环路）和轮式流动实验室等设施，主要进行石油工业方面的流动安全研究，对多相流模拟方面的开发具有重大贡献，目前仍在进行这方面的研究。水合物冷流技术研发和砂运输研究也是其目前进行的主要课题。此外，实验室也适用于过程装备和仪表的检测。

　　近年来多相流动态腐蚀环路得到快速发展，美国俄亥俄大学、挪威能源技术研究所（IFE）、巴西国家石油公司、沙特阿美、马来西亚国家石油公司等均建立了多相流动态腐蚀试验系统。中国石化、中国石油、中国海油也开始关注多相流与腐蚀的相关性研究。

1.3　我国深水流动安全保障技术研究进展

　　近 40 年来，我国在海上混输系统的设计和建造方面取得了长足的进步，在引进和借鉴国外先进技术的同时，正在形成自己的特色：建成从锦州 20 - 2 平台到陆上终端 50 km 的第一个自营海上气田的海底管道，相继建设了绥中 36 - 1 稠油油田 70 km 油水混输管道、东海平湖、春晓海底管道、南海第一个深水油气田荔湾气田群；建成从水深

1 500 m 到 205 m、79 km 的深水管道、流花深水油田群海底管道,正在铺设我国第一个自营超千米水深油气田陵水 17-2 海底混输管道;连接南海东西部、海南、广东、香港的海底管道大动脉已经建成,海底管道总里程约 7 000 km,其中混输管道占 60% 左右。这些管道分布在渤海、东海、南海各个海域。随着我国海洋石油的开发,混输管道的数量、长度、铺设深度还将有大幅度增加,同时多相增压、计量等也逐步得到应用。由于我国各个海域情况差异较大,因而混输管道建设也具有各自的特点如下:

① 渤海海底混输管道大多由我国自行承建,具有数量相对较多、距离短、压力低、铺设水深浅(<30 m)等特点,以及在管输工艺设计中遇到稠油水、含蜡油水气、油气水砂等较为复杂的多相流动问题,目前有关专题的研究也是国际多相流领域的高难问题。

② 东海和南海海底混输管道距离长、设计压力高,目前铺设水深已经达到 1 500 m,将来可能达到 1 500 m 以上超深水海域。随着中深海域油气田的开发,这些区域的海底混输管道将大幅度增加,而长距离混输和深水开发中可能遇到的一系列技术难题如固相生成、段塞流等,已成为我们必须面对的挑战。

③ 我国现有海上油气水多相集输系统大多采用传统的控制方式,而对多相流本身认识不足也限制了智能控制技术的发展和应用,数字化输送还有很大的提升空间。

1.3.1 深水流动安全保障技术攻关目标

深水、低温高压以及我国复杂油气藏特性所带来的流动安全问题,是制约我国深水油气田开发和远距离输送的关键技术之一。从"十一五"开始,科技部"863"计划、国家科技重大专项持续支持"深水油气田流动安全保障"核心技术攻关,其攻关目标为:突破深水流动安全保障关键技术,初步建立具有自主知识产权的,从水下流动设备、海底管道、立管到下游处理设施的深水流动安全保障设施和技术体系,具备与 3 000 m 深水油气田开发工程相配套的技术能力,为深水油气田的开发和安全运行提供技术支撑。

20 年来,在科技部、国家科技重大专项、中国海油以及联合单位的大力支持下,"深水油气田流动安全保障技术"课题组成员共同努力,发挥产学研用一体化协同攻关优势,自主创新为主,兼顾引进消化吸收再创新,重点攻克了深水流动安全实验研究与工程设计技术、深水流动安全控制技术、深水气田流动安全监测与流动管理技术,建成以 35 MPa 高压多相流实验环路系统、多相流动态腐蚀环路为核心的从室内机理到中试基地的较为完备的试验平台;自主研制了深水油气田流动安全监测与管理系统,其中部分模块已经成功应用于水下油气田开发实践;自主研制的天然气凝析液射流清管样机、化学药剂等已经成功进行了海上试验;进一步形成和完善了深水流动安全实验技术体系、1 500 m 深水油气田流动安全工程设计技术体系、深水流动系统中水合物和段塞防控技术体系、深水油气田流动管理技术体系共四大技术体系,服务于我国第一个深水油气田荔湾 3-1 以及后续深水油气田开发工程,为我国南海及海外深水油气田的开发提供了强有力的技术支撑和保障。

1.3.2　本课题主要研究成果

本课题研究工作为我国深水油气集输系统安全保障技术和管理创建了研究平台，并基于课题组多年的研究成果和实际工程经验，通过实验研究和理论分析，形成深水流动系统全过程中井筒、水下设备、海底管线、下游处理设施危险工况的预测、预警和控制等安全、有效、经济的流动安全保障系统及技术，掌握深水油气集输送工艺设备选型设计技术，为实现深水油气田的开发和安全生产运行提供了强有力的支撑和保障。主要研究成果如下：

1）深水流动安全实验系统研制及其实验体系建立

自主研制并建成以 15 MPa 高压低温固相沉积环路、35 MPa 高压、双管径（2 in、4 in）、1 700 m 长和 16 m 高立管在内的大管径高压油气水多相流实验平台为核心的深水流动安全室内实验研究系统，以及面向现场的移动式水合物、蜡生成条件测试和控制方法评价装置，实现了我国油气水多相流室内实验系统由低压常温开式、高压静态到高压低温闭式系统的跨越，形成了从室内机理研究、大型中试级的多相流环路到移动式现场测试橇块组成的、较为系统的实验装置配套，实现从室内到现场全流程的测试认证。相关技术指标达到国内领先、国际先进水平，为开展流动安全实验研究创造了条件。

2）建立了 1 500 m 深水油气田流动安全保障工程技术体系

① 建立自主的工艺软件。基于以海上现场原油、气、水为实验介质开展的系统的实验研究、理论分析，自主研制了物性模块、水合物预测壳模型和热动力学模型、蜡沉积预测模块、基于双流体的段塞模块、天然气凝析液相态特性预测模块、稳态模型、停输再启动分析模块等，初步搭建了自主可控深水流动安全工艺模拟分析软件。

② 国内首次实现了 1 500 m 深水流动安全系统的自主设计，打破国外垄断，填补国内空白。自主完成了典型深水气田流动安全系统的前期研究和基本设计，标志性项目包括流花 29 - 2 水下生产系统 147 km 海底管道回接到荔湾 3 - 1 中心处理平台，自主完成了水深 1 210～1 560 m 陵水 17 - 2 气田前期研究，建立了从油藏、井筒、水下井口、海底管道到立管等组成的流动安全系统工程设计技术体系。

3）初步建立以固相堵塞、段塞为主的深水流动安全监测系统

① 自主研制了基于压力、压差的立管段塞在线识别技术以及智能控制技术，立管段塞和水力段塞识别精度达 93%。该系统成功地应用于文昌油田群，并为南海深水油气田、海外深水区块段塞预测及控制提供了技术支持。

② 研制了基于压力波、声波的海底管道堵塞监测系统，可对平台间海底管道、水下生产系统回接到平台的海底管道内流动堵塞（主要包括水合物堵塞、清管器运行位置等）进行监测。堵塞面积大于 20% 时，识别精度约为 90%。

③ 基于三种监测技术（质量/体积守恒、统计分析法、模式识别法）研制了海底管道泄漏监测系统，可针对平台间海底管道、水下生产系统回接到平台的海底管道泄漏进行

监测,并对泄漏点进行定位,估算泄漏量大小。

4)探索了以段塞、固相生成控制为主的深水流动安全控制技术方法

针对水合物和蜡沉积控制,重点研究了新型环保型抑制剂,目前已经研发了1套化学清防蜡剂体系、1套低剂量水合物抑制剂、1套天然气减阻剂配方,通过海上现场试验验证了其技术性能;同时针对可能的堵塞研制了1套水合物治理橇原理机,已顺利完成水池功能性实验。

① 1种化学清防蜡剂配方:抗水合物生成过冷度10℃以上,对高含蜡原油降凝幅度达到10~15℃,环保性好,分别通过海上和陆上油气田现场实验。

② 多种水合物低剂量,包括动力学抑制剂、阻聚剂,并进行了多次海试。

③ 1种天然气凝析液减阻药剂配方及注入工艺:合成并优选出1种天然气凝析液减阻药剂配方,完成中试化生产和在海上油气田现场实验,加注量24.8 mg/L,平均减阻率21.47%。

④ 研制了1套水合物治理橇原理机,为今后流动系统中的水合物堵塞事故处理提供了技术。

5)自主研制了水下管道式气液分离缩尺样机

开展了水下压缩、水下增压技术的应用研究,针对荔湾3-1气田后期井口压力降低,增加水下压缩机橇块进行可行性研究。自主研制了基于管道分离的水下气液分离器,并通过了压力舱和水池实验。

1.3.3 课题研究的作用及研究趋势

1)课题研究的作用

课题研究工作对支持深水工程技术项目顺利完成十分重要,具体作用如下:

① 深水流动安全实验系统与实验技术是深水工程实验设施的重要组成部分。以高压固相沉积实验环路为主体的深水流动安全室内实验系统、高压静三轴水合物力学性能测量装置的建成,实现了我国多相实验技术从低压常温、高压静态到高压低温动态环路实验、水合物原位生成的跨越,填补了国内空白,为更真实模拟深水流动系统真实工况提供了实验手段,因此成为深水工程试验技术的重要组成。

② 深水流动安全保障系统设计技术是关于深水油气田开发模式的关键技术之一,课题研究所形成的深水流动安全概念设计技术已经应用于荔湾3-1气田工程实践,为采用全水下生产设施79 km长距离回接到浅水平台提供了有力支撑。

③ 深水流动安全监测与预警技术是对深水油气田从井筒、水下设施到海底管道乃至下游流动体系内部流动状态的监测,是目前深水油气田规避风险、优化流动管理的主要技术方向。目前课题组所研制的立管段塞监控系统正在文昌浮式生产储油卸油装置(floating production storage and offloading,FPSO)示范应用,加之基于声波泄漏监测技术在陆上油田的试验成功,这些技术既是生产所急需,也是深水工程技术深入开展研

究工作所急需。

④ 深水流动安全控制与处理技术是目前深水油气田安全运行的关键,包括水合物控制与处理、立管段塞控制技术等是保障油气田安全运行的核心。

⑤ 建立国内深水流动安全与水合物风险评价研究团队和国际合作与交流的技术平台。

综合前述,深水流动保障系统研究成果包括:前期研究和概念设计已应用于荔湾3-1、陵水 17-2、流花深水油田群以及海外深水气田工程,对海洋深水工程技术项目的目标实现具有实质性贡献,发挥了重要的作用。同时课题结合海上、水下油气田处理工艺,通过从室内研究到中间试验、从陆地到海上、从水面到水下乃至产学研用一体化创新体系,服务于示范工程流动安全设计与工程实施过程,研究成果的转化和提升对项目目标的完成具有重要贡献。

2) 研究趋势

流动安全及保障技术研究涉及多个方面,包括多相流流变特性、输送特性、清防蜡技术、水合物的防治技术、腐蚀机理、降黏减阻技术等。目前围绕混输系统的设计及运行所进行的工作和今后主要研究趋势包括以下几个方面:

(1) 预测技术

主要是通过实验软件模拟来进行压力等流动参数及物性参数的预测,为工艺设计和运行安全提供技术支持。

(2) 复杂工况(段塞流、蜡、水合物)预防

通过理论和实验相结合的方法,研究蜡、水合物、段塞流等的形成机理和条件;对停输启动、清管等特殊作业过程进行分析和指导;在弄清管壁结蜡机理和水合物形成机理的基础上需要进一步研究管道的防堵技术,包括保温技术、注入化学药剂技术、清管技术。

(3) 复杂工况的检测与处理技术

研究混输系统出现故障后,如何进行水合物和蜡等问题检测以及恢复正常生产的技术手段。

(4) 海底混输管线腐蚀问题研究

与海底混输管线腐蚀相关的影响因素比较多,包括多相流流型、化学药剂组分、CO_2、H_2S、含水量、砂粒运动性能、管道布置形式等,有关研究刚刚起步,还有待深入。

(5) 高效的水上、水下油气集输处理技术

随着流动安全技术的不断深入,对水下油气集输处理系统和设备的需求日益迫切。目前 10 多台水下增压泵站已经投入使用,水下湿式压缩机将投入使用,水下分离器已进入工业化应用阶段,水下段塞流捕集器正在试验中,深水水下油气采出液处理及回注技术正在逐步成为现实。

深水流动安全保障技术是对与生产液、控制液等流动相关的风险进行的合理预测、

评估和管理,其可确保海上油气生产作业过程的安全,是深海和超深海油田经济性开发的关键技术和前沿技术之一。由于深海油气井产能高、维修费用高,因油气井事故性停产造成的经济损失往往数倍于维修费用,因而深水流动安全保障技术研究具有重大意义。

1.3.4 今后研究方向

本课题研究成果可用于深水工艺,从深水井筒、设备到海底管道、下游设备的流动安全设计和油气田安全运行风险管理,指导深水油气田钻探安全和生产安全,为我国深水油气田的开发和安全运行提供技术支持和保证,其应用前景十分广阔,经济效益将非常显著。

本课题形成了深水流动系统全过程中井筒、水下设备、海底管线、下游处理设施危险工况的预测、预警和控制等安全、有效、经济的流动安全保障技术,围绕节能减排,初步形成水下、水上油气处理技术,具备深水工艺系统设计能力,建立深水水合物区进行常规油气田开发作业过程的风险评价和管理技术,为实现深水油气田的开发和安全生产运行提供技术支持和有力保障。

与国外相比,国内各个方面的研究在不断进步,在某些领域可以说是步步跟进国际最新水平,但总体研究水平还亟须提高。目前由于我国刚刚涉足深水,对深水区域水合物问题认识还很模糊,深化研究的方向如下:

① 形成系统的深水流动安全保障设计、分析、预测与管理技术,用于保证从井筒、水下设备、海底管线、立管到下游设备流动全过程无堵塞,包括油气生产过程中水合物、蜡、沥青质、矿物结垢和其他固态物质(如砂)等的生成预测与管理、合理的停输启动工艺设计技术、多相流情况下的腐蚀防护技术等。

② 实现油气混输系统优化控制和管理,优化流动行为,降低运行费用。例如泡沫过多、乳化以及固体沉积等不稳定现象,会使流动能耗增加,化学稳定性变差,油井产量降低,致使生产成本增加,应注意对其优化控制和管理。

③ 开发适合深水平台和水下应用的高效率油气水处理设施,配合深水采油工艺优化,保证节能减排要求。

④ 加快数字化、智能化转型和新技术应用,为深水特别是陆坡区域油气田安全开发提供技术保证。

第 2 章　流动安全实验系统及实验技术

在整个油气田开发期内,如何将油气经济地开采出来并输送至处理设施,确保油气生产安全、顺利地进行,这是深水和超深水油气田经济性开发面临的巨大挑战。目前油气水多相流理论尽管取得较大进展,但总的来说,由于原油组分复杂,气液固多相流动规律变化多端,油气水多相流动安全保障技术是一项以实验为主的技术。以室内缩尺机理研究、中等规模的试验乃至近似实尺的大型试验评价系统是保障油气田开发过程流动安全的基本保障。目前围绕海上油气田特别是深水油气田开发区域的金三角——墨西哥湾、巴西、北海,已初步建立了相对完备的从高校、产业研究机构到海上现场相互衔接的各种功能配套的多相流动安全试验评价系统,为解决深水油气田生产中实际问题提供了强有力的支持。

本章将介绍可模拟深水高压低温环境、水合物、蜡沉积、段塞流、多相流腐蚀环路及配套设施等方面的实验技术发展现状、具有代表性的国内外大型实验系统,同时也将介绍本书作者课题组所建立的固相沉积、多相流动规律和多相动态腐蚀试验评价系统。

2.1 流动安全实验系统概述

国外早在 20 世纪初就已经开展了石油工业油气水多相流动规律的研究。自 20 世纪 70 年代以来,欧洲北海油田的发现和开发规模的逐步扩大,进一步加大了对多相混输技术的需求,有力地促进了这一技术的发展。法国、英国、挪威等欧洲产油国相继发起了多个多相混输技术研究项目,在多相管流压降计算、多相混输泵、多相流量计、水合物抑制措施等方面开展了大量的实验研究工作。截至目前,不仅形成了完善的科学研究体系,而且部分研究成果也为产品的研发奠定了基础,部分研发的产品已经逐步进入商品化应用阶段,如多相管流模拟计算软件、多相混输泵、多相流量计等。

1) 国外多相混输实验技术研究特点

(1) 从陆地到深水、从管道到设备

国外实验环路的研究领域正在从陆上流动保障研究转入深水流动保障研究,实验环路的介质由室内模拟油气逐步发展到主要采用原油和天然气,实验模拟条件考虑高压、低温环境,实验设计更符合深水流动体系的实际运行工况,同时实验模拟测试对象从单纯的管道内流动模拟发展到多相流动设备内部多相流现象的模拟分析、性能评价。

(2) 专门机构和人员

建立了专门的研究机构,配备了一流的研究人员和实验研究人员。IFP、英国流体力学研究集团(BHR)、英国国家工程实验室(NEL)、IFE 和挪威 SINTEF 集团都是具有国际影响力的多相流研究机构,既拥有自主研制、独具特色的实验系统,又聚集了大量高水平专业研究、实验技术和实验研究人才。

（3）专业化、特色化实验系统

法国、英国、挪威等国家根据自身特点,都设有一定规模和技术水平、名列世界前茅的多相流实验装置。

（4）持续支撑和机制保障

研究得到了政府、国际组织和大石油公司的资金及资源支持。仅1985年,由IFP和法国道达尔公司、挪威国家石油公司共同发起的"海神"多相泵研究计划就耗资约2.5×10^8元,这也是欧洲在多相流研究方面处于世界领先水平的重要原因之一。

2）流动安全实验环路分类

总体来说,目前流动安全实验环路从功能方面主要分为以下几种:

（1）油气水、油水、油气流动特性研究实验系统

油气水、油水、油气流动特性研究实验系统的主要特征为中等压力,实验介质可以是模拟介质和空气,实验主要目的在于寻找多相流流动规律和流型的划分。近年来研究热点在于起伏段塞和立管段塞的实验模拟系统,基于相关实验设施和实验研究成果积淀发展了基本多相管流工艺设计软件,并可进行段塞等特殊流动监测和控制技术的研究。最典型代表为IFE的大型实验环路系统,管径为4 in、8 in、12 in,水平管长800 m、立管高55 m。

（2）固相沉积实验系统

深水油气田的开发面临水合物生成、蜡沉积、沥青质、垢等典型的固相沉积问题,为解决类似问题而建立的多相流实验系统,其特点是具有中高压力、低温环境,可以进行水合物、蜡、沥青质沉积实验以及防控措施的评价。典型代表为IFP的多相沉积实验系统,管径3 in、长度140 m、压力10 MPa。

（3）多相流动态腐蚀评价环路

国际上较为大型和复杂的多相流腐蚀实验环路建设主要从20世纪90年代以后发展起来,代表性的研究机构包括俄亥俄大学、塔尔萨大学以及IFE、北京科技大学等。目前多相流流型对腐蚀的影响已经逐步引起工业界的重视。

（4）大型工业级别的实验系统

为了更加真实地模拟现场工况,部分国家建设了大型的实验系统:

① 美国能源部依托陆上油田建立了大型多相流动安全实验系统,其根据实验功能分区,是目前最大的实验基地,为深水水下分离、测试等系统的研发和应用评价提供了支持。围绕墨西哥海域油气田开发中流动安全问题,初步形成了从塔尔萨大学、科罗拉多矿业大学等的多相流动机理、腐蚀特性研究到壳牌公司、雪佛龙公司等中等规模高压低温多相流动安全实验系统,乃至1 km以上的大型实尺、实液的生产过程多相流动安全动态模拟系统。

②围绕欧洲北海油气田的开发,建立了从利兹大学、剑桥大学、南安普顿大学到IFP、IFE等不同规模的包括水合物和蜡、多相腐蚀等不同功能多相流动安全实验设施。

③围绕巴西的 PROCAP 计划,巴西里约热内卢大学和巴西国家石油公司建立了服务海上稠油开发的流动安全实验评价和设备检测系统,为其实现深水油气田开发的深水多相流动安全设施的性能检测、保障 PROCAP 系列流动安全技术的研发、海上油气田的设计与运行管理提供了技术支撑。

3) 目前已有多相流混输环路实验装置存在的不足

①实验室环路功能单一,不能模拟深水流动保障安全问题多种工况。

②目前的实验室环路主要集中在中低压系统研究,不能满足深水高压低温的实际工况。

③目前我国进行的深水流动安全保障技术研究不够深入,相关多相混输环路设计规模和测试方法均与深水实际的工况差距很大,其实验结果难以推广到深水工程应用。

2.2　水合物实验技术

随着海洋石油开发向着深海进军,海底的多相混输管路需要承受更低的温度与更高的压力,海底井口到生产平台的管路中很容易发生因水合物聚集及蜡沉积所导致的堵塞事故。为了安全生产和对水合物做进一步研究的需要,科研工作也正在向着水合物输送的水动力学方向发展,各国相应建设了一些高压环路来模拟水合物浆液的流动特性。水合物实验技术也从室内的机理研究逐步转到更能模拟现场实际情况的大型实验系统,比较著名的有法国 IFP‑lyre 环路、挪威 NTNU 环路、美国得克萨斯州休斯敦埃克森美孚公司环路、美国塔尔萨大学 FAL 环路、澳大利亚联邦科学与工业研究组织(CSIRO)Hytra 环路等。这些环路进行与水合物输送流动保障相关的研究工作,设计各有特色,可以模拟出不同的管路输送情况。

2.2.1　挪威高压轮型环管

1995 年,挪威 Olav Urdahl 等设计了一高压轮型环管(图 2‑1),最高操作压力可达25 MPa。通过将被测流体装入环管内,在设定的温度压力下,环管绕着轮轴旋转使流体运动来模拟管路输送流动条件。

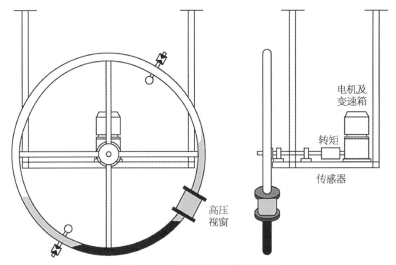

图 2－1　高压轮型环管示意图

该环路可研究油气水混合体系中水合物的生成和抑制,实时监测环管中水合物的生长、聚集和沉积情况。该环路长度较短,只能做降压水合物生成与抑制实验,不能够对水合物颗粒的聚并现象进行表征。

2.2.2　NTNU 环路

1999 年,挪威科技大学(NTNU)水合物实验室的 Andersson 和 Gudmundsson 设计了一水合物环路,如图 2－2 所示。

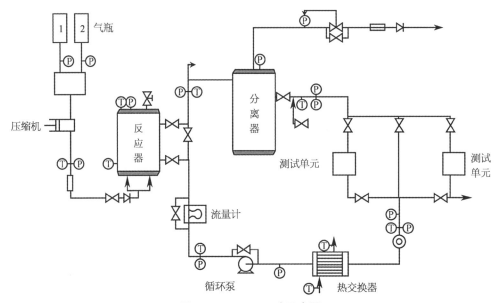

图 2－2　NTNU 环路示意图

该环路主要研究水基水合物和油基水合物的流动性质,并配合管式黏度计测量两种浆液的黏度、压降梯度等参数。但该环路无法进行气水合物浆液多相流动,并且对水合物颗粒间的相互作用也无法进行研究。

2.2.3　法国 IFP‐lyre 环路

IFP‐lyre 环路由 IFP 设计建造,最高操作压力达 10 MPa(图 2‐3)。

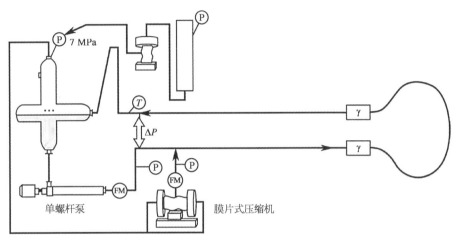

图 2‐3　IFP‐lyre 环路示意图

该环路主要研究水合物形成过程的现象,分析水合物流动过程的特征以及水合物颗粒的沉积规律,建立相应的模型。但该环路控温范围较窄,实验压力中等,没有考虑过泵剪切对水合物颗粒粒径的影响。

2.2.4　中国石油大学(北京)实验环路

2001 年,中国石油大学(北京)建立了国内首套高压混相全透明环路装置(图 2‐4)。环路设计成套管形式,内管走介质,外管走冷介质(乙二醇溶液)。

该环路主要研究油气水混输流动情况下水合物的生长规律及流动规律。但该环路设计压力较低、长度较短、控温范围较窄,只能进行水合物拟单相实验,不能进行水合物浆液和气体的多相流动,没有考虑过泵剪切对水合物颗粒粒径的影响。

2.2.5　法国阿基米德环路

2002 年,法国的 A. Fidel‐Dufour 和 J. M. Herri 设计了一套新的流动环路反应器,环路被称作阿基米德环路(Archimedes flow loop)(图 2‐5)。该环路流动的驱动力由气体升液器立管提供,不需要任何泵或其他机械装置,减小了泵的高剪切应力对流动的影响。

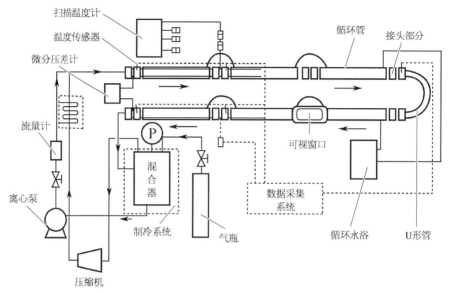

图 2-4　中国石油大学(北京)实验环路示意图

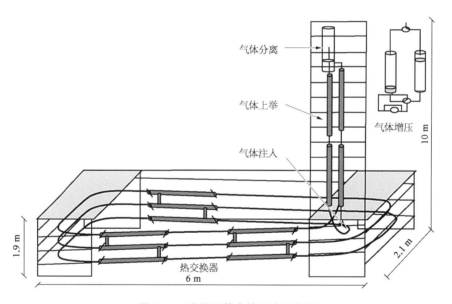

图 2-5　法国阿基米德环路示意图

　　该环路可模拟深海管道中油流的流动。但该环路的管径较小,控温范围比较窄,只能进行水合物浆液的拟单相流动,并且只能模拟水合物浆液的层流实验(由于采用气举方法提供流体流动动力)。

2.2.6　美国埃克森美孚公司环路

　　2005 年,美国科罗拉多矿业大学水合物实验室的 D. J. Turner 等设计了埃克森美孚公司环路(图 2-6)。

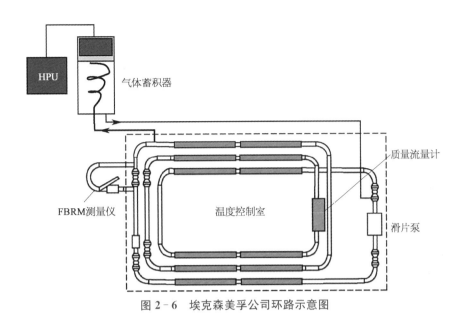

图 2-6　埃克森美孚公司环路示意图

该环路可研究原油中水合物颗粒的形成、发展及其流变性情况。但该环路没有考虑过泵剪切对水合物颗粒生成过程的影响,并且设计压力不高。

2.2.7　中国科学院广州能源研究所水合物环路

2007 年,中国科学院广州能源研究所在低温室中搭建了一水合物实验环路(图 2-7),用来研究水合物浆液在环路中的生成及堵塞过程。但该环路的设计长度较短、设计压力较低,不能进行水合物浆液的实验研究。

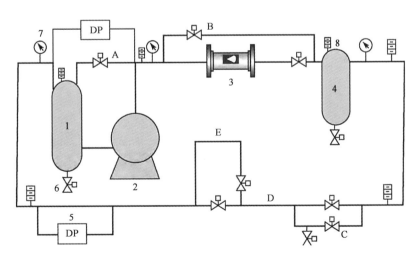

1—原料罐;2—磁力泵;3—螺旋流量计;4—缓冲罐;5—差压传感器;6—放空阀;7—压力传感器;
8—温度传感器;A—环路旁通;B—流量计旁通;C—低凹段;D—观察段;E—立管段

图 2-7　广州能源研究所水合物环路示意图

2.2.8 美国塔尔萨大学 FAL 环路

Marathon 石油公司给塔尔萨大学建造了一套水合物流动保障环路（简称"FAL 环路"）（图 2 - 8）。环路采用 U 形管状设计，最高耐压 15.85 MPa。

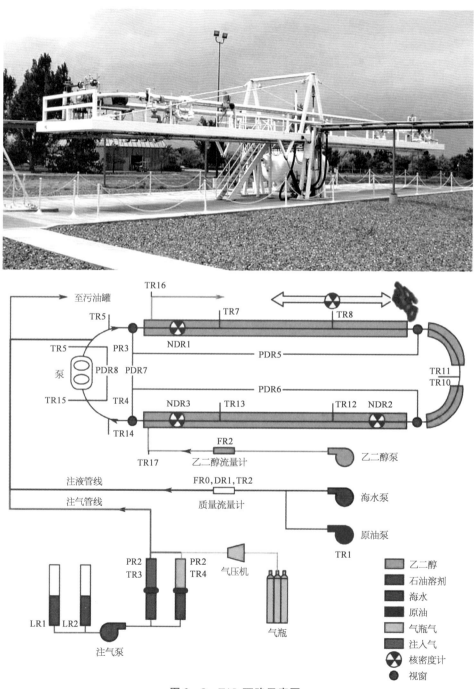

图 2 - 8　FAL 环路示意图

该环路可模拟海底管线中流体的不同流型,完成管路在不同倾角下的流动实验。但该环路没有考虑过泵剪切对水合物生成过程中颗粒的影响,没有配备研究水合物颗粒聚并现象的设备。

2.2.9　澳大利亚 Hytra 环路

该环路由澳大利亚联邦科学与工业研究组织设计并建设,最高操作压力达11 MPa,采用不锈钢管材,并设有一段向下深 1 m、长 2 m 的 U 形管状部分,用来模拟海底的地形情况(图 2-9)。

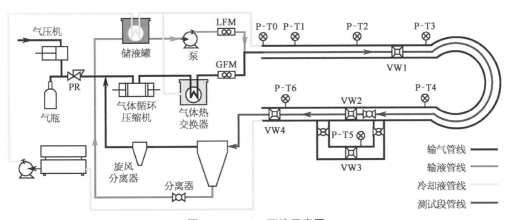

图 2-9　Hytra 环路示意图

该环路主要用于模拟深海环境下气管线的输送情况,尤其适用于开展对类似深水气田条件下含气体较多流体的输送研究。

但该环路的控温范围较窄、环路长度较短,没有考虑过泵剪切对水合物颗粒行为的影响,没有配备较为先进的颗粒分析监测设备。

2.2.10　中国海油-中国石油大学(北京)水合物实验环路

依托国家科技重大专项,中国海油联合中国石油大学(北京)共建 15 MPa 高压低温固相沉积环路(图 2-10)。该环路既可以进行水合物浆液的单相、多相流动实验,也可以进行原油多相流动蜡沉积实验。

该实验环路主要设计参数如下:

① 设计压力范围:0~15 MPa。

② 设计温度范围:-10~20℃。

③ 实验环路长:30 m。

④ 内径:2 in(1 in)。

⑤ 实验介质:模拟介质,安全允许的原油、天然气。

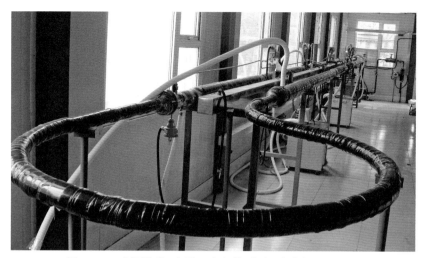

图 2-10　中国海油-中国石油大学(北京)水合物实验环路

2.2.11　中国海油-西南石油大学水合物固态流化开采实验环路

依托国家科技重点研发计划,中国海油-西南石油大学联合共建国际上首套固态流化实验系统(图 2-11)。该环路可实现水合物固态流化开采过程模拟,系统主要包括水合物样品制备模块、水合物破碎及保真运移模块、水合物浆体管输特性实验模块及气水合物产出分离模块、数据采集及安全控制模块等五大功能模块。

图 2-11　中国海油-西南石油大学水合物固态流化开采实验环路

该实验环路主要参数如下:

① 整体实验系统最大工作压力为 10 MPa,温度范围为 $-5\sim40℃$,可实现水合物室内快速制备,并且具备破碎功能。

② 循环管路管内径 3 in(76.2 mm),水平管线长 25 m、宽 1 m,总长 56 m;垂直管线高 30 m,总长 65 m。垂直上升管线可视,水平管线部分可视。

③ 固相体积含量 0~30%(其中砂粒固相和水合物固相的比例可以调节)、液相含量 70%~100%。

④ 实验制备的水合物破碎后固相颗粒的粒度范围在 10 mm 以下。

⑤ 配备先进测量设备,整体实现自动化控制,能对固相粒度、流场图像、流量计、温度、压力等实验数据和图像进行精确采集。

2.2.12　各实验环路对比

国内外几个典型水合物实验环路的参数对比见表 2-1。

表 2-1　国内外几个典型水合物实验环路的参数对比

环路名称	所在国家	长度/m	管径/cm	温度范围/℃	压力范围/MPa	是否装有在线颗粒分析仪
IFP-lyre 环路	法国	140	5.08	0~50	1~10	是
阿基米德环路	法国	36.1	1.02	0~10	1~10	是
埃克森美孚公司环路	美国	93	9.7	−6.5~38	最大 8.3	是
塔尔萨大学 FAL 环路	美国	48.768	7.62	1.67~48.9	最大 15.85	否
Hytra 环路	澳大利亚	20	2.54	4~30	0.1~11	否
NTNU 环路	挪威		2.54	−25~20	最大 12	否
Petreco A/S 高压轮型环路	挪威	2	5.25	−10~150	0~25	否
广州能源研究所水合物环路	中国	30	4.2	−40~(40±0.5)	低压系统	否
中国海油-中国石油大学(北京)水合物实验环路	中国	30	2.54/5.08	−20~80	0~15	是
中国海油-西南石油大学水合物固态流化开采实验环路	中国	121	76.2	−5~40	0~10	是

基于上述,水合物浆液流动实验环路的建设朝着高压力等参数方向发展,并配备先进的观察和测量设备辅助研究。特别是对于水合物的成核机理、诱导期、生长速率等的研究已经达到了一定程度,今后的水合物实验环路建设将会越来越接近于实际现场情况,会对现场中出现的一些因素进行综合的考虑。

2.3 蜡沉积环路实验技术

蜡沉积与油气水多相流的流型密切相关,在不同流型下,蜡沉积物在管壁截面的分布相态不同,沉积层中蜡含量差异较大。与单相管流中蜡沉积问题的研究相比,多相管流中蜡沉积的研究开展得较晚,仍处于起步阶段。截至目前,多相管流蜡沉积模型的预测精度还不理想,对部分关键参数的修正还须借助实验的方式来进行。

目前国内外室内机理实验研究开展较多,也取得了丰硕的成果,但室内研究相比现场应用还存在较大距离。国外相继建立了几套工业级别的实验系统,为推动研究成果的落地进行了积极探索。

2.3.1 美国塔尔萨大学多相流研究中心气液两相流蜡沉积实验装置

塔尔萨大学设计建造了一套气液两相流蜡沉积实验装置(图2-12)。

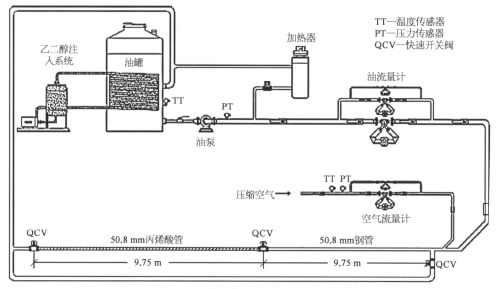

图2-12 塔尔萨大学蜡沉积实验装置

该实验装置长 18.9 m,内径 50.8 mm,可视段长 9.15 m,可上下倾斜 2°,测试段内径 76.2 mm,可拆卸。该装置可研究在水平管道、近水平管道和垂直管道中流动时所产生的蜡沉积现象,但其没有测试段和实验段的对比。

2.3.2　法国 IFP‑lyre 蜡沉积实验环路

该环路长 152.4 m(500 ft,1 ft=0.304 8 m)、直径 50.8 mm(2 in),其中蜡沉积实验段长 7.01 m(23 ft)。该环路的工作压力可达 10 MPa(1 450 psi,1 psi=6 895 Pa),外界温度可调节至 0℃。IFP‑lyre 蜡沉积实验环路如图 2‑13 所示,其工艺流程如图 2‑14 所示。

图 2‑13　IFP‑lyre 蜡沉积实验环路

2.3.3　荷兰壳牌公司多相蜡沉积环路

壳牌公司的 Westhollow 多相蜡沉积环路(图 2‑15),采用 Coulomb 油井的凝析油和乙二醇试样生成含 2%体积乙二醇的代表性液相,甲烷用作补充气体。调整环路流量,与油田预期的液体表观速度和气体表观速度相匹配。

该环路内径为 16 mm、长 106.68 m(350 ft)。与 12.42～40.02 MPa 的油田管道压力相比,该实验环路的操作压力大约为 10.34 MPa(1 500 psi)。

2.3.4　加拿大卡尔加里大学实验装置

加拿大卡尔加里大学实验装置如图 2‑16 所示,但该装置没有测试段和实验段

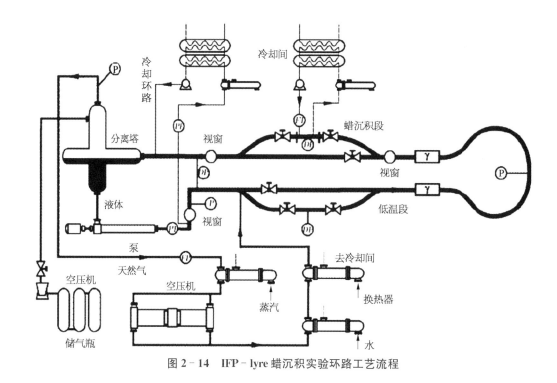

图 2-14 IFP-lyre 蜡沉积实验环路工艺流程

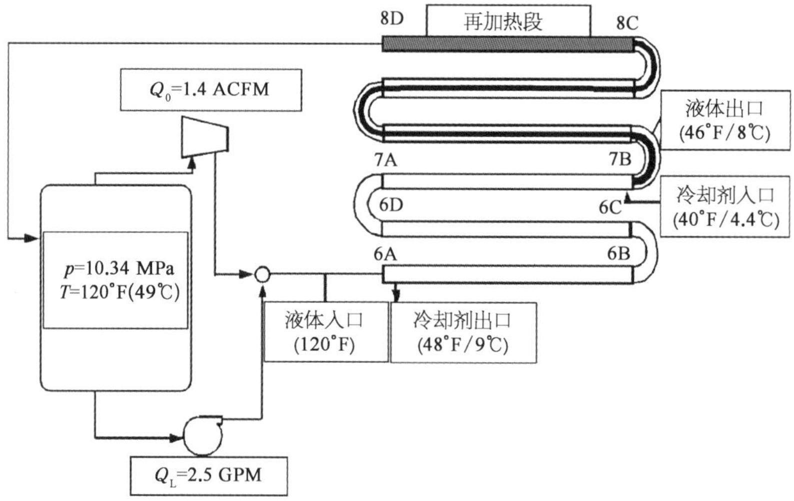

图 2-15 Westhollow 多相蜡沉积环路

的对比。

2.3.5 美国俄亥俄大学实验装置

俄亥俄大学设计建造了长 40 m、内径 0.1 m 的多相流环路(图 2-17)。该实验装置存在上坡段和下坡段的沉积,但没有水平段对比。

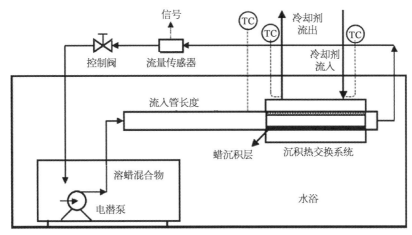

图 2-16　加拿大卡尔加里大学实验装置

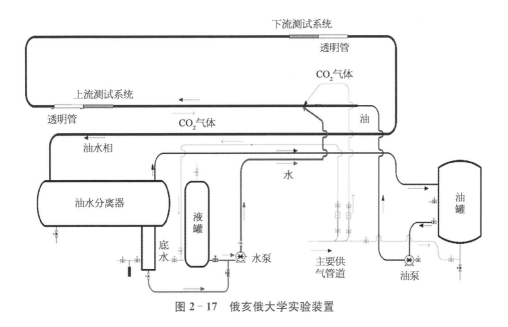

图 2-17　俄亥俄大学实验装置

2.3.6　挪威泰勒马克大学蜡沉积实验装置

挪威泰勒马克大学蜡沉积实验装置测试段长 15 m、内径 56 mm,管道可上下倾斜 5°(图 2-18)。但该实验装置没有测试段和实验段的对比。

2.3.7　荷兰代尔夫特理工大学实验装置

该实验装置由荷兰代尔夫特理工大学航空与流体动力学实验室设计建造,环路内径 16 mm,两个直管段 6 m,用两个弯头连接,如图 2-19 所示。该装置没有测试段和实验段的对比。

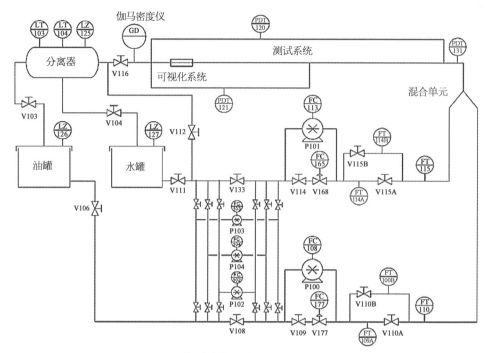

图 2-18　挪威泰勒马克大学蜡沉积实验装置

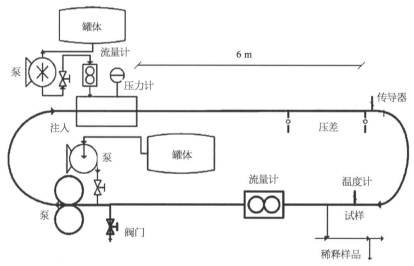

图 2-19　荷兰代尔夫特理工大学实验装置

2.3.8　挪威生命科学大学蜡沉积实验装置

该环路水平放置,外端长 120 m(图 2-20),占地面积比较大,设备比较大,操作复杂,实验所需油样较多。

图 2‑20　挪威生命科学大学蜡沉积实验装置

2.3.9　中国石油大学(北京)蜡沉积实验装置

中国石油大学(北京)多相流实验室建立了单相管流蜡沉积实验装置。实验过程中可以通过参比段、测试段的压差随时计算并显示蜡沉积厚度,还可通过参比段监测实验过程中原油的流动性及其变化。

综合上述,今后蜡沉积实验发展方向为:计算机自动采集、记录实验数据;实验存在参比段和实验段;可以做一定范围内上、下倾角的管道实验;参比段拆卸方便,有可视段;水浴控温稳定。

2.4　段塞流实验技术

深水油气开发过程中,石油管线沿着海床地势铺设,由集输立管混输至采油平台,共同组成水平/起伏‑立管的管道布局。受重力影响,气液相分布呈现非对称状态,气液流动形态可分为光滑分层流、波状分层流、段塞流、块状流、泡状流和环状流等多种流型。段塞流是水平和近水平管内油气采输过程中最常见的管内流型，这种流型经常给管线造成安全问题，导致系统压力剧烈波动和整个管线的振动。因此，研究管线中尤其是深海管线中段塞流的生成、界面结构、控制消除等，将对深水管线流动安全起到重要作用。

实验台作为开展严重段塞流实验研究的重要基础，其各项参数、指标、性能对于实验能否有效、准确地开展，起着至关重要的作用。好的实验台设计具有精确的计量系统、广泛的测量范围、准确的再现能力和较低的系统误差。为了研究严重段塞流的形成、发展及转变机理，国内外学者搭建了一系列平台。目前国内外典型的严重段塞流实验平台，有美国塔尔萨大学实验平台、挪威科技大学实验平台、Prosjekttittel 研究团队实验平台、英国克兰菲尔德大学实验平台、阿姆斯特丹壳牌石油研究与技术中心实验平台、中国石油大学实验平台、SINTEF 多相流实验平台和中国海油-西安交通大学多相流实验平台等。

2.4.1 美国塔尔萨大学 L 型立管段塞实验装置

该装置可进行立管严重段塞流动特性的研究，建立时间较早，实验平台实验工质为空气和水，通过调节柔性管的位置可以实现下倾管角度−5°～5°。实验系统包括两个容器罐、下倾管道、立管、分离器和出口阀门等。其中计量装置包括压力传感器、气体液体流量计等。另外，在立管底部开孔，通过小孔完成注气实验。

2.4.2 挪威科技大学实验平台

挪威科技大学为了研究通过自动控制技术消除严重段塞流技术，设计了消除严重段塞流实验平台(图 2−21)，实验工质为空气、水。该实验平台根据入口压力、出口压

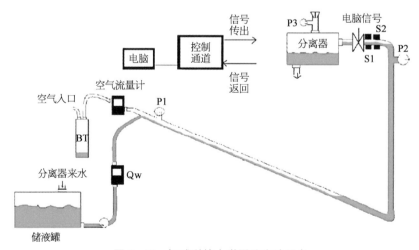

图 2−21　挪威科技大学团队实验平台

力、出口持液率、出口气液流量等一种参数或两种参数相结合的方式调节尾部阀门开度,从而达到消除严重段塞流的目的。

2.4.3 英国克兰菲尔德大学实验平台

英国克兰菲尔德大学为了研究 S 型柔性立管严重段塞流特性,建立了 S 型柔性立管实验平台。实验介质有油、水、空气,分别由各自的泵或压缩机提供。两套立管系统的顶部都安装有处理装置,包括一个控制阀和两相分离器,其中分离器内有两相出口控制阀以及压力、温度、流量、液位等传感器。

2.4.4 阿姆斯特丹壳牌石油研究与技术中心实验平台

阿姆斯特丹壳牌石油研究与技术中心实验平台包括水平段和下倾段,水平实验段为不锈钢材质,下倾段为有机玻璃,倾角-5°~5°。实验平台如图 2-22 所示。

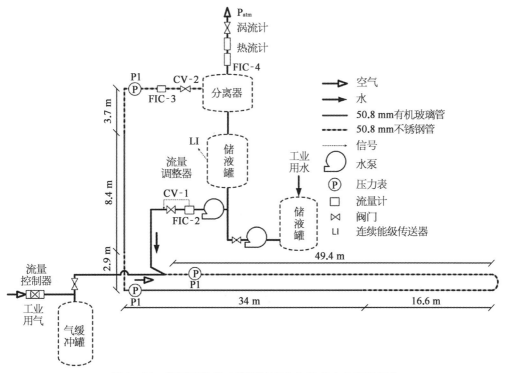

图 2-22 阿姆斯特丹壳牌石油研究与技术中心实验平台

2.4.5 中国石油大学实验平台

中国石油大学油气水三相段塞流实验平台由油气水各相动力与计量系统、气液混合器、实验管段和三相分离系统组成(图 2-23)。

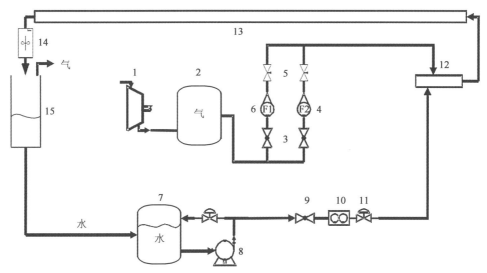

1—螺杆式空气压缩机;2—气体缓冲罐;3—球阀;4—金属管浮子流量计;5—气体精密调节阀;
6—气体质量流量计;7—水罐;8—清水离心泵;9—球阀;10—椭圆齿轮流量计;11—液体调节阀;
12—三相混合器;13—实验管段;14—液体涡轮流量计;15—气液分离器

图 2 - 23　中国石油大学实验平台

2.4.6　SINTEF 多相流实验平台

SINTEF 多相流实验平台管道直径主要为 203.2 mm,另外还有部分管道直径为
101.6 mm 及 304.8 mm(图 2 - 24)。环路总长 1 000 m,倾角范围为 0.5°、1°、5°、10°、
90°,最大液体流量 450 m³/h,最大气体流量 1 580 m³/h,最大运行压力 9 MPa,水平管道

图 2 - 24　SINTEF 多相流实验平台全景图

台架长 500 m,垂直管道台架高 60 m,可模拟大管径长距离高立管条件下的严重段塞流。

2.4.7 中国海油-西安交通大学多相流实验平台

依托国家"863"计划、国家科技重大专项以及国家自然科学基金等项目支持,中国海油根据生产需求和科研实验需求,与西安交通大学联合共建两套不同管径、长度的多相流立管实验环路。

1) 低压多相流立管实验平台(图 2-25)

低压多相流立管实验平台是在原平管段基础上增加立管段建设的。该平台油气水分别由油泵、空压机和水泵泵入实验环路,进入环路前油相由质量流量计、气相由孔板流量计、水相由电磁流量计分别计量进入实验系统。实验中油气水可达到的最大流量分别为:油流量 20 m³/h,气体流量 360 Nm³/h,水流量 30 m³/h。实验介质为油、空气和水。

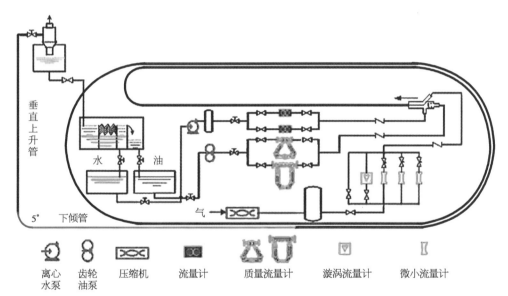

图 2-25 低压多相流立管实验平台

2) 35 MPa、双直径、高压多相流立管实验平台(图 2-26)

高压多相流立管实验系统用于探索"水平-下倾-垂直立管系统"和"水平-下倾-S型柔性立管系统"中段塞流的起塞机理、周期特性、频率特性、液塞长度、流型转变规律和严重段塞流控制消除机理。

其参数如下:

① 压力:35 MPa。

② 温度:2~50℃。

③ 管线长度:400 m。

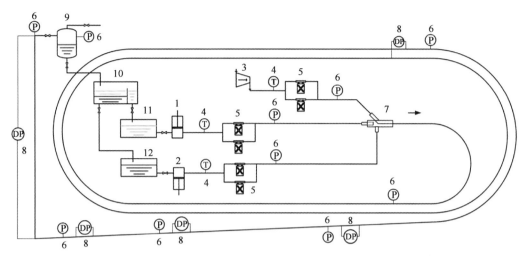

1—柱塞油泵;2—柱塞水泵;3—空气压缩机;4—热电偶;5—质量流量计;6—压力传感器;
7—气液混合器;8—压差传感器;9—气液分离器;10—油水分离器;11—油箱;12—水箱

图 2 - 26　35 MPa、双直径、高压多相流立管实验平台

④ 立管高度:21.5 m。

⑤ 可调角度:±5°。

⑥ 实验段直径:DN80。

⑦ 液体流量:60 m³/h。

⑧ 气体流量:1 020 m³/h。

⑨ 实验介质:白油、空气、水。

2.4.8　多相流实验系统对比

从上述介绍中可以看到,现阶段国内外研究的多相流实验系统(表 2 - 2),尤其是研究的集输-立管多相流动实验系统,多集中在常压、低压、较短距离、较小管径等参数下设计而成,对于近浅海的油气水多相输运可以实现较好的实验室模拟,然而目前还没有能模拟石油生产现场产生的高压环境下的多相流实验系统,对高压环境下气液、液液、油气水及油气水固等更为复杂的多相流流体物性流动以及更为本质的界面结构的研究刚刚起步。

表 2 - 2　国内外多相流测试与标定装置对比

科 研 单 位	管径/ mm	水平＋倾斜管 长度/m	立管高度/ m	管道压力/ MPa
挪威科技大学	20	3	2.7	0.2
塔尔萨大学	25	9.1	3	0.1

（续表）

科 研 单 位	管径/mm	水平＋倾斜管长度/m	立管高度/m	管道压力/MPa
克兰菲尔德大学	50	69	9.9	0.2～1.5
阿姆斯特丹壳牌石油研究与技术中心	50	100	15.5	0.1
中国石油大学(华东)	50	10.5	4	0.1
中国石油大学(北京)	50	60	7	
上海交通大学	25	18	3.7	0.1～0.4
西安交通大学(低压实验台)	50	133	15.3	0.1～0.5
西安交通大学(高压实验台)	50/80	400/1 700	21.5	35

2.5　多相流腐蚀实验技术

随着海上油气水多相混输系统和管道的增加,油气水分层导致的点线腐蚀,冷凝凝结导致的湿气管道顶部腐蚀,油气、气液分层流动导致的垢下腐蚀,砂沉积侵蚀和积水腐蚀等(图 2-27),逐渐证实了多相流流型、流态与腐蚀控制方法密切相

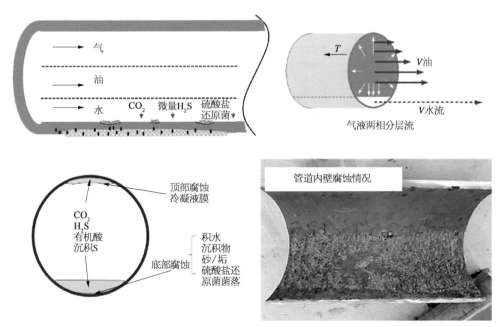

图 2‑27　海底管道流态与腐蚀分布的相关性

关。关于管道内流体流型、流态与腐蚀相关性及分布特点,涉及多相流体力学、传热学、材料腐蚀等多个专业技术内容,属于交叉学科领域,同时也是一门实验为主的学科。从 20 世纪 90 年代起,国际上逐渐建立了一系列大型和复杂的多相流腐蚀实验环路和评价方法,其代表性研究机构是美国俄亥俄大学、塔尔萨大学及 IFE。"十三五"期间,中国海油自主建立了 7 MPa 高压低温深水多相流动态腐蚀试验评价系统,为我国开展相关研究奠定了实验基础。国际上主要的多相流动态腐蚀环路见表 2 - 3。

表 2 - 3 国际上主要的多相流动态腐蚀环路

公　司	材质	管径/in	介　质	温度/ (℉/℃)	压力/psi	备　注
巴西国家石油公司	C276	4	H_2S、CO_2、有机酸等	300/149	1 500	可倾斜
埃克森美孚公司	316SS	4	CO_2、有机酸等	300/149	1 000	可倾斜
印度尼西亚国家石油公司	C276	1	H_2S、CO_2、有机酸等	300/149	400	气液
泰国国家石油公司	316SS	4	CO_2、有机酸等	300/149	1 000	可倾斜,气液
马来西亚国家石油公司	316SS	4	CO_2、有机酸等	300/149	1 000	可倾斜,气液
中佛罗里达大学	316SS	4	CO_2、有机酸等	300/149	1 000	可倾斜,气液
沙特阿美	C276	1	H_2S、CO_2、有机酸等	300/149	1 000	气液

2.5.1　美国俄亥俄大学腐蚀测试环路与实验装置

1) 硫化氢多相流腐蚀测试环路

俄亥俄大学多相流与腐蚀技术中心的硫化氢腐蚀测试系统在国际上属于大尺寸环路(图 2 - 28),硫化氢分压可达到 150 mbar。混合的气体和液体可实现层流、段塞流和环流等不同流态。采用了不同类型的腐蚀监测和测试装置,系统温度范围可达 40 ～ 90℃,压力范围从常压到 400 psi,主要参数见表 2 - 4。

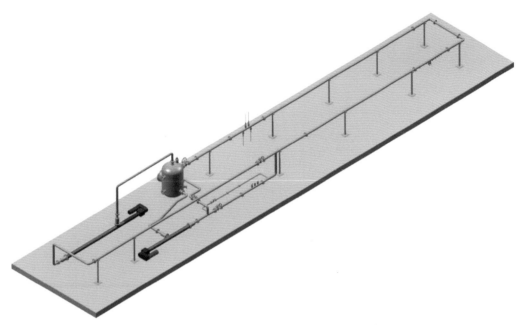

图 2‑28　硫化氢多相流腐蚀测试环路概念设计图

表 2‑4　硫化氢多相流腐蚀测试环路的参数范围

参　　数	范　　围
液体流速	0.5～2.5 m/s
气体流速	2.0～10 m/s
温度范围	40～90℃
压力范围	1～70 bar
液体混合物	去离子水、模拟海水、2～10 cP油、原油的混合物
气体混合物	N_2、CO_2、CH_4、H_2S的混合物
测试装置	表面的液体和气体流速、流态测定、腐蚀速率、pH值、温度

2) 可倾斜多相流实验装置

该装置特点在于环路部分可进行 0～90°的倾斜，以更好地进行多相流模拟，如图 2‑29 所示。该系统包括三个子系统，每个子系统均可独立运行，实现高压或低压环境，环路内径 4 in、长 30 m。高压可倾斜系统全部采用 316 不锈钢，工作温度、压力能分别达到 120℃、1 000 psi。低压系统采用有机玻璃制成，可进行流态观察。各系统均具有独立的测试管段，包括腐蚀测试探针、含气率测试装置、测压装置和流量测定装置。可倾斜多相流腐蚀测试环路的参数范围见表 2‑5。

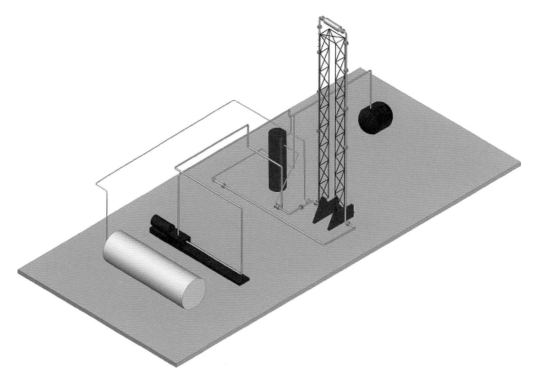

图 2 - 29　可倾斜多相流腐蚀测试环路概念设计图

表 2 - 5　可倾斜多相流腐蚀测试环路的参数范围

参　　数	范　　围
液体流速	0.1～5 m/s
气体流速	20 m/s
温度范围	25～120℃
压力范围	1 000 psi
液体混合物	去离子水、模拟海水、0.5～1 000 cP 油、原油的混合物
气体混合物	使用 N_2 或者 CO_2
测试装置	表面的液体和气体流速、流态测定、腐蚀速率、压降、超声波、pH 值和温度

3) 湿气腐蚀环路

湿气腐蚀环路用于研究 CO_2 和 HAc 造成的顶部腐蚀和缓蚀剂有效性评价。管径 4 in,壁厚 Sch 40,316 不锈钢材质,30 m 长,水平安装并与室温绝热。储液罐容积 1 m^3。采用耐热 625 合金制成的加热器进行加热。利用风机可使气体流速达到 20 m/s。系统采用冷却装置使气相产生冷凝。可监测 30 m 长环路内气相温度、热交换器进出口之间液相和冷却水温度以及壁温的变化。罐内压力受到控制(±0.1 psi)。湿气顶部腐蚀测试环路的参数范围见表 2 - 6。

表 2‑6　湿气顶部腐蚀测试环路的参数范围

参　数	范　围
气体速度	1~20 m/s
CO_2 分压	1~8 bar
温度范围	40~90℃
冷凝率	0.02~3 ml/(m²/s)
气体混合物	N_2、CO_2 混合物

2.5.2　美国塔尔萨大学三相环路

塔尔萨大学建立的三相环路,可进行 CO_2/盐溶液/砂粒三相流导致金属腐蚀磨损的研究。该三相环路由压缩机、隔膜泵、气/液分离器、热交换器、涤气器以及旋流分离器等构成(图 2‑30)。最高使用温度 65℃,隔膜泵最大流量 9 m³/h。该系统引入了固相分离装置,大大减轻了固相对环路非实验段的腐蚀磨损,因而可进行固体含量高达 20% 的多相流腐蚀实验。

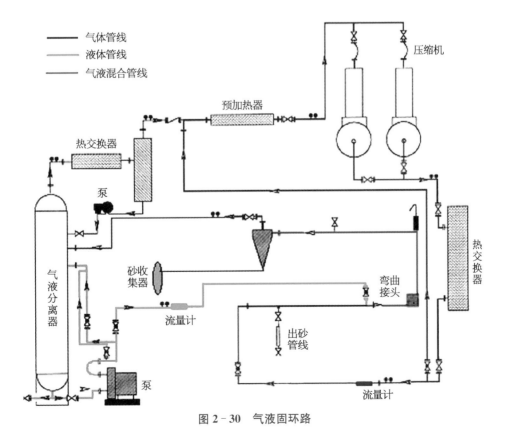

图 2‑30　气液固环路

2.5.3 IFE 实验环路

1) 哈氏合金环路(图 2-31)

IFE 拥有两套哈氏合金环路,可用于高温高压腐蚀实验,包括高温下的 CO_2 和 H_2S 腐蚀实验、高盐浓度下的实验、缓蚀剂实验等。

技术参数包括:哈氏 C-276 材质,单相,压力达 50 bar。温度范围 10~180℃。流速范围 0~10 m/s。有三段测试段,可放置 36 个试样,测试段直径 25 mm,体积 75 L。

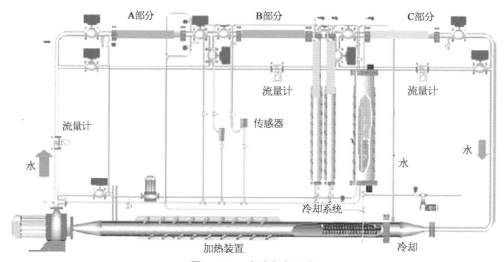

图 2-31 哈氏合金环路

2) 低压环路(图 2-32)

IFE 低压环路用于研究两相和三相流。主要参数包括:压力为常压。气相采用空气,液相为水或 50℃以上的油。测试区包括直径 27 mm/60 mm/100 mm 的圆形管和 50 mm×300 mm、长 15~20 m 的方形管。管道材料为 PVC/Perspex/Latex。气相流速 150 m³/h,液相流速 60 m³/h。在直径 60 mm 的管道上,最大的表面流速为气体表面流速 U_{sg}=15 m/s 和液体表面流速 U_{sl}=6 m/s。

该环路可用于基础多相流动实验,流量仪表、温度传感器和压力仪表用于监控在实验中的流量条件。气体流率由一个涡流计衡量。液体流量可由一个科里奥利计或电磁流量计测量。

2.5.4 美国 Cortest 公司实验环路

美国 Cortest 公司的多相流环路是利用塑料或不锈钢原件制造的常温常压环路,也可以利用 C276 镍基合金制造高温高压含 H_2S 环路。系统可以进行流态测试和腐蚀速率测试。

图 2 - 32　IFE 低压环路

该环路参数如下：

① 环路材料：Plexiglas/Stainless steel/Hastelloy。

② 管径：4 in。

③ 压力：50～1 500 psi。

④ 温度：10～130℃。

⑤ 气体流速：0～20 m/s。

⑥ 液体流速：0～4 m/s。

2.5.5　英国南安普顿大学实验环路

流动腐蚀环路直径为 28 mm，全部溶液容积达 210 L，流速 0.04～2.7 m/s，雷诺数 1 000～75 000。采用标准电化学测试技术，包括直流电位计、线性极化电阻、零电阻电流计和电化学噪声测试。

2.5.6　挪威科技大学实验环路

实验环路拥有 3～6 cm 内径和 17 m 长、7 m 高的测试段，装有阻抗探针、压力传感器、高速动态摄像仪，以确定静态和动态流动环境的参量。另有便携式迷你环路可进行流动可视化观察。

2.5.7 中国石油 CFL‑1 型动态腐蚀实验环路装置

CFL‑1 型动态腐蚀实验环路装置具有便于产生多相流流型的立管(图 2‑33)，在上行、下行管段处安装了用来观察流型的玻璃视窗，在最高、最低和中间处采用短接管形式连接，可以随时更换以观察实际的腐蚀形态和腐蚀程度，在涂层实验时又可以更换不同的涂层短接管，同时方便进行挂片实验。为了保证装置能够安全稳定运行，设计安装了支架平台系统，既保证立管的稳定，又方便在管道顶部的操作。环路主要由加液泵、气体压缩机、计量泵、气液分离罐、气体净化罐、净化泵、热交换器、气体储罐、真空泵、控制面板等组成。该装置共配置五套在线腐蚀实验设备，研究金属材料、涂层钢板的电化学行为及腐蚀机理，进而评价介质环境的腐蚀性、金属材料的耐蚀性及涂层的防护效果等。环路设计最高介质温度为 100℃，设计最大操作压力 1.13 MPa，对应 1 in 管的液相最大流速 4~6 m/s，气相最大流速 30 m/s，长度 20 m。

图 2‑33　CFL‑1 型动态腐蚀实验环路

2.5.8 中国海油-北京科技大学气液两相环路实验装置

依托国家科技重大专项,中国海油与北京科技大学研制了气液两相环路实验装置,主要用于模拟管道湿气顶部腐蚀环境。环路由两个高温高压气液两相罐、液泵、气体喷射器、实验段、真空泵、腐蚀监测装置、温度压力监测装置等构成(图 2-34)。

图 2-34 气液两相环路实验装置主干部分

2.5.9 中国海油研制的多相流动态环路腐蚀评价装置

中国海油研制的室内动态环路腐蚀评价系统(图 2-35),可以评价不同流速、压力、温度下不同防腐方案的应用效果。该装置具备如下功能:

① 倾斜管道腐蚀研究。

② 不同材质耐蚀性研究。

③ 缓蚀剂性能评价。

④ 减阻剂研究。

⑤ 局部微生物腐蚀研究。

⑥ 不同流态的腐蚀状况评价。

该系统的工况参数如下:

图 2 - 35　中国海油多相流动态环路腐蚀评价装置

① 气体流速 0～5 m/s,液体流速 1～3 m/s。

② 材质 316L。

③ 最高温度 120℃。

④ 最大设计压力 7 MPa。

2.5.10　中国海油研制的深水多相流动态腐蚀评价系统

深水多相流动态腐蚀评价系统建造地点位于天津市滨海新区渤海石油基地,由中国海油牵头,联合海油发展管道工程分公司共建,整个项目占地约 1 500 m²,是国内首个工业级别的高温高压腐蚀评价系统(图 2 - 36)。

腐蚀评价系统参数如下:

① 设计温度 150℃。

② 设计压力 7 MPa。

③ 管径 4 in。

④ 最大流速:5 m/s(液相)、10 m/s(气相)。

该系统可模拟多相介质(分层、段塞)腐蚀、湿气顶部腐蚀、细菌腐蚀等工况,旨在解决当前困扰近海及深水油气田开发中的多相流动态腐蚀问题,推动新技术、新方法、新产品、新工艺向现场应用转化。

图 2‑36 中国海油深水多相流动态腐蚀评价系统

第3章　深水多相混输系统流动安全工程设计

随着深水油气田的开发,深水流动安全保障工程作为整个油气田工程设计、建造和运维全过程的流动控制和管理系统工程,逐步得到重视,海底管道流动安全保障设计技术不断得到应用和发展。流动安全工作范围就是保障生产流体从油气藏到生产设施在油气田全寿命周期内任何工况条件下的经济安全输送。流动安全保障涉及的主要问题包括水合物形成、结蜡、沥青质形成、乳状液、起泡、结垢、出砂、段塞流,以及与材料有关的问题等。流动安全设计应根据油气田开发规模、油气物性、环境条件、输送方案等具体情况,结合油气处理、储运工艺流程,进而确定海底管道管径、操作参数等。主要设计原则包括:满足近期油气田开发规模需要,必要时考虑周报油气田接入的可能性;根据具体情况积极采用先进可靠的新工艺和新材料,提高经济性和安全性;进行多方案的经济技术比较来确定输送工艺和输送参数,尽可能降低工程造价。同时,随着海洋石油工业的发展,海上油气田流动安全自主设计成为必然。本章将对自主研制的多相管流工艺模拟分析软件做简单介绍,该成果为设计软件国产化打下了坚实的基础。

3.1　设计规范和标准

目前,海底多相流动安全设计遵循的相关设计规范和标准主要包括如下:

①《石油天然气工业　水下生产系统的设计与操作　第 1 部分:一般要求和推荐做法》(GB/T 21412.1—2010)。

②《海洋石油工程海底管道设计》(石油工业出版社,2007 年)。

③《海上生产平台管道系统的设计和安装的推进作法》(SY/T 10042—2002)。

④《输气管道工程设计规范》(GB 50251—2015)。

⑤《输油管道工程设计规范》(GB 50253—2014)。

⑥《油田油气集输设计规范》(GB 50350—2015)。

⑦《气田集气工程设计规范》(SY/T 0010—1996)。

⑧《原油管道输送安全规定》(SY 5737—1995)。

⑨《海上烃类管道的设计、建造、操作和维修推荐作法》(API RP 1111)。

⑩《液态烃和其他液体输送管道系统》(ANSI B31.4—2002)。

⑪《天然气输送和分配系统》(ANSI B31.8—2003)。

3.2　流动安全设计所需基础数据

流动安全保障分析所需的输入数据非常广泛,涵盖了生产系统的所有部分。数据类别包括以下几种:

1) 流体物性

流体性质的准确表征是进行可靠流动保障设计的关键。所有的热工水力计算都是基于流体的性质和由此得出的流体特性。主要参数包括烃的组成、相平衡、气油比、含水率、黏度等。

2) 生产剖面

主要包括生产期内每口井各生产年份的油、气、水各相产量。

3) 管道数据

主要包括管道路由、管道结构(保温层)、管材特性(厚度、密度、比热容、导热系数率等)和管道埋深等。

4) 环境参数

主要包括不同深度的水温、水流速、海底泥温等数据。

3.3　海底多相流混输管道的流动安全设计技术

海底多相流管道同陆地多相流管道流动介质和流动形态相同,同样具有流型的多样性和流动的不稳定性,通常包括气液两相混输管道、油水两相混输管道和油气水三相混输管道。由于海底管道处于高压低温的环境,海底多相流管道的流动安全设计相对更复杂,设计难点主要包括海底多相管道段塞流预测、水合物防控、蜡沉积预测等方面。涉及内容包括从井筒、水下设施、生产管网到下游设施全流程,以及从设计、建造、运维到弃置全过程。其主要工作内容如图 3-1 所示。其基本设计流程如图 3-2 所示。

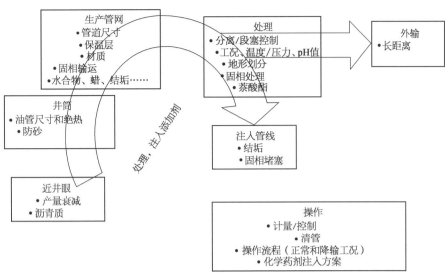

图 3-1　深水流动安全工程主要内容

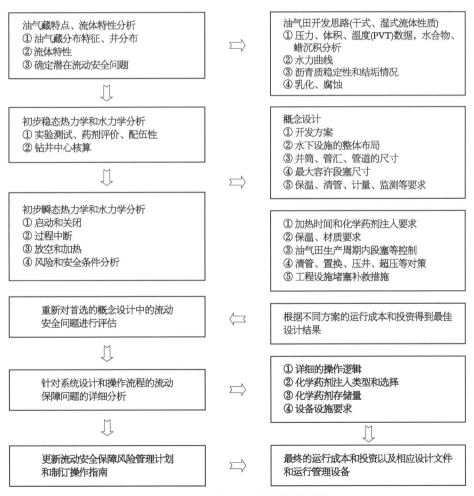

图 3-2　深水流动安全保障设计流程

3.3.1 流型预测

目前已定义了 100 多种多相流型和子流型。对于垂直管中的流动(管道与水平位置的倾角为 10°~90°),通常公认的流型有泡状流、段塞流、弹状流和环状流,而对于水平管中的流动(管道与水平位置的倾角为 0~10°),通常公认的流型有泡状流、段塞流、分层流和环状流。多相流流型的确定是准确进行多相流管道压降计算的前提。多相流流型研究发展至今,总的状况还停留在以实验为主,通过目视或借助某些仪表、技术对流型进行观察测量,从而得到一些经验图表或公式。目前也有些学者在实验基础上进行了少许简单的理论分析,建立了半经验的关系式,人们正在朝全面数学模拟和大型电子计算机程序预报的方向努力,但由于多相流流动问题的高度复杂性,流型及其转变问题又极其强烈地与流动过程中的所有特性和因素联系在一起,因此至今尚无比较完善的,既能反映问题全部或大部分特征又能付诸实用的半理论公式。

流型预测是指在给定部分流动参数下,确定管道内多相流发生何种流型。常见的流型识别方法较多,主要有:经典流型图法;根据流型转变机理得到转变关系式,并利用流动参数进行具体流型预测。虽然不同的流型可以画在一张流型图中(表观液速为 Y 轴,表观气速为 X 轴),但是由于涉及变量很多,流型之间的边界从来没有被清楚刻画出来,并且变化很大。

段塞流是混输管线特别是海底混输管线中经常遇到的一种典型的不稳定工况,其表现为周期性的压力波动和间歇出现的液塞,往往给集输系统的设计和运行管理造成巨大的困难和安全隐患,因而段塞流的控制一直是研究的热点。

由于海洋油气混输管线操作条件的改变(如管线的停输、再启动、开井或关井、清管等)、地形的起伏都有可能造成段塞流,因而建立起一套合理的水动力模型非常困难。目前已有的气液段塞流理论模型可以分为稳态模型和瞬态模型两类。对清管引起的段塞流而言,一般采用清管模型与段塞流模型耦合进行模拟。

目前 OLGA2000、TACITE、PLAC 等软件都能够预测段塞流的长度、压降以及持液率,但只有 OLGA2000 采用双流体模型附加段塞流跟踪模型,能够计算段塞流流量及压力波动参数等。尽管如此,当段塞较大或跟踪移动段塞时,不仅计算效率低,而且容易发散,同时现有计算软件大多建立在气液两相流或简化三相流基础之上,对于油气水三相流研究是改进现有模型和计算方法的根本。

3.3.2 压降计算

多相流管道压降计算公式分为均相流模型、分相流模型和流型模型。

1) 均相流模型

均相流模型将混合物看作无相间滑移的均匀混合物,并符合均相流的以下假设条件：

　　① 气液相速度相等。

　　② 气液相介质已达到热力学平衡状态。

　　③ 在计算摩擦阻力损失时使用单相介质的阻力系数。

　　符合均相流假设条件的多相流管道可作为单相流管道进行水力计算，其关键是确定介质混合黏度和混合密度。压降计算模型通常用杜克勒 I 法。

　　2）分相流模型

　　分相流模型是将两相流动看作气液各自分开的流动，每相介质有其平均流速和独立的物性参数，需要分别建立每相的流体特质方程。关键是确定每相所占流动界面份额，即真实含气率或每相的真实流速，以及每相介质与界面的相互作用，即介质与管壁的摩擦阻力和两相介质间的摩擦阻力。分相流模型建立的条件如下：

　　① 两相介质分别按各自所占据截面计算截面平均流速。

　　② 两相之间处于热力学平衡状态。

　　常用的压降计算模型为杜克勒 II 法，假定沿管长气液相间的滑动比不变，可进行相间有滑脱时的压降计算。

　　3）流型模型

　　流型模型的计算首先要确定多相管道内流型。相对以上其他模型，流型模型计算最为准确。然而，保证流型模型计算精度的前提是准确预测管道流型。目前，通常把团状流、段塞流合并为间歇流，把典型层状流、波状流统称分层流，雾状流多按照均相流进行计算。常用的压降计算方法为 Lockhart - Martinelli 法，经验相关式适用流型主要包括气泡流、气团流、分层流、波浪流、间歇流和环状流等。

3.3.3　设计目的和设计余量

　　深水流动安全保障工程最低目标是保障整个流动体系任何时候/任何地点畅通，因此如何寻找流动体系运行窗口(图 3 - 3)、保障系统平稳运行是工程设计的根本目标；其终极目标是通过系统的优化，获得最安全经济的多相集输体系。

　　由于各种软件的预测在输入数据和模拟方法上都存在误差，因此在设计过程中应酌情考虑计算分析的误差如下：

　　① 在贫乙二醇(MEG)注入速率的基础上应考虑30%的余量，以包括湿气流量计、MEG 流量计和容量测量系统(MCV)测量的不准确性，以及 MEG 再生回收方面的不确定性。

　　② 热力-水力计算的摩阻压降应考虑10%的余量。

　　③ 热力-水力计算的液塞体积应考虑20%的余量。

　　④ 热力-水力计算的持液率应考虑20%的余量。

　　⑤ 采用 MEG 抑制水合物生成时应考虑3℃的余量。

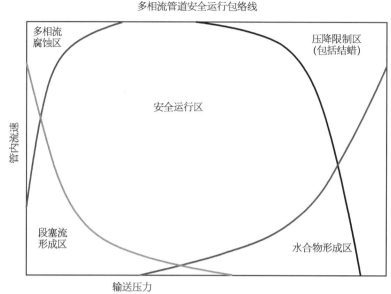

多相流管道安全运行包络线

多相流腐蚀区

压降限制区
(包括结蜡)

安全运行区

管内流速

段塞流形成区

水合物形成区

输送压力

图 3-3　多相混输管道流动体系运行窗口

3.4　常用流动安全设计软件

常用海底管道流动安全设计计算软件主要包括 PIPEFLO、TRAFLOW、PIPSYS、PIPESIM、TWOPHASE、PIPEPHASE、OLGA 和 LEDAFLOW 等。其中，PIPEFLO、PIPESIM、PIPEPHASE、TWOPHASE、PIPSYS 等软件具有较强的稳态模拟计算功能，可较好地应用于单相液体管道和多相混输管道的工艺计算；而 OLGA、TRAFLOW、LEDAFLOW 等软件则具有较好的动态模拟功能，主要应用于多相混输管道的模拟。

1) OLGA

OLGA 是模拟烃类流体在油井、管道、管网中瞬态、稳态多相流动的软件包，由挪威的 SINTEF 和 IFE 联合开发，是 1984—1989 年一些挪威和国际石油公司(包括 Norsk Hydro、Saga、Statoil、Esso、Texaco、Mobil、Conoco 和 Petro Canada)联合资助的两相流项目的产物。从 1989 年开始，OLGA 的商业化运作由 Scandpower A/S 负责。利用 SINTEF 多相流实验室大规模高压环路(长 1 km，主要为 8 in 管，另有 12 in、4 in 等管径，压力可达 90 bar，实验介质为烃类流体和氮气或氟利昂)的实验数据，OLGA 得到不断的改进,先后达 10 余个版本。

OLGA 软件包由基本的流动分析模块、图形用户界面、PVTSIM 程序和一些任选模块组成。PVTSIM 由美国 Schlumberger 公司提供,具有相位特性 PVT(pressure versus temperature)模拟、水合物形成预测、结蜡结垢预测、多相闪蒸计算、回归分析和单元操作计算等功能。任选模块包括段塞跟踪(可跟踪水力学段塞、地形起伏引起的段塞、流量变化引起的段塞、清管引起的段塞、启输引起的段塞等)、三相流[气液水三相流(主要为层流)模拟]、管束(管束结构中单相流管和多相流管之间的传热计算)、土壤(埋地管道与土壤传热的二维模拟)、多相流泵(离心泵和容积式泵模拟)、腐蚀(井筒和管道内部 CO_2 腐蚀速率、分布规律计算)、蜡(井筒和管道内蜡沉积分布规律计算)、井筒(油气藏流入动态、钻井、试井和井喷过程模拟),以及服务器(提供与其他模拟软件如动态过程模拟器的接口)等。

OLGA 的基本模型是双流体两相流。在三相流层状流模型中,增加水相的质量平衡方程,油水之间的滑移速度由油水层之间力平衡确定。对于泡状流和段塞流,油和水处理成均匀的混合物。

早期的段塞跟踪模型无法计算段塞频率。为了计算新产生水力学液塞和已经存在液塞之间的最小距离,要求人工输入段塞频率(如实测得到的)。另外,早期的模型也没有引入温度计算模块,而温降预测对段塞特性模拟非常重要。OLGA 已对此做了改进,其能够计算液塞和气泡的长度、液塞前锋和尾部速度及位置、液塞的持液率、段塞频率、流量和压力波动。

2) TRAFLOW

TRAFLOW 是一个供壳牌公司内部使用的多用途油气多相流瞬态模拟软件,其采用的数值解法是隐式 Newton‐Raphson 迭代法,由 KSLA(Koninklijke/Shell‐Laboratorium,Amsterdam)开发。TRAFLOW 的物理模型类似于稳态两相流软件 TWOPHASE,这两个软件的物理模型都是由 KSLA 提供,其来源于英国 Norfolk 郡 Bacton 大管径(8 in)高压两相流实验环路的实验成果。Bacton 实验环路位于一条气体管道末站附近,可以直接从来站引入天然气和凝析液做两相流实验。这两个物理模型也经过了壳牌公司大口径湿气管道现场数据库的检验。TRAFLOW 的水力学基本方程包括气相质量方程、液相(包括液滴和液膜)质量方程、混合物动量方程、混合物能量方程,属于漂移流模型。封闭关系包括气相和液膜之间的漂移、气相和液滴之间的漂移、液滴在气相中的夹带、相间质量传递,以及通过管壁的热量传递。封闭方程与流型有关,而流型划分与 TWOPHASE 一样。在做热力学计算时,TRAFLOW 假设混合物组成沿管长不变。该模型考虑了焦耳-汤姆逊效应,可以处理绝热、等温工况,还可以处理管径变化、多点流体注入、上升立管、下降立管、井筒等情况。

3) LEDAFLOW

LEDAFLOW 是由挪威 SINTEF 与壳牌公司、康菲公司合作开发,由 Kongsberg 运营的一款商业多相流模拟软件,是新一代石油天然气生产系统流动保障软件。

（1）软件主要技术改进表现

① 基于严格的三相流基本物理定律和成分的表征,更接近稳态实际物理和完全瞬态条件。

② 采用油、气和水的多温差法,而不是传统的混合温度方法,实现更准确的温度和热损失预测。

③ 具有气体、油和水分离的动量方程,而传统的工具使用两个动量方程,改进了计算的油-水动量交换和由此产生的滑移。

④ 在多相管流中已经开发了对波、段塞流、液滴和发泡能够模拟和可视化独特的方程。

（2）软件工程设计方面主要功能

① 单相、两相、三相流。

② 稳态点模型。

③ 稳态预处理程序。

④ 完全瞬态模型。

⑤ 温度(热量)与组分模型。

⑥ 各阶段的温度、焓以及传质模型。

⑦ 分散、分离相间的流动转换。

⑧ 完全可压缩解决方案。

⑨ 段塞流捕集器计算器。

⑩ 井和立管、阀门、控制器的气举模拟。

4）PIPEPHASE

PIPEPHASE 是由美国 Simulation Science Inc. 开发的一个多相流稳态计算软件。该软件中包括传热的精确计算,其物性模块参数采用改进的 SRK 状态方程进行计算,用北海油田流体 PVT 实验数据调整状态方程中的参数,在软件中用 PVTGEN 选项完成这项计算工作。在软件中对压降、持液率和流型的计算由用户选择不同的关系式进行,对水平段选用 Beggs‐Brill‐Moody 关联式。

5）PIPESYS

PIPESYS 是 HYSYS 框架下一个用于模拟管道系统管道水力计算的软件包,其采用关系式来模拟管道中的单相和多相流动,能准确模拟广泛的情形和状况。PIPESYS 属于稳态计算软件,流型判断、压力及持液率计算采用相关式,物性计算采用 HYSYS 的物性计算模块。

PIPESYS 能够完成如下功能:

① 精确模拟单相和多相流。

② 详细计算穿越不规则地形、陆地和海上的管道压力和温度剖面。

③ 正向、反向压力计算。

④ 模拟在线设备。

⑤ 进行特殊分析,包括清管段塞预测、腐蚀速度预测和严重段塞检测。

⑥ 进行敏感性分析,来确定任一参数对系统可靠性的影响。

⑦ 快速、有效计算,通过使用内部优化器,能大大提高计算速度而不损失准确度。

⑧ 基于成分因素、管道因素和环境因素,确定现有管线增输的可能性。

⑨ 指定温度计算压力剖面或瞬态计算压力和温度剖面。

⑩ 假定一端状况进行压力计算,确定上游或下游状况。

⑪ 对于特定的下游压力和上游温度,通过迭代计算确定上游所需的压力或下游温度。

⑫ 根据上下游参数确定流量。

6) TWOPHASE

TWOPHASE 是壳牌公司实验室开发的一种稳态模拟软件,对其检验表明:对压降的预测令人满意,压力梯度的平均误差为 1%,标准误差为 8%,对持液率的预测达不到压力梯度预测的同等精度,对气速和管道倾角很敏感。当气速小于 7 m/s 时,持液率的平均误差为 2%,标准偏差达到 20%;管线对水平方向有 1°倾角时,预测的流型与水平是一致的,但是预测的持液率偏差高达 30%或更大。由此看来,该模型对压降的预测能满足两相流管线设计和运行的需要,但对持液率的预测还有待进一步改进。

7) PIPEFLO

PIPEFLO 是稳态集输单管线或复杂管网的水力热力学模拟软件,可以对复杂管网建模,并能模拟出系统任一处的压力、温度、传热、持液率,以及流体的速度、流态和压降等;也可以模拟管线清管、管线停输温降与水合物生成边界等操作引起的变化;还可以进行海底管线、地面管线或部分埋地管线的传热计算,管线的 CO_2 或 H_2S 腐蚀计算,管线冲蚀速度限制计算,段塞大小和频率计算等。PIPEFLO 软件与 OLGA 软件有专用接口,可以将输入直接保存成 OLGA 软件模型供 OLGA 使用。

PIPEFLO 主要功能如下:

① 管线冷却模拟。

② 段塞清管计算。

③ 冲蚀速度计算。

④ 严重段塞模拟。

⑤ 腐蚀预测(包括 CO_2 和 H_2S)。

⑥ 油/水乳化。

⑦ 集输管网模拟。

⑧ 水合物预测。

⑨ 水合物抑制剂模拟。

8）PIPESIM

PIPESIM 是由美国 Schlumberger 公司推出的多相流稳态模拟软件,其为用户提供了强大的地下石油分布和流向分析以及石油开发搭建管道模型等多种功能,内置丰富的模块供用户选择,可以大大提高工程师的效率,主要针对油藏、井筒和地面管网一体化的模拟与优化,是世界公认的设计软件。PIPESIM 是集油藏流入动态、单井分析与优化设计、地面管道/设备分析计算、井网、管网分析等于一体的综合分析模拟工具。其最大特点是系统的集成性和开放性,每一个模块都可以独立进行分析计算,且每一个模块都根据工程师的不同需要而设计。

PIPESIM 主要功能如下:

① 模拟油管流动、环空流动和混合流动。

② 确定井筒流动保障问题,如侵蚀、腐蚀和固体生成(垢、蜡、水合物和沥青质)。

③ 生成油藏模拟器的垂直流动特征表格。

④ 诊断气井中积液和给出评估措施,以缓解该问题。

⑤ 模拟层间串流的影响。

3.5 自主研制的多相管流模拟分析 软件 TPCOMP 1.0

3.5.1 软件开发背景

在天然气输送过程中经常遇到天然气凝析液两相流动,尤其是在深水油气田开发的配套集输过程中,为了提高经济效益,常常不经过分离就直接将天然气凝析液由海底气田输送上岸。天然气凝析液两相流动的模拟计算涉及相态与物性计算、水合物预测、两相流稳态和瞬态计算等复杂问题。目前只有少数几个商业软件能够对两相流问题进行较完善的计算,国内还没有自主开发的天然气凝析液管线模拟计算软件。在各石油企业的大力支持下,近年来中国石油大学(北京)机械与储运工程学院多相流课题组对多相流问题进行了深入系统的研究,并将成果形成软件——TPCOMP 1.0。该软件能够对天然气凝析液两相流动中的常见问题进行模拟,为用户进行工艺设计提供参考。

3.5.2　软件主要功能

TPCOMP 1.0 软件的主要功能是进行气田的富气管道输送工艺计算,并对计算结果进行直观的图形输出。工艺计算主要包括相态和物性计算、水合物生成模拟、稳态计算、停输再启动计算等功能模块,其中每一个功能模块又包括数据输入、计算处理、数据输出等子模块。具体的模块划分如下。

1) 数据输入模块

建立工艺计算参数数据库如下:

① 输入流体组分。

② 输入管线数据、参数。

③ 输入运行参数。

④ 选择计算用相关式。

2) 计算模块

可以进行物性计算(包括闪蒸计算、相包线计算和水合物生成曲线计算)、稳态水力热力计算(可以选用相关式模型和机理模型)、停输、再启动计算。

3) 数据输出模块

对应输出相态与物性计算结果、水合物生成曲线计算结果、稳态水力热力计算结果、停输再启动计算结果。

3.5.3　稳态计算模块的改进

在 TPCOMP 研发过程中,稳态计算模块遇到了各种各样的问题,其中大部分问题已得到解决。有代表性的问题整理如下。

1) 界面与输入、输出模块的改进

业内公认的稳态算法分为相关式模型方法与机理模型方法,而两种方法所需要的基础数据有很大区别。特别是在机理模型方法中,由于不同学者对模型进行了不同方式的简化,例如某些算法只适用于管道的传热系数沿线恒定,而某些算法可以在不同节点考虑不同的传热系数。

在原始版本的软件中,管线数据的输入格式是根据相关式模型方法编写的,计算所需要的参数包括里程、高程、外径、壁厚、进/分气量和环境温度,如图 3-4 所示。

在本书课题组采用的稳态机理模型算法中,考虑到了沿线管道传热系数可能会改变,而没有考虑进/分气量和变径管情况,因此在基础数据的输入中要求提供各节点处的传热系数,并且不要求输入进/分气量、管径和壁厚。根据这一特点,在软件中添加了单独的管线沿线数据输入模块,为稳态机理模型计算提供了基础数据。新添加的管线沿线数据输入界面如图 3-5 所示。

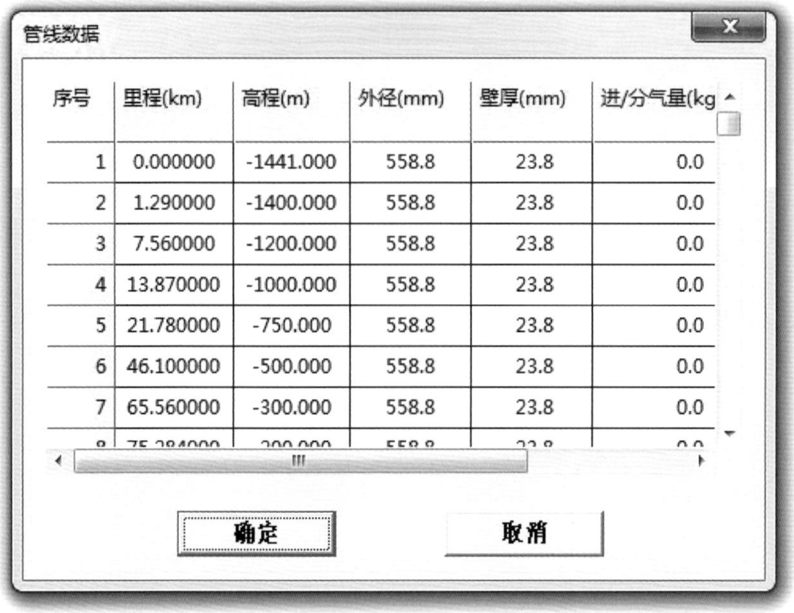

序号	里程(km)	高程(m)	外径(mm)	壁厚(mm)	进/分气量(kg
1	0.000000	-1441.000	558.8	23.8	0.0
2	1.290000	-1400.000	558.8	23.8	0.0
3	7.560000	-1200.000	558.8	23.8	0.0
4	13.870000	-1000.000	558.8	23.8	0.0
5	21.780000	-750.000	558.8	23.8	0.0
6	46.100000	-500.000	558.8	23.8	0.0
7	65.560000	-300.000	558.8	23.8	0.0

(a) 面板一

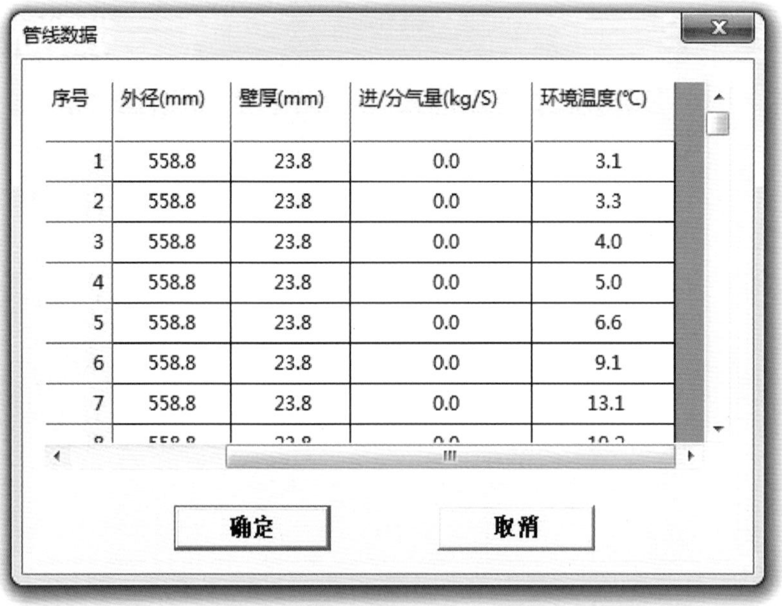

序号	外径(mm)	壁厚(mm)	进/分气量(kg/S)	环境温度(℃)
1	558.8	23.8	0.0	3.1
2	558.8	23.8	0.0	3.3
3	558.8	23.8	0.0	4.0
4	558.8	23.8	0.0	5.0
5	558.8	23.8	0.0	6.6
6	558.8	23.8	0.0	9.1
7	558.8	23.8	0.0	13.1

(b) 面板二

图 3-4　管线数据输入面板

由于管线参数输入模块的改动，运行参数的输入也相应做了改动，并且继续将相关式模型方法和机理模型方法的运行参数分开处理。在相关式模型方法中，要求输入入口压力、入口温度、总传热系数、粗糙度和流量；而在机理模型方法中，不需要再输入总传热系数，但要求输入管径和壁厚。相关式模型方法的运行参数输入界面如图 3-6 所

图 3－5　管线沿线数据输入界面

图 3－6　相关式模型运行参数输入界面

示,机理模型方法的管线工艺参数输入界面如图 3－7 所示。

　　计算软件中为 TPCOMP 的稳态结果添加了图形输出功能,稳态计算的结果可以直接通过图形直观清晰地展示在用户面前,极大地方便了用户对计算结果的分析。以某个算例的稳态结果为例,进行 TPCOMP 图形输出功能的展示,如图 3－8所示。

　　由图 3－8 可以看到,黑色曲线为沿线高程,红色曲线为沿线压力分布,蓝色曲线为沿线温度分布,橙色曲线为沿线持液率分布,绿色和深绿色曲线分别为沿线液相、气相流速分布。图形左侧的坐标轴显示了对应曲线的具体数值。

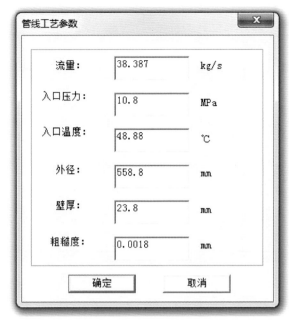

图 3-7 机理模型管线工艺参数输入界面

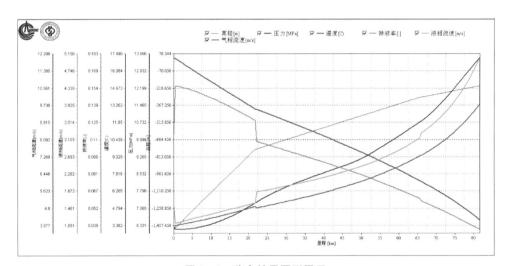

图 3-8 稳态结果图形展示

2) 温度计算方法的改进

在稳态条件下的能量方程如下式所示:

$$\frac{\mathrm{d}}{\mathrm{d}x}\left\{\left[\rho_G R_G u_G h_G + \rho_L (R_{LC} u_G + R_F u_F) h_L\right] + \left[(\rho_G R_G + \rho_L R_{LC}) u_G \cdot \frac{1}{2} u_G^2 + \right.\right.$$

$$\left.\left. \rho_L R_F u_F \cdot \frac{1}{2} u_F^2\right] + \left[\rho_G R_G u_G + \rho_L (R_{LC} u_G + R_F u_F)\right] g z\right\}$$

$$= -q_v \tag{3-1}$$

式中
$$R_{\mathrm{L}} = R_{\mathrm{LC}} + R_{\mathrm{F}}, \quad q_{v} = \frac{4UD_{\mathrm{o}}(T - T_{\mathrm{e}})}{D^{2}}$$

在高压力与较低流速的天然气凝析液稳态流动中,可以忽略加速度项对方程的影响,将能量方程化为

$$\frac{\mathrm{d}T}{\mathrm{d}x} + \frac{T}{L_{\mathrm{r}}} = \frac{T_{\mathrm{e}}}{L_{\mathrm{r}}} + \alpha_{\mathrm{hm}} \frac{\mathrm{d}p}{\mathrm{d}x} - \frac{g\sin\theta}{c_{\mathrm{pm}}} \tag{3-2}$$

式中,$L_{\mathrm{r}} = \dfrac{W_{\mathrm{m}}c_{\mathrm{pm}}}{U\pi D_{\mathrm{o}}}$,为引入的松弛距离。对微元管段 Δr_{i} 内的能量方程进行积分得

$$\overline{T} = T_{\mathrm{e}} + (T_{\mathrm{i-1}} - T_{\mathrm{e}}) \frac{L_{\mathrm{r}}}{\Delta x_{\mathrm{i}}} \left[1 - \exp\left(-\frac{\Delta x_{\mathrm{i}}}{L_{\mathrm{r}}}\right) \right] +$$
$$\frac{L_{\mathrm{r}}}{c_{\mathrm{pm}}} \left(\alpha_{\mathrm{hm}} c_{\mathrm{pm}} \frac{\mathrm{d}p}{\mathrm{d}x} - g\sin\theta \right) \left\{ 1 - \frac{L_{\mathrm{r}}}{\Delta x_{\mathrm{i}}} \left[1 - \exp\left(-\frac{\Delta x_{\mathrm{i}}}{L_{\mathrm{r}}}\right) \right] \right\} \tag{3-3}$$

式中,$\overline{T} = \dfrac{1}{\Delta x_{\mathrm{i}}} \displaystyle\int_{0}^{\Delta x_{\mathrm{i}}} T \mathrm{d}x$,表示微元管段 Δx_{i} 内的平均温度。

考虑到天然气气体的 J-T 效应,将 J-T 系数引入能量方程,从而大大提高了对于天然气凝析液管线温度计算的准确性。

3) 段塞流计算模块的增加

当流体进入段塞流流型时,其流动特性与分层流相差甚远,目前公认的方法是将段塞单元拆分为液塞区和液膜区分别进行计算。如果不考虑液膜区中气相内的液滴夹带,则如下关系式成立。

对于液相:

$$R_{\mathrm{LF}}(u_{\mathrm{T}} - u_{\mathrm{LF}}) = R_{\mathrm{LS}}(u_{\mathrm{T}} - u_{\mathrm{S}}) \tag{3-4}$$

式中　u_{LF}——液膜区液相速度(m/s);

R_{LF}——液膜区持液率。

对于气相:

$$(1 - R_{\mathrm{LF}})(u_{\mathrm{T}} - u_{\mathrm{GF}}) = (1 - R_{\mathrm{LS}})(u_{\mathrm{T}} - u_{\mathrm{S}}) \tag{3-5}$$

式中　u_{GF}——液膜区气相速度(m/s)。

将式(3-4)、式(3-5)合并后可得

$$u_{\mathrm{S}} = R_{\mathrm{LF}}u_{\mathrm{LF}} + (1 - R_{\mathrm{LF}})u_{\mathrm{GF}} \tag{3-6}$$

液相、气相折算速度分别通过式(3-7)、式(3-8)计算:

$$u_{\mathrm{SL}} = (1 - \beta)R_{\mathrm{LS}}u_{\mathrm{LS}} + \beta R_{\mathrm{LF}}u_{\mathrm{LF}} \tag{3-7}$$

$$u_{SG} = (1 - \beta)(1 - R_{LS})u_{GS} + \beta(1 - R_{LF})u_{GF} \tag{3-8}$$

定义
$$u_m = u_{SL} + u_{SG} = u_S \tag{3-9}$$

得液塞、液膜区平均持液率为

$$R_{LU} = \frac{R_{LS}u_T - R_{LS}u_S + u_{SL}}{u_T}$$

$$= \frac{R_{LS}u_T + (1 - R_{LS})u_S - u_{SG}}{u_T} \tag{3-10}$$

对于液膜区,动量方程表示为

$$\frac{\tau_{LF}S_{LF}}{A_{LF}} - \frac{\tau_{GF}S_{GF}}{A_{GF}} - \tau_{iF}S_{iF}\left(\frac{1}{A_{LF}} + \frac{1}{A_{GF}}\right) + (\rho_L - \rho_G)g\sin\theta -$$

$$\frac{\rho_L(u_T - u_{LF})(u_S - u_{LF}) - \rho_G(u_T - u_{GF})(u_S - u_{GF})}{l_F} = 0 \tag{3-11}$$

整个段塞单元的压降计算式为

$$-\left[\frac{\mathrm{d}p}{\mathrm{d}x}\right]_U = \frac{l_F}{l_U}\left[\frac{\tau_{LF}S_{LF} + \tau_{GF}S_{GF}}{A} + (\rho_L R_{LF} + \rho_G R_{GF})g\sin\theta\right] +$$

$$\frac{l_S}{l_U}\left(\frac{\tau_S S_S}{A} + \rho_S g\sin\theta\right) \tag{3-12}$$

式(3-12)中段塞单元总长度

$$l_U = l_F + l_S \tag{3-13}$$

联立式(3-7)~式(3-12)并代入式(3-13),可以得到 l_U、l_F 与 l_S 的关系为

$$l_U = l_S\frac{R_{LS}u_{LS} - R_{LF}u_{LF}}{u_{SL} - R_{LF}u_{LF}} \tag{3-14}$$

$$l_F = l_S\frac{R_{LS}u_{LS} - u_{SL}}{u_{SL} - R_{LF}u_{LF}} \tag{3-15}$$

l_U、l_F、l_S 3 种长度只须计算出 1 个,其余 2 个可解。

4) 物性计算模块的改进

在对天然气凝析液管流进行计算时,由于流体性质受压力、温度影响非常大,因此必须将相态计算与流体力学方程进行耦合。当管道在较高压力条件下运行时,天然气凝析液介质非常可能进入密相区。密相区是一种"气液不分"的流动状态,此时在对流动进行模拟时,就不能继续使用双流体模型,而应该将管流视为单相流动。因此在与相态计算进行耦合时,就应该将计算的密度、比热容等参数按照单相处理。

3.5.4　瞬态计算模块的改进

1) 界面与输入、输出模块的改进

在 TPCOMP 计算软件中,需要在进行计算前针对输入的流体组分生成该流体物性参数表。物性参数表包含了一定温度和压力范围内不同压力、温度下对应的流体物性;此物性参数表的作用是为软件中各种计算提供不同压力、温度下相对准确的物性参数。在原始版本的 TPCOMP 计算软件中,针对相关式模型方法和机理模型方法的物性参数表不统一,而停输再启动计算所调用的都是与相关式相配套的物性参数表,这样一来,如果用户只使用机理模型方法进行稳态计算,将不能正常进行停输再启动计算。改进方法是将原始 TPCOMP 中的物性参数表(相关式模型)和物性参数表(机理模型)合二为一,如图 3-9 所示。

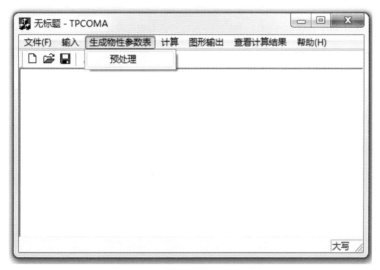

图 3-9　操作预处理操作按钮

在原始 TPCOMP 计算软件中,停输再启动模块读取的初始数据都是调用相关式模型方法的计算结果,这样一来,如果用户只使用机理模型方法进行稳态计算,则停输再启动计算将缺乏初始条件而导致计算不能进行,因此为方便用户使用,对停输再启动模块初始条件的读取进行了修改。在目前版本中,在选择停输再启动计算之后将会弹出对话框,要求用户选择使用相关式模型方法或机理模型方法计算得到的结果作为停输再启动计算的初始条件,如图 3-10 所示。

在原始 TPCOMP 计算软件中,只能查看计算结果的文本,结果显得比较生硬,需要进行进一步人工处理才能得到图形,因此为 TPCOMP 的停输再启动结果添加了图形输出功能,这样一来,停输再启动的计算结果可以直接通过图形直观清晰地展示在用户面前,极大地方便了用户对计算结果的分析。以某算例停输过程中入口压力随时间变化曲线为例,进行 TPCOMP 图形输出功能的展示,如图 3-11 所示。

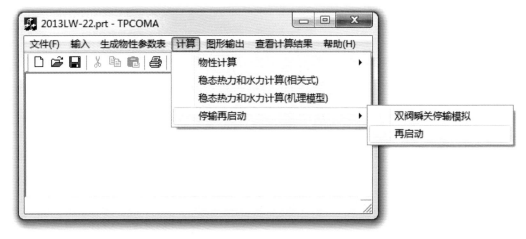

(a) 步骤一

(b) 步骤二

图 3-10　操作停输再启动按钮

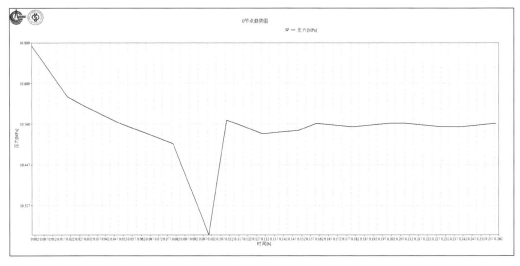

图 3-11　停输压力结果图形展示

2）网格划分方法的改进

在 TPCOMP 计算软件的稳态计算模块中,将倾角相同的管段等分为长度相等的微元管段,推荐微元管段的长度一般在 1.5 km 左右,最大不超过 3.0 km。图 3‐12 中,j 表示划分出的网格节点,i 表示用户输入的地形起伏拐点。

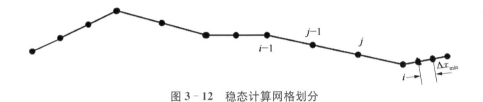

图 3‐12　稳态计算网格划分

为方便瞬态模拟计算,应该确保各个微元管段长度相近。在 TPCOMP 计算软件中进行如下处理:

首先筛选出稳态计算网格划分中的最小微元管段,即管段 $\Delta x_{\min}$（图 3‐12）。在具有同一倾角的起伏管段($i-1$, i)中,按照 $\Delta x_{\min}$（或将 $\Delta x_{\min}$ 进行 n 等分,即 $\Delta x_{\min}/n$,其中,n 取自然数)重新进行网格划分（图 3‐13）。

图 3‐13　瞬态计算($i-1$, i)段内网格划分

TPCOMP 计算软件中采用变步长的空间、时间步长（图 3‐14）,以适应地形起伏、

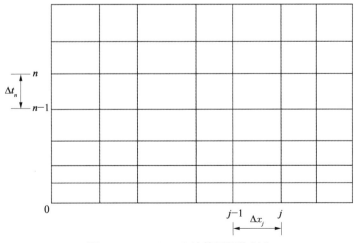

图 3‐14　TPCOMP 计算用网格划分

算法稳定性的需求。

时间网格步长 Δt 可由下式确定：

$$\Delta t = CFL \times \min_j \left[\frac{(1-R_G)\Delta x}{|(u_L)_j| + (a_L)_j} + \frac{R_G\Delta x}{|(u_G)_j| + (a_G)_j} \right] \qquad (3-16)$$

Paillere 等指出，CFL 数取值在 $(0.1,0.9)$ 之间，通常取为 0.5。从式 $(3-16)$ 可以看出，时间步长 Δt 定义为在压力波传播时，压力波走过路程 Δx 所需的时间，通过气相相含率 R_G 对气相声速 a_G、液相声速 a_L 进行加权处理，得到压力波波速。

为更好地反映出混输管道中压力波的传播规律，TPCOMP 计算软件将微元管段内压力波在 Δx 长度内传播所需的时间定义为时间步长 Δt，即 $\Delta t_n = \Delta x_j / c_j$（见图 $3-14$，其中 c_j 表示混合压力波速）。由于在压力波传播过程中混合波速 c_j 是不断变化的，而且在不同管段处所划分的空间步长也不尽相同，因此时间步长也是不断变化的。

管段入口、出口处的压力温度不同，左传波和右传波的波速也差别很大，如果按照上述方法划分空间网格，就无法保证左传波和右传波的等时性。为了解决这一问题，保持右传波传播步长不变，将左传波的传播网格更改为动态网格，以保证左传波和右传波的等时性。

另外，在稳态计算时，有时地形节点相距非常近，致使稳态计算所划分的网格在某些节点区间内步长非常小，若按照稳态计算划分出的最小步距作为瞬态计算的步长划分标准，会严重影响计算速度，有时会影响计算的收敛，在部分工况下还会产生振荡解。

为解决这一问题，改进了 TPCOMP 计算软件瞬态计算模块的步长划分方法：在瞬态计算的网格划分时，步距以人为设定的参考值为根据进行重新划分，即首先读入步长参考值 X，用 L 表示起伏管段 $(i-1, i)$ 的长度（图 $3-13$），做除法计算 $n = L/X$，若 n 为整数，则在管段 $(i-1, i)$ 内的步长就是 X；若 n 不为整数，则按照四舍五入原则进行取整，之后做除法计算 $X' = L/n$ 得到的 X' 值即为管段 $(i-1, i)$ 内的步长。

根据这样的规则处理之后，在管段 $(i-1, i)$ 内将保证步长等距划分，但在不同的地形节点之间，步长并不等距；步长不再受稳态计算网格的影响，保证了瞬态计算的计算精度和计算速度。

3) 压力波波速计算的改进

运用 AUSM＋格式对模型方程进行离散时，需要定义界面上的声速和界面上的马赫数；而由于将 AUSM＋格式引入两相流计算之中，因此所涉及的声速为气相、液相的混合压力波速。根据徐孝轩提出的用于各种流型下气相、液相混合压力波速计算的方法，TPCOMP 对混合压力波速进行求解，如下式：

$$c = \pm \left\{ \frac{\left(\dfrac{C_{vm}\rho_L}{R_G R_L^2} + \dfrac{\rho_G}{R_G} + \dfrac{\rho_L}{R_L} \right)}{\left(\dfrac{\rho_L}{R_L a_G^2} + \dfrac{\rho_G}{R_G a_L^2} \right) \left[1 + C_{vm} \left(\dfrac{R_G}{R_L} + \dfrac{\rho_L}{\rho_G} \right) \right]} \right\}^{\frac{1}{2}} \qquad (3-17)$$

通过对式(3-17)进行观察可以发现,求解混合压力波速的关键在于确定气相声速 a_G 和液相声速 a_L。在原始 TPCOMP 的计算方法中,气相的声速如下式所示:

$$p = p(G) = C_0 \left(\frac{\rho_G}{\rho_G^0} \right)^\gamma \qquad (3-18)$$

$$a_G = \sqrt{\gamma p / \rho_G} \qquad (3-19)$$

式中,$\gamma = 1.4$,$C_0 = 10^5$,$\rho_G^0 = 1.0\ \mathrm{kg/m^3}$。

液相的声速如下式所示:

$$p = p(L) = B \left[\left(\frac{\rho_L}{\rho_L^0} \right)^n - 1 \right] \qquad (3-20)$$

$$a_L = \sqrt{\frac{n}{\rho_L}(p + B)} \qquad (3-21)$$

式中,$n = 7.15$,$B = 3.3 \times 10^8$,$\rho_L^0 = 1\,000\ \mathrm{kg/m^3}$。

通过实际计算发现,上述声速计算方法针对高压力条件下的天然气凝析液两相流并不准确,特别是液相声速的计算结果明显偏高,因此将液相声速的计算方法改为经典的液相声速计算法,如下式所示:

$$a_L = \sqrt{\frac{K/\rho_L}{1 + (K/A)(\Delta A / \Delta P)}} \qquad (3-22)$$

式中,参数 K 的取值与液体性质和温度有关。

4) 界面参数离散格式的改进

在原始版本的 TPCOMP 瞬态计算模块中,节点和界面的标注关系如图 3-15 所示。

在对界面上的参数与守恒变量进行离散时,采用了中心差分格式:

界面上的声速

$$(c_K)_{j+1/2} = \sqrt{(c_K)_j (c_K)_{j+1}} \qquad (3-23)$$

界面右侧马赫数

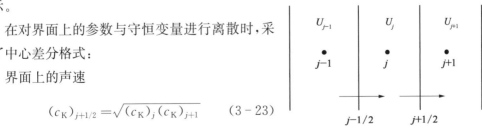

图 3-15　瞬态计算模块节点与界面关系

$$(M_{\mathrm{K}})_{j+1} = \frac{(u_{\mathrm{K}})_{j+1}}{(c_{\mathrm{K}})_{j+1/2}} \tag{3-24}$$

界面左侧马赫数

$$(M_{\mathrm{K}})_{j} = \frac{(u_{\mathrm{K}})_{j}}{(c_{\mathrm{K}})_{j+1/2}} \tag{3-25}$$

中心差分已被证明是条件稳定的,而如果这样进行离散,那么在对马赫数的构造时,其实造成了背风格式,而背风格式已被证明是绝对不稳定的。因此将离散格式修正为迎风格式:

界面上的声速

$$(c_{\mathrm{K}})_{j+1/2} = \sqrt{(c_{\mathrm{K}})_{j}(c_{\mathrm{K}})_{j+1}} \tag{3-26}$$

界面右侧马赫数

$$(M_{\mathrm{K}})_{j+1} = \frac{(u_{\mathrm{K}})_{j+1}}{(c_{\mathrm{K}})_{j+1/2}\big[(u_{\mathrm{K}})_{j+1},\,0\big] + (c_{\mathrm{K}})_{j+3/2}\big[-(u_{\mathrm{K}})_{j+1},\,0\big]} \tag{3-27}$$

界面左侧马赫数

$$(M_{\mathrm{K}})_{j} = \frac{(u_{\mathrm{K}})_{j}}{(c_{\mathrm{K}})_{j-1/2}\big[(u_{\mathrm{K}})_{j},\,0\big] + (c_{\mathrm{K}})_{j+1/2}\big[-(u_{\mathrm{K}})_{j},\,0\big]} \tag{3-28}$$

式中,$\big[(u_{\mathrm{K}})_{j},\,0\big]$ 表示取 $(u_{\mathrm{K}})_{j}$ 和 0 的较大者,以此来构造迎风格式。

经过上述对离散格式的改进,瞬态计算模块的稳定性大幅提升。

5) 密度波离散格式的改进

在瞬变过程中,压力波经过数次反复传播之后,压力波动程度逐渐衰减,因此压力波对管线的影响逐渐降低,而密度波的作用逐渐明显。然而由于压力波和密度波机理不同,因此在进行密度波计算的时候,需要对各个参数的离散格式进行调整。

如图 3-16 所示,将气相、液相流速放在网格界面上,而将压力和持液率放在网格节点上,将连续性方程和动量方程重新离散如下:

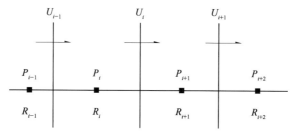

图 3-16　密度波离散网格

$$\frac{R_{Gi}^{n+1}-R_{Gi}^{n}}{\Delta t}+\frac{R_{Gi}^{n}(u_{Gi+1}^{n}-u_{Gi}^{n})}{\Delta x}=0 \tag{3-29}$$

$$\frac{R_{Li}^{n+1}-R_{Li}^{n}}{\Delta t}+\frac{R_{Li}^{n}(u_{Li+1}^{n}-u_{Li}^{n})}{\Delta x}=0 \tag{3-30}$$

$$R_{Gi}\frac{p_{i}^{n}-p_{i-1}^{n}}{\Delta x}+\frac{R_{Gi}^{n+1}-R_{Gi}^{n}}{\Delta t}\frac{\rho_{Gi}^{n}u_{Gi}^{n}+\rho_{Gi-1}^{n}u_{Gi-1}^{n}}{2}+$$

$$\frac{u_{Gi}^{n}(R_{Gi}^{n}+R_{Gi+1}^{n})-u_{Gi-1}^{n}(R_{Gi-1}^{n}+R_{Gi}^{n})}{2\Delta x}\frac{\rho_{Gi}^{n}u_{Gi}^{n}+\rho_{Gi-1}^{n}u_{Gi-1}^{n}}{2}$$

$$=-\frac{\tau_{G}S_{G}}{A}-\frac{\tau_{i}S_{i}}{A}-R_{G}\rho_{G}g\sin\theta-R_{G}\rho_{G}g\cos\theta\frac{\partial h_{F}}{\partial x} \tag{3-31}$$

$$R_{Li}\frac{p_{i}^{n}-p_{i-1}^{n}}{\Delta x}+\frac{R_{Li}^{n+1}-R_{Li}^{n}}{\Delta t}\frac{\rho_{Li}^{n}u_{Li}^{n}+\rho_{Li-1}^{n}u_{Li-1}^{n}}{2}+$$

$$\frac{u_{Li}^{n}(R_{Li}^{n}+R_{Li+1}^{n})-u_{Li-1}^{n}(R_{Li-1}^{n}+R_{Li}^{n})}{2\Delta x}\frac{\rho_{Li}^{n}u_{Li}^{n}+\rho_{Li-1}^{n}u_{Li-1}^{n}}{2}$$

$$=-\frac{\tau_{L}S_{L}}{A}+\frac{\tau_{i}S_{i}}{A}-R_{L}\rho_{L}g\sin\theta-R_{L}\rho_{L}g\cos\theta\frac{\partial h_{F}}{\partial x} \tag{3-32}$$

为保证计算结果在输出格式上的一致,在对体积元内的持液率计算和压力计算完成之后,通过差分方法计算界面上的持液率与压力。

TPCOMP 计算软件在稳态模块中改进了持液率和温度的计算,添加了段塞流流型的计算方法,并且针对工程需要修正了物性计算模块;其在瞬态计算模块中提出了新的网格划分方法,针对压力波速的计算方法进行了讨论和优选,并对方程的离散格式进行了优化,这些工作使软件计算结果的准确性和稳定性得到了大幅提高。在完善了TPCOMP 计算软件的各种计算功能、改善了部分计算模块的适用性之后,课题组又为软件添加了图形输出功能。这些工作为后续的软件计算稳定性分析打下了坚实的基础,为软件国产化做出了贡献。

3.6　工 程 应 用

通过集成创新,形成了 1 500 m 深水油气田流动安全保障工程设计技术,已在荔湾气田群、陵水 17 - 2 气田、流花深水油田群实现了从联合设计到自主设计的跨越,并为海外合作油气田提供了技术支持和保障。

3.6.1　荔湾气田群开发

荔湾气田群包括荔湾 3－1、流花 34－2、流花 29－1、流花 29－2,位于南海北部陆坡区,从 2006 年荔湾 3－1－1 井钻探成功以来,如何实现荔湾 3－1 气田经济高效开发成为研究的难点,同时也面临以下巨大的技术挑战:

① 深水水平段:高静水压、低温(2℃)环境、多变直径(114 mm/168 mm/324 mm/558 mm),使湿气集输系统始终处于水合物生成区。

② 陡坡区:1 500 m 大高程差、大管径油气水醇多相混输(气油当量比 4∶1)导致液相滞留的问题制约着未加压湿气集输半径和集输模式。

③ 频发的台风(风速 60 m/s、浪高达 23 m)、特有的内波流和沟壑密布的陆坡(荔湾 3－1 附近多达 13 条)等复杂的工程环境,使工程设计、建设和运行面临着世界级难题。

④ 在陆坡边缘建设超大型油气集输工厂,并实现对 103 km 外深水生产设施进行远程控制,挑战巨大。

⑤ 我国已有的 330 m 水深油气工程技术无法直接借鉴国外深水油气田开发模式和技术经验。

中国海油攻克了以水合物防堵、液态管控为核心的湿气多相流动安全保障技术,分析了南海北部陆坡区的复杂工程地质和恶劣环境条件,建设了超大型(年输 120 亿 m³)海上集输处理工厂,创建了由 1 500 m“深”水水下湿气集输系统、79 km 长距离大高程差双回路多相混输管道、200 m“浅”水超大型平台及“陆”地终端组成的“深—浅—陆”油气集输模式,形成了具有自主知识产权的 1 500 m 深水油气集输工程技术体系,建成了荔湾 3－1 气田群示范工程,并实现了台风期不停产。目前流花 29－2 气田正在建造,流花 29－2 生产物流将通过总计约 147 km 油气水多相混输管道回接到荔湾 3－1 中心平台,进行处理和外输(图 3－17),其中深水单井远程回接距离达到 147 km,位居世界第三。

3.6.2　陵水 17－2 气田开发

陵水 17－2 气田位于琼东南盆地北部海域,2014 年由“奋进号”深水钻井平台陆续成功发现,这也证实了陵水 17－2 气田是千亿立方米优质高产大气田。陵水 17－2 气田是中国在南海发现的首个自营 1 500 m 深水大气田,水深 1 220～1 560 m,气藏分散,南北跨度约 30.4 km,东西跨度约 49.4 km。该工程为中国海油第一个独立自主设计的大型深水气田,投资巨大,深水陆坡区台风频发、工程地质风险复杂、深水平台、多相集输工艺、深水立管等充满挑战。通过集成创新,提出采用 1 500 m 深水水下生产系统回接半潜式生产储卸油平台进行气田开发(图 3－18),大幅降低陵水 17－2 气田开发工程投资。和导管架平台等其他开发方案相比,气田投资降低 10 亿～13 亿元,临界气价降低 0.1 元/m³,大幅提高了气田效益,创造经济效益超过 40 亿元。其主要创新成果如下:

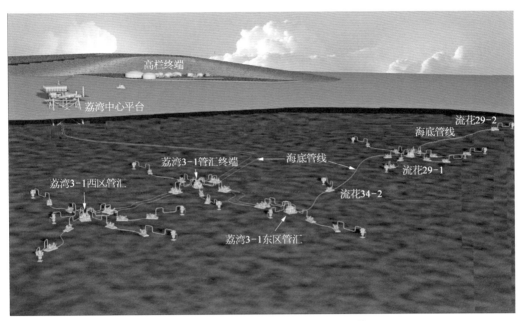

图 3-17　荔湾气田群深—浅—陆开发模式及生产管网(147 km)

图 3-18　陵水 17-2 气田开发工程方案

① 创建深水油气田开发钻采总体模式布局定量评估技术,建立了复杂地质环境深水开发井安全钻井技术。

② 1 500 m 深水半潜式储卸生产平台＋水下生产系统开发模式创新,开辟了世界深水气田开发新模式。

③ 半潜 1 500 m 深水半潜式储油生产平台新船型和总体方案,使其成为世界上第一座带储卸油功能的半潜式生产平台。

④ 国内首次应用从油藏、井筒到水下井口、海底管道及下游一体化深水油气水多相集输流动安全保障工程设计技术方法。

⑤ 开发了多立柱浮体的凝析油 U 形隔离与安全储存技术。

⑥ 开发了多立柱浮体的凝析油动力定位外输技术。

⑦ 国内首次应用钢悬链式立管。

⑧ 国内首次采用深水聚酯缆系泊技术。

这些创新成果中深水流动安全设计是重中之重。使用自助研制方法,揭示了深水天然气凝析液混输体系中水合物生成的热动力学耦合机制,建立了从井筒到连接各个井口设施多相流体动态分析模型,攻克了深水高压、低温(2~4℃)环境下油气水多相体系中水合物、持液量动态预测技术和动态管理技术方法,成功实施深水东西区分支双管回接集输工艺和工程方案,保证了深水区南北跨度约 30.4 km、东西跨度约 49.4 km、11 口分散井水下生产的回接和稳定生产。

3.6.3　流花深水油田群开发

流花深水油田群主要包括流花 16-2、流花 20-2 和流花 21-2 油田等,位于珠江口盆地,油田群区域水深全部在 300 m 以上,是我国自主开发的水深最深的深水油田群。研究人员先后开展了适用于此水深范围的深水导管架、顺应塔平台、半潜式生产平台、张力腿平台、水下生产系统回接 FPSO 等多方案研究与比较,最终确定了采用三套水下生产系统回接水深 430 m 的 FPSO 进行开发。面临环境条件恶劣复杂、井数多(26 口井)、单点系统复杂庞大、回接管缆总数量多、伴生气量大、原油含蜡、段塞流和水合物风险、水下电潜泵供电距离世界最远等巨大挑战,形成以下技术创新和突破:

① 国内最深水(400~430 m)、最复杂、最庞大的 FPSO 及单点系泊系统。

② 国内最多管缆悬挂系统设计及耦合干涉分析技术。

③ 世界最远变频直接驱动水下电潜泵技术。

④ 国内首次设计应用集计量和控制功能于一体的复杂水下管汇。

⑤ 国内最长水下含蜡原油输送流动安全保障技术。

⑥ 国内最高温度的单层不保温管道屈曲设计技术。

这些创新技术应用促进了降本增效,大幅度提高了油田的经济效益,油田群得到经济有效的开发。

项目创造的国内最长水下含蜡原油输送流动安全保障技术方法介绍如下:流花油田群涉及的油田都属于含蜡原油,尤其流花 16-2 油田原油,析蜡起始点为 25.2℃,含蜡量 7.98%,最低环境温度达 8.1℃,从水下管汇到 FPSO 的水下回接距离为 23.1 km,是国内最长的含蜡原油水下直接回接到现有设施的长距离回接管道,需要解决深水含蜡原油长距离回接的管径优化和流动安全保障技术。项目经过水下含蜡原油管径优化和流动安全保障技术专题研究,通过 OLGA 和 PVTSIM 两种软件有机结合,解决了不保温双管输送含蜡原油水下回接管道中蜡沉积速度、蜡沉积厚度、蜡沉积量等关键技术问题,模拟得到典型年份下蜡沉积的位置、蜡沉积的量以及蜡沉积后引起的压力变化等,提出了含蜡原油不同生产年份下的清管周期以及清管操作策略。

第 4 章　多相流动规律及段塞预测和控制技术

在海洋石油领域的管道输送环节,由于多是将未经过充分处理和分离的流体混合在一起进行输送,所以不可避免地要经常面临两相或者多相混输的工况,流型及流型转变是其中最基本也是最重要的问题之一。多相流领域的学者已经开展了超过半个世纪的攻关研究。准确、及时地开展流型预测,保障管道在安全的流型区间内进行输送,可以有效规避多相流动带来的流动安全风险;及时调节流动参数,促使管内流体从不安全的流型向更稳定的流型转变,可以进一步提高流动效率,保障海上油田的安全生产。考虑到海洋石油管道输送往往需要立管的特点,本章将主要对垂直上升管、垂直下降管与水平及微下倾管中的流型研究进展进行介绍,重点分析段塞流型的特点和各类工况,并在此基础上提出段塞流型的控制和管理方法,为保障多相流流型下的海底管道及立管流体安全输送提供参考和依据。

4.1 两相及多相流流型研究现状

对于单相流体,为研究其流动特性而把流型分成层流与湍流;对于两相及多相流,由于相界面的存在使得问题大为复杂,通常为研究其流动特性而根据相界面结构的不同分布将流动进行分类,形成所谓的"流型"。流型及流型转变的研究,是两相流中最基本也是最重要的问题之一。任何真正反映流动的现象特征与本质,并能精确预报两相流动与传热特性的两相及多相流模型,都必须以对各种流型及其转变的细致观察、对特定流型的属性及规律、相互间转变的机理与条件的精确掌握为前提或基础。

自 1954 年 Baker 发表第一张气液两相流型图以来,流型图作为一种对两相与多相流进行研究的基本方法,起了重要的指引作用。半个世纪以来,经过世界各国学者的共同努力,对水平直管和垂直向上管内低压两相流系统流型的认识和理解已比较全面和充分,试验数据大量积聚,重复性比较高,理论分析也比较完整合理,先后出现了 Scott 的修正 Baker 流型图、Mandhane 流型图、Weisman 流型图和 Hewitt & Rokerts 流型图。

4.1.1 垂直上升管中流型的研究现状

图 4 - 1 为气液两相流在垂直管中上升流动时的几种常见流型。现分别介绍如下:

1) 细泡状流

细泡状流是最常见的流型之一,其特征为在液相中带有散布在液体中的细小气泡,直径在 1 mm 以下的气泡为球形,直径在 1 mm 以上的气泡外形是多种多样的。

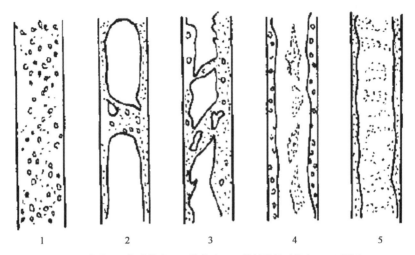

1—细泡状流；2—气弹状流；3—块状流；4—带纤维的环状流；5—环状流

图 4-1　垂直上升管内的流型图

2）气弹状流

气弹状流由一系列气弹组成。气弹端部呈球形而尾部是平的，在气弹之间夹有小气泡，而气弹与管壁之间存在液膜。

3）块状流

当管内气速增大时，气弹发生分裂形成块状，此时大小不一的块状气体在液流中以混沌状态流动。

4）带纤维的环状流

在这种流型中，管壁上液膜较厚且含有小气泡。管子核心部分主要是气相，但在气流中含有气相从液膜带走的细小液滴形成的长条纤维。

5）环状流

在这种流型中，管壁上有一层液膜，管子核心部分为带有自液膜卷入的细小液滴的气相。环状流型都发生在较高气相流速时。

在气液两相流中，在两相流量、流体的物性值（密度、黏度、表面张力等）、管道的几何形状、管道尺寸及热流密度确定的条件下，要判断管内气液两相流的流型，可用流型图。流型图主要根据试验资料总结而成，因而应用流型时不应超出获得该流型图的应用范围。

对于垂直上升管，Hewitt & Rokerts 的流型图应用比较广泛，如图 4-2 所示。此图适用于空气-水和气-水两相流，是在管内径为 31.2 mm 的管中用压力为 $0.14\sim0.54$ MPa 的空气水混合工质得到。图 4-2 和应用压力为 $4.45\sim6.9$ MPa 的气水混合物在管径为 12.7 mm 管子中得到的实验数据符合良好，所以也适用于上述参数的气水混合物。

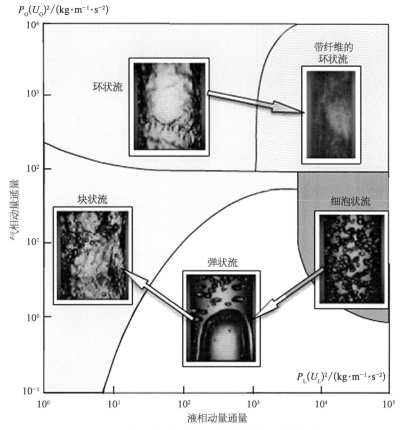

图 4-2　Hewitt & Rokerts 的垂直上升管流型图

4.1.2　垂直下降管中的气液两相流流型

在垂直管中气液两相一起往下流动时的流型示意图如图 4-3 所示。

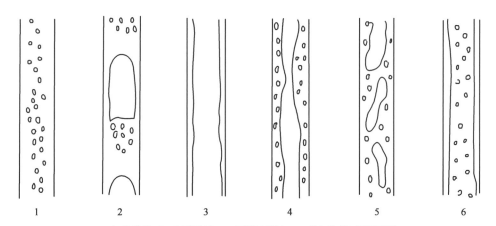

1—细泡状流；2—气弹状流；3—下降液膜流；4—带气泡的下降液膜流；
5—块状流；6—雾式环状流

图 4-3　垂直下降管中的气液两相流流型示意图

这些流型是由空气-水混合物的试验结果得出的。气液两相做下降流动时的细泡状流型和上升流动时的细泡状流型不同。前者的细泡集中在管子核心部分,后者则散布在整个管子截面上。

如液相流量不变而使气相流量增大,则细泡将聚集成气弹。下降流动时的气弹块状流型比上升流动时稳定。

下降流动时的环状流动有几种流型:在气相及液相流动小时,有一层液膜沿管壁下流,核心部分为气相,此称为下降液膜流;当液相流量增大时,气相进入液膜,此称为带气泡的下降液膜流;当气液两相流量都增大时,则会出现块状流;在气液流量较高时,发展为核心部分为雾状流动、壁面有液膜的雾式环状流。

图4-4选用$Fr/\sqrt{Y}$作横坐标、$\sqrt{\beta/(1-\beta)}$作纵坐标,Fr数可用下式计算:

$$Fr = \frac{(J_G + J_L)^2}{gD} \tag{4-1}$$

式中　g——重力加速度(m/s^2);

　　　D——管子内直径(m)。

图4-4中Y为液相物性系数,表达式如下:

$$Y = \frac{\mu_L}{\mu_W}\left[\frac{\rho_L}{\rho_W}\left(\frac{\sigma}{\sigma_W}\right)^3\right]^{-0.25} \tag{4-2}$$

式中　μ_L——液相动力黏度$(Pa \cdot s)$;

　　　μ_W——20℃、0.1MPa时水的动力黏度$(Pa \cdot s)$;

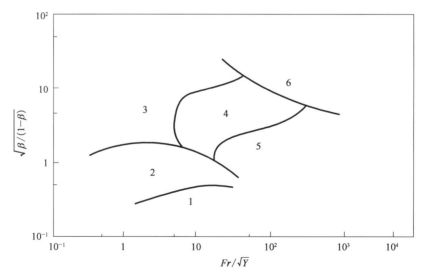

1—细泡状流;2—弹状流;3—带下降液膜的环状流;
4—含泡环状流;5—块状流;6—环状流

图4-4　垂直下降管中的气液两相流流型图

ρ_L——液相密度(kg/m^3)；

ρ_W——20℃、0.1 MPa 时水的密度(kg/m^3)；

σ——液相表面张力(N/m)；

σ_W——20℃、0.1 MPa 时水的表面张力(N/m)。

4.1.3　水平/微下倾管中的多相流流型

气液两相流流体在水平管内流动的流型种类比垂直管中的多,这主要是由于重力的影响使气液两相有分开流动的倾向所造成的。

图 4-5 为水平管和近水平管两相流流型的结构示意图。在水平管或者微倾斜管中,由于重力的影响,两相分布呈现出不对称状态,即气相偏向于在管顶部聚集,液相偏向于在管底部分布。一般认为水平管内气液两相流的流型可分为光滑分层流、波状分层流、段塞流、弹块状流、环状流和泡状流六种。还可将光滑分层流和波状分层流统称分层流,把段塞流和弹块状流统称间歇流。

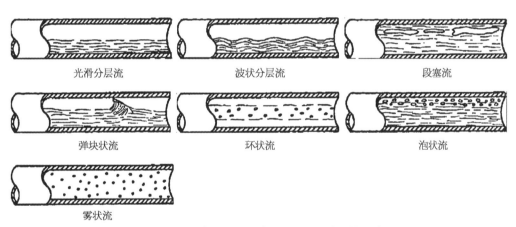

图 4-5　水平管和近水平管两相流流型的结构示意图

流型图可以给出不同流型的存在范围。对于水平管内气液两相流,研究者相继提出了许多流型图。最早的流型图概念由 Kosterin 提出,随后 Baker 根据大量实验数据整理出了适用于水平管内气液两相流的第一张实用流型图(图 4-6a),并在石油工业和冷凝工程设计中得到了广泛应用。随后 Scott 对 Baker 的流型图进行了修正使其更符合实际。Mandhane 等通过大量的实验结果得出了一个适用范围更为广泛的流型图(图 4-6b),其在实际工程中比较常用。Lin 和 Hanratty 进行了水平管内空气水两相流的实验研究,主要考察了管径对于流型转换的影响,并建立了相应的流型图;同时他们认为 Mandhane 的流型图中没有考虑管径和工质物性对流型转换的影响,是 Mandhane 流型图的不足之处。Weisman 等通过对管内气液两相流动压差波动信号进行分析并结合观察法,对水平管内气液两相流动的流型进行了较为广泛的研究,并考虑了管径以及工质物性对流型的影响,根据大量的实验数据归纳出各主要流型之间的转变界限方程,建立了水平管内气液两相的流型图。Weisman 流型图与其实验数据吻合良好,相比前人的工作有了很大改进。

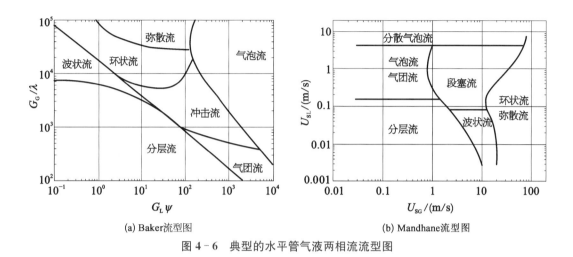

(a) Baker流型图　　　　　　　　　　　(b) Mandhane流型图

图 4-6　典型的水平管气液两相流流型图

4.1.4　流型转变机理与模型的研究现状

流型图虽然能根据气液相的表观速度或动量流率大体预测出流动处于哪一种流型,但是由于形成流型图所采用数据的范围有限,因此导致了流型图的局限性较大,基本在其原先的实验系统适应性较好,而移植到其他系统上时,往往需要做进一步的修正,对流型图的工程应用也存在较大的不确定性,因此有必要对流型转变的机理进行深入研究,形成一种客观的流型预测与判别方法。

Taitel 和 Dukler 对水平管中气液两相流的流型和转变机理进行了全面的理论探讨,建立了相应的数学物理模型,从而改变了过去仅仅依靠实验流型图来判别流型的方法,从理论上有了真正突破。但其不足在于,理论推导过程仅限于水平管气液两相流动,并没有考虑工质物性的影响,在很大程度上有一定的局限性;随后,Kadambi 详细研究了水平管内气液两相流的截面含气率和压降,其中涉及对于各种流型的具体预测;Barnea 等应用电导探针具体研究了管内各流型的特征,提出了各流型之间转换界限方程的理论预测模型;Lin 和 Hanratty 应用线性稳定分析方法,从理论上分析了水平管内弹状流的起始条件。随后许多研究者又进一步发展了水平管中流型转变预测的理论模型。Spedding 和 Spence 曾对几种主要的预测模型和流型图进行了全面的实验比较,他们认为现有的流型图和流型转变预测模型在流型判别方面仍不尽人意,其主要缺陷在于管路几何尺寸和流体物性等因素的影响。图 4-7 是对文献中不同转变机理的总结。

如前所述,对于每一个特定的流型已经提出了很多预测模型。下面主要对水平及

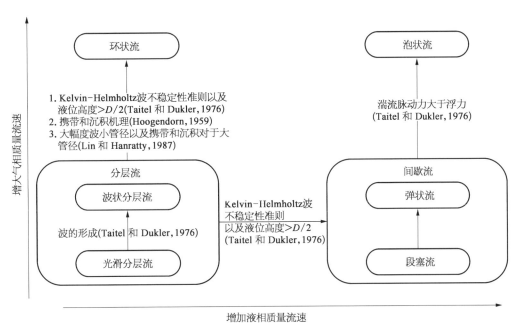

图 4-7　典型的水平管气液两相流流型图总结

倾斜管内分层流向非分层流(包括间歇流和环状流)的转变准则,以及间歇流向环状流的转变准则做一简述。

1) 分层流向非分层流的转变

Taitel 和 Dukler 认为,分层流的转变是由于界面的不稳定性引起的,在一定的流速条件下,气液两相成层流动时,由于两层之间的相对运动产生一个压力,于是在气液界面上就会产生一个较小的液面波动,使得气相的流通截面变小,流速增加。一方面,根据伯努利效应,气相流速的增大将使该处的压力降低,在界面上形成所谓的"卷吸力",使得液面的波动加剧;另一方面,突起的波浪受重力作用有恢复正常液面的趋势,当卷吸力大于重力时就会发生分层流的转变。据此,Taitel 和 Dukler 提出如下从分层流向间歇流转变的准则关系式:

$$F = (1-\widetilde{h}_{\mathrm{L}})\left[\frac{A_{\mathrm{G}}}{U_{\mathrm{G}}(\mathrm{d}A_{\mathrm{L}}/\mathrm{d}\widetilde{h}_{\mathrm{L}})}\right]^{0.5} \qquad (4-3)$$

方程中 F 为修正的气相 Froude 数:

$$F = \sqrt{\frac{\rho_{\mathrm{G}}}{\rho_{\mathrm{L}}-\rho_{\mathrm{G}}}}\frac{U_{\mathrm{SG}}}{\sqrt{Dg\cos\theta}} \qquad (4-4)$$

$$\mathrm{d}A_{\mathrm{L}}/\mathrm{d}\widetilde{h}_{\mathrm{L}} = \sqrt{1-(2\widetilde{h}_{\mathrm{L}}-1)^{2}} \qquad (4-5)$$

对于水平以及近水平管内的气液两相流,分层流向间歇流的转变就由三个参数

X_2、Y 及 F 确定。如果 Y 一定，转变仅由 X_2 和 F 确定。

2）间歇流向环状流的转变

现有几种典型的间歇流向环状流转变的模型基本上是从以下几个方面进行研究的，即作用在气芯上液滴受到的力、液膜的不稳定性以及临界持液率。

（1）Taitel 的模型

Taitel 等认为，如果气芯中的气相速度不能携带其中的液滴，环状流就不会发生。根据作用在最大液滴上的重力和举升力的平衡来得到转变准则，可将该转变准则表示为

$$U_{SG} \geq 3.1 \left[\sigma g (\rho_L - \rho_G)^{0.25} \right] / \rho_G^{0.5} \tag{4-6}$$

该转变准则表明，环状流的转变界限与液相折算速度无关。然而大多数实验研究表明，对于给定的管径，间歇流向环状流的转变与气液两相的折算速度都有关。

（2）McQuillan 和 Whalley 的模型

基于和 Taitel 相同的机理，McQuillan 和 Whalley 采用 Froude 数得到如下转变准则：

$$U_{SG} \geq \sqrt{gD(\rho_L - \rho_G)/\rho_G} \tag{4-7}$$

对于给定的系统，方程得到的转变准则是固定的折算气速，亦即在流型图上是一条直线。

（3）Joseph 等的黏度模型

Joseph 等对于水平管和垂直管提出如下转变准则：

$$\frac{\rho_G U_{SG} D}{\mu_L} = \begin{cases} 1\,000, & \rho_L U_{SL.\delta} D/\mu_L \leq 2\,000 \\ \dfrac{1}{2} \rho_L U_{SL.\delta} D/\mu_L, & \rho_L U_{SL.\delta} D/\mu_L > 2\,000 \end{cases} \tag{4-8}$$

式中　$U_{SL.\delta}$——液膜的折算速度，$U_{SL.\delta} = 0.05 U_{SL}$。

（4）Barnea 的模型

Barnea 认为，如果存在足够数量的液量，气液界面上波的增长就会在管内形成液桥，从而造成气芯通道阻塞，导致间歇流的发生。通过求解下列无量纲方程就可以得到液膜不稳定的临界值：

$$\left. \begin{aligned} Y &= \frac{1+75\alpha_L}{(1-\alpha_L)^{0.25}\alpha_L} - \frac{1}{\alpha_L^3}X^2 \\ Y &> \frac{2-1.5\alpha_L}{\alpha_L^3(1-1.5\alpha_L)}X^2 \end{aligned} \right\} \tag{4-9}$$

同时，环状流向弹状流转变的临界条件和持液率 α_L 有关，若满足

$$\alpha_L \geq 0.24 \tag{4-10}$$

就可以实现环状流向弹状流的转变。

（5）Kokal 和 Stanislav 的模型

在间歇流中,液弹中的截面含气率随气相流量的增大而增大。当液弹中的截面含气率增大到一定程度时,由于小气泡的合并,就不能再维持液弹的存在。与此同时,Taylor 气泡段液膜的厚度也减小到极限值,不能再给液弹前沿补给充足的液量。于是液相便被高速气流携带沉积在管壁上,沿周向形成了一层液膜,向环状流的转变也就会发生。

Kokal 和 Stanislav 认为,发生间歇流向环状流转变的平均持液率在 0.25 左右,并且得到间歇流向环状流转变的界限方程如下:

$$U_{SG} = 10.36U_{SL} + 2.98\sqrt{gD(\rho_L - \rho_G)/\rho_L} \tag{4-11}$$

Spedding 等通过对水平管中不同流型预测方法和实验数据的比较,认为 Kokal 和 Stanislav 的间歇流-环状流预测模型精度较高。

（6）王树众的模型

王树众在其博士论文中指出,Kokal 和 Stanislav 的计算模型在预测大直径管中间歇流向环状流转换时,随着折算液速的降低,其精度也在下降,而且 Kokal 和 Stanislav 对间歇流向泡状流的转换预测是建立在低黏度液体两相流基础上的。因此,王树众在其博士论文中对高黏液相的气液两相间歇流向环状流转换的界限重新进行了推导,得到具体形式的水平以及近水平管内间歇流向环状流转换的界限方程如下:

$$U_{SG} = 9U_{SL} + 2.59(1 + \sin\theta)^{1.2}\sqrt{gD(\rho_L - \rho_G)\cos\theta/\rho_L} \tag{4-12}$$

从式（4-12）可以看出,从间歇流向环状流的转变,与液相的黏度无关。

总之,人们对于气液两相流已经进行了大量的研究,并且积累了大量的实验数据和理论模型。气液两相流体在管道中产生的压力降、截面相份额、传热传质规律、结构传播速度、相界面的稳定性等都与流型有着密切的关系,流型的不同对流动参数的准确测量有着重要的影响。只有在考虑流型影响的前提下,气液两相流的研究工作才能趋于完善,否则其相应研究结果的使用范围比较狭窄,结果比较片面、主观,不能广泛地在工程中加以应用。

4.2　段塞流理论、模型及预测技术

段塞流作为气液两相与多相流流动中的一种典型流型,广泛存在于油气井开采与油气混输管道、锅炉管束和换热器等工业设备中;严重段塞流现象则常见于海洋油气混输系统,对这些流动现象开展研究具有重要的理论和实际意义。段塞流的典型特征为某一特定管道截面上气泡与连续液相的间歇性流出,严重段塞流则常发生于立管系统中,通常是指液塞长度大于立管高度的段塞流,由于其发生时会导致下游设备经受巨大的流量与振动冲击,对海洋平台及海底管线的流动安全危害较大,因此称之为严重段塞流。立管段塞与起伏管段塞示意图如图4-8所示。

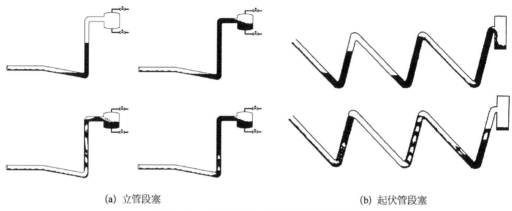

(a) 立管段塞　　　　　　　　　　　(b) 起伏管段塞

图4-8　立管段塞与起伏管段塞示意图

4.2.1　段塞流成因及其危害

1) 混输管线中段塞流的主要成因

① 界面不稳定性引起的水力段塞。

② 海底管线的起伏地形结构引发的段塞流。

③ 立管内的严重段塞流。

④ 清管过程中的段塞流。

2) 严重段塞流的危害

严重段塞流给海上平台的安全生产和稳定运行带来了极大的威胁(图4-9),主要表现在以下几个方面:

① 上升管线内的长距离液塞使得井口背压增大,对管壁的耐压性能要求提高,同时高背压降低了油气的产量,严重时可能导致死井。

② 管道内压力的剧烈波动会引发管线的振动,同时与海水对管道的冲击力耦合,造成管道接头和支柱有机械损伤,对作业平台的结构强度、安全性和稳定性构成危害。

③ 上升管内气液的交替流出加剧了管壁的冲蚀。这是由于高速紊流造成管壁出现很高的剪应力,在流体冲刷和剪切的共同作用下,管壁表面膜(缓蚀剂膜和腐蚀沉积物)被损坏剥落,加剧了腐蚀及冲蚀效应,使腐蚀显著增大。

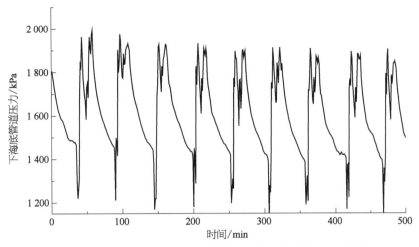

图 4‑9　文昌油田发生严重段塞流时下海底管道压力波动曲线

④ 管道出口处气、液交替流出,造成下游分离器溢流或断流现象,段塞流捕集器不能稳定运行;同时,压力波动也会引起油气产量的波动,使得平台上的增压设备(多相泵和压缩机等)在泵送过程中易产生气蚀现象,输送泵效率和可靠性降低。

⑤ 立管中气相在喷发过程中会产生焦耳‑汤姆逊降温效应,使混输流体温度降低,导致管壁结蜡和水合物的形成,阻塞管道。

因此,对段塞流进行充分的实验与理论研究,建立能够预测起伏管、立管及清管过程中的段塞流预测模型,对海洋油气田的安全生产具有重要的意义。

4.2.2　段塞机理研究现状

对段塞流的预测是以对气液界面起塞机理的研究为基础的,气液界面的起塞机理之所以受到人们的关注,一方面是因为只有深入理解气液界面起塞机理才能进一步研究段塞流的发展过程,另一方面基于对气液界面起塞机理的认识可提出流型转变准则和段塞流液塞频率的计算模型。半个世纪以来,人们对气液界面起塞机理进行了大量的理论和实验研究,但目前气液界面起塞机理仍是段塞流研究中没能得到很好解决的一个基本问题。目前用于分析气液界面起塞机理的理论模型主要可以分成两类,即界面失稳理论和液塞稳定理论。

1）界面失稳理论

界面失稳理论认为,气液界面起塞现象是由气液界面上界面波的失稳引起的,其通过分析气液界面上界面波的演化过程,理论分析界面波失稳的临界条件,从而确定界面起塞的临界条件。根据求解方式的不同可将界面失稳理论分为线性界面稳定理论和非线性界面稳定理论,根据分析流体处理方式的不同可将线性界面稳定理论分为非黏性界面稳定理论和黏性界面稳定理论两类。

Milne‑Thompson 和 Yih 最早对气液界面上界面波的稳定性进行了理论分析,他们认为界面波的 Kelvin‑Helmholtz 不稳定性是产生界面起塞现象的基本机理。当压力变化产生作用于气液界面的抽吸力并克服对界面波起稳定作用的重力时,就发生界面波的 Kelvin‑Helmholtz 不稳定性,促使界面波生长并最终导致气液界面上生成液塞。他们对水平方管道内气液分层流界面稳定性的理论分析如下:在气液界面上引入波数为小幅正弦扰动:

$$h = \bar{h} + h' \exp[ik(x - Ct)] \tag{4-13}$$

假设气液两相均为非黏性流体,对气液两相的动量方程进行线性稳定性分析得到界面波的色散方程

$$k\rho_l(U_l - C)^2 \coth kh_l + k\rho_g(U_g - C)^2 \coth kh_g = g\cos\theta(\rho_l - \rho_g) + \sigma k^2 \tag{4-14}$$

式中,C 为界面波波速,且有 $C = C_R + iC_I$。界面波稳定的临界条件为波速的虚部为零,即 $C_I = 0$,由式(4‑14)得到分层流界面稳定的临界条件

$$(U_l - U_g)^2 = [(g/k)\cos\theta(\rho_l - \rho_g)/\rho_g + \sigma k/\rho_g][\tanh(kh_g) + (\rho_g/\rho_l)\tanh(kh_l)] \tag{4-15}$$

式(4‑15)即为经典 K‑H 稳定性准则。此时的临界波速为

$$C_R = \frac{\rho_g U_g \tanh(kh_l) + \rho_l U_l \tanh(kh_g)}{\rho_l \tanh(kh_g) + \rho_g \tanh(kh_l)} \tag{4-16}$$

对于长波有 $kh_l \ll 1$、$kh_g \ll 1$ 并假设 $\rho_g/\rho_l \ll 1.0$,式(4‑15)、式(4‑16)分别简化为

$$U_g - U_l = \sqrt{(\rho_l/\rho_g)gh_l} \tag{4-17}$$

$$C_R = U_l \tag{4-18}$$

式(4‑15)、式(4‑17)表明经典 K‑H 稳定性分析的结果忽略了各相的惯性作用,界面长波的波速等于当地液相流速。

用式(4‑17)预测水平管内气液界面起塞时,得到的临界气相表观速度明显大于实验值。Wallis 和 Dobson 对方管内气液界面波的研究认为,重力对界面波有稳定作用,而空气动力学产生的界面升力能促使界面波的成长,他们得到预测界面起塞的 K‑H 稳定性准则为

$$U_g - U_l = 0.5\sqrt{(\rho_l/\rho_g)gh_l} \tag{4-19}$$

比较式(4‑17)和式(4‑19)可知,经典 K‑H 稳定性准则预测得到的界面起塞临界当地气速大约为实验值的 2 倍。

Mishima 和 Ishii 提出了"最危险波"的概念,"最危险波"是指具有最大生长因子的界面波,他们把出现"最危险波"作为界面起塞的必要条件,通过理论分析得到界面起塞的界面不稳定性准则为

$$U_g - U_1 = 0.487\sqrt{(\rho_1/\rho_g)gh_1} \tag{4-20}$$

该式与 Wallis 和 Dobson 的理论分析十分吻合。

Taitel 和 Dukler 最早对圆管道内气液界面进行了 K-H 稳定性分析。他们对气液界面上孤立波的分析表明,气液界面上压力的变化是伯努利力作用的结果,是产生界面波失稳的主要原因。他们得到水平和微倾斜圆管中气液界面起塞的判定准则为

$$U_g - U_1 = \left(1 - \frac{h_1}{D}\right)\sqrt{\frac{\rho_1 g\cos\theta A_g}{dA_1/dh}} \tag{4-21}$$

当 $h_1/D = 0.5$ 时,式(4-21)与式(4-19)是一致的。

一些研究者对界面起塞机理提出了有别于传统界面 K-H 稳定性的观点。Kordyban 在其早期的研究中,认为有限振幅界面波发展成为液塞;Kordyban 通过进一步研究则认为,界面起塞现象形成于界面波的局部失稳而非整个界面波的失稳;但 Trapp 怀疑局部 K-H 不稳定性的存在,就物理机理而言,流体黏性和表面张力对短波的生长有抑制作用;Gardner 认为,界面起塞现象与高、低液位间的能量通量有关;Minato 等认为,液相的动能促进界面波的生长。

上述气液界面 K-H 稳定理论分析中都忽略了气液相的黏性,最近 Funada 和 Joseph 对水平方管内气液界面 K-H 稳定性进行了黏性势流理论分析。他们的研究表明,气液界面的表面张力和垂直流动方向上的相速度分量对界面稳定性起着十分关键的作用,并给出了界面失稳的临界条件:

$$(U_1 - U_g)^2 = \frac{\left[\mu_1\coth(kh_1) + \mu_g\tanh(kh_g)\right]^2}{\rho_1\mu_g^2\coth(kh_1)\coth^2(kh_g) + \rho_g\mu_1^2\coth(kh_g)} \tag{4-22}$$

但与实验结果的比较发现,式(4-22)的预测值明显高估了界面失稳的临界气相表观速度。Funada 和 Joseph 借鉴了 Taitel 和 Dukler 的方法对式(4-22)进行了修正,即在其右侧乘上气相相含率 α_g,可得

$$(U_1 - U_g)^2 = \alpha_g \frac{\left[\mu_1\coth(kh_1) + \mu_g\tanh(kh_g)\right]^2}{\rho_1\mu_g^2\coth(kh_1)\coth^2(kh_g) + \rho_g\mu_1^2\coth(kh_g)} \tag{4-23}$$

与水平方管内实验数据的对比表明,式(4-23)能较好地预测界面起塞的临界气相表观速度,但式(4-23)所做的修正并无理论基础,同时在他们的理论分析中忽略了各相与壁面的剪切作用。

Lin 和 Hanratty 以及之后的 Wu 等考虑了各相黏性的作用,在他们的线性分析中

考虑了各相与壁面以及相界面之间的剪切应力。他们的理论分析结果表明,界面失稳时界面波的波速大于液相的平均流速,对于圆管道界面起塞的临界条件为

$$(U_g - C_R)^2 + \frac{A_l \rho_l}{A_g \rho_g}(C_R - U_l)^2 = \frac{A_l \rho_l g \cos \theta}{A_g \rho_g \mathrm{d}A_l / \mathrm{d}h_l} \qquad (4-24)$$

而后的 Barnea 等人采用了与 Lin 和 Hanratty 相似的方法,对气液界面的 K-H 稳定性进行了线性分析,得到以下界面起塞准则:

$$U_g^2 = K \left[(\rho_l \alpha_g + \rho_g \alpha_l) \frac{\rho_l - \rho_g}{\rho_l \rho_g} g \frac{A}{\mathrm{d}A_l / \mathrm{d}h_l} \right] \qquad (4-25)$$

当不考虑各相黏性作用时式(4-25)中 $K = 1.0$,这时式(4-25)与 Taitel 和 Dukler 通过有限界面波理论得到的界面起塞准则式(4-21)在没有进行非线性修正前的表达式是一致的。当考虑各相黏性作用时,$K = K_V$,且

$$K_V = \sqrt{1 - \frac{C_V - C_{IV}}{\dfrac{\rho_l - \rho_g}{\rho} g \dfrac{A}{\mathrm{d}A_l / \mathrm{d}h_l}}} \qquad (4-26)$$

式中 C_V、C_{IV}——分别对应黏性分析和非黏性分析得到的临界波速。

流体黏性对界面稳定性的影响是十分复杂的,目前在这一问题上还没有统一的认识。一般认为,非黏性理论是低黏性流体流动的近似,Fabre 和 Line 就认为非黏性 K-H 稳定理论不适用于高黏性流体,而 Barnea 和 Taitel 的理论分析表明对于高黏度的流体,黏性 K-H 稳定性分析与非黏性 K-H 稳定性分析的结果十分接近,而对于低黏度的流体两者的差异却非常大。李广军和郭烈锦等较为细致地分析了流体黏性对界面波稳定性的影响,计算结果表明流体黏性对界面波的影响并非单调的,为了澄清流体黏性对界面稳定性的影响,还需进一步的研究。

Ahme 和 Barnerjee 应用非线性理论分析了非黏性流体二维流动条件下界面波的不稳定性,他们考虑了非线性三阶项的作用,研究表明非线性波相对线性波来说更不稳定。

Wu 和 Ishii 采用非线性分析方法考察了高阶波动分量对界面稳定性的影响,他们的研究结果表明线性分析能较好地预测小幅界面波界面失稳的临界气相表观速度,但高估了大幅界面波界面失稳的临界气相表观速度。

Crowley 等认为,管道内气液两相流的连续波波速等于动力波波速时达到了界面波失稳的临界条件,并最早采用特征根分析方法对界面波的传播特征进行了非线性分析。而后的 Barnea 和 Taitel 以及郭烈锦等采用了相似的方法,对描述水平管内气液分层流界面的一维双流体模型进行了非线性求解,展示了不同流动区域界面波的发展特征。

2) 液塞稳定理论

界面失稳理论能较好地预测小管径、低压、低气相表观速度条件下的气液界面起塞

临界条件,但在预测大管径、高压、高气相表观流速条件下的气液界面起塞临界条件时,界面失稳理论预测得到的临界液相表观速度往往偏低。如 Bendiksen 和 Espedal 在 SINTEF 实验室高压两相流实验回路上进行的实验结果表明,当实验压力达到 20～30 bar 时,管道内存在液塞的临界液相表观速度是界面失稳理论预测值的 2～3 倍。这是因为界面失稳理论预测了气液界面上界面波成长的条件,当波峰达到上壁面阻塞管道后形成的起始液塞能否发展为一定长度的稳定液塞需要满足一定的条件,这个条件即液塞稳定条件,即界面失稳只是气液界面上存在液塞的一个必要条件而非充分条件。满足液塞稳定条件时从液塞头部吸入的液体量应大于或等于液塞尾部液体的泄出量。图 4-10 给出了管道内液塞的结构示意图,从液塞头部吸入的液体量为 $(V_t - U_{l1})A_{l1}$,其中 V_t 为液塞头部的移动速度,U_{l1} 为液塞前方液膜的移动速度,A_{l1} 为液塞前方液膜的截面积;而从液塞尾部泄出的液体量为 Q_l,所以液塞稳定和生长的条件为

$$(V_t - U_{l1})A_{l1} \geqslant Q_l \tag{4-27}$$

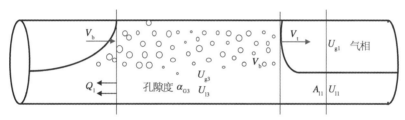

图 4-10　液塞示意图

不同的研究者对液塞尾部泄出的液体量 Q_l 采用了不同的模化方式,从而得到了不同的液塞稳定条件。

Ruder 等采用 Benjamin 的无黏势流理论模化液塞尾部的泄液量 Q_l,同时忽略液塞内部的含气率,得到液塞稳定条件如下:

$$\frac{V_t - U_{l1}}{(gD)^{0.5}} \frac{4A_{l1}}{\pi D^2} = 0.542 \tag{4-28}$$

该理论的计算结果表明,满足液塞稳定条件的临界液位高度比界面失稳的临界液位高度低,这与低气相表观速度条件时的实验结果是相符的,但在较高气相表观速度条件下该理论的预测结果却与实验结果存在很大误差。

Jepson 采用 Stoker 的瞬态决堤模型模拟了液塞尾部的泄液过程。他的理论分析结果表明,对于段塞流满足液塞稳定条件的临界液位高度为 $h_{l1}/D = 0.38$,而弹状流满足液塞稳定条件的临界液位高度为 $h_{l1}/D = 0.15$,其中 h_{l1} 为液塞前方液膜厚度。

Bendiksen 和 Espedal 采用 Bendiksen 的模型计算气弹移动速度 V_b,通过质量守恒方程得到液塞头部移动速度 V_t,从而得到以下液塞稳定条件:

$$V_t = U_{g1} \frac{\alpha_{g1} - \alpha_{g3} \dfrac{U_{g3}}{U_{g1}}}{\alpha_{g1} - \alpha_{g3}} \qquad (4-29)$$

式中，α_{g1}、α_{g3}、U_{g1}、U_{g3} 分别为气弹区和液塞区的平均气相相含率和气相速度。当液塞头部的移动速度大于尾部的移动速度即 $V_t > V_b$ 时，液塞处于成长状态；当 $V_t = V_b$ 时，液塞处于稳定状态；当 $V_t < V_b$ 时，液塞处于消退状态。上述理论预测结果与 SINTEF 实验室高压两相流回路上得到的实验结果相吻合。

Lunde 和 Asheim 采用与 Bendiksen 和 Espedal 相似的方法对液塞稳定条件进行了理论分析，给出了满足液塞稳定条件时液塞前方液膜的最低液相相含率：

$$\alpha_{l1} = \frac{(C_0 - 1)\alpha_{l3} + U_d \dfrac{\alpha_{l3}}{U_{l3}}}{1 + (C_0 - 1) + \dfrac{U_d - U_{l1}}{U_{l1}}} \qquad (4-30)$$

式中，U_d 为气弹的漂移速度；C_0 为液塞相对混相速度的滑移速度系数。该理论模型的预测结果与内径为 67.8 mm、长度为 23 m 的水平管道内气液段塞流实验结果相吻合。

Woods 和 Hanratty 采用双平行电导探针技术对水平管道内气液段塞流液塞尾部的泄液率进行测量，得到液塞区弥散小气泡与液相间的滑移速度。根据液塞头部吸入液体量与液塞尾部泄液量的平衡，给出液塞稳定的条件如下：

$$\alpha_{l1} = \frac{\left\{ \left[C_0 - \dfrac{1}{(s-1)\alpha_{g3}} \right] U_{l3} + U_d \right\} \alpha_{l3}}{C_0 U_{l3} + U_d - U_{l1}} \qquad (4-31)$$

式中，s 为液塞区内气液两相移动速度的比值，且有

$$s = \frac{U_{g3}}{U_{l3}} \qquad (4-32)$$

基于实验结果给出该移动速度比值，当 $U_{mix} < 7.0$ m/s 时，$s = 1.0$；$U_{mix} > 7.0$ m/s 时，$s = 1.5$。

当管道系统存在凹弯接头时，管道凹弯处的积液会产生"严重起塞"(severe slugging)或者称为"地形起塞"(terrain slugging)，这是一类不同于上述水力机制引起的起塞机理。最典型的情况是在由垂直立管道和与之相连接的下倾管道系统中出现的严重段塞流。这种流动结构在石油工业特别是海洋石油开采中十分常见，这种严重段塞流会产生 1 倍到数倍上升管高度的长液塞，压力周期性脉动，而且上升管中液塞的运动速度远高于入口液体流速，同时气相会在短时间内高速喷出。因此，严重段塞流给海洋油田的设计和生产运行带来许多问题，并受到各国研究者的高度关注。一些研究者

对现场条件下集输管路上升管系统发生的严重段塞流规律做了分析,如 Yocum、Farghaly 等,另一些研究者在小型实验装置上对这种现象进行了实验研究,如 Schmidt、Fabre、Hill、Taitel 等。国内郭烈锦领导的多相流研究组在大型多相流实验回路上对严重段塞流的起塞机理、发展特性和控制技术等各方面进行了深入的研究。王鑫、郭烈锦等系统研究了管道倾斜角、工质物性、各相流速对严重段塞流的影响,得到了各种工况条件下严重段塞流的流型图和各种特征参数的规律。王鑫、郭烈锦提出了一个描述严重段塞流的理论模型,该模型准确计算出严重段塞流周期、液塞长度和倾斜管中液柱最大长度等参数。基于对严重段塞流产生机理的深刻认识,提出了消除严重段塞流的若干有效的控制方法。

综上所述,气液两相流界面起塞机理作为气液段塞流研究首先需要解决的一个基本问题,自 20 世纪 60 年代至今人们对其进行了大量的理论研究,并提出了基于界面稳定和液塞稳定这两类理论模型,但这两类理论模型的预测结果之间存在很大的分歧,并且至今还没有澄清两类理论模型的适用范围以及两类理论模型之间的关系,这主要是因为十分缺乏关于气液界面起塞机理的系统、精确、有效的实验研究结果。目前已有的针对气液界面起塞现象所进行的实验研究结果,大多数是以直接实验观察或借助压力信息作为主要的研究手段来获得的,这种研究手段仅仅能确定气液界面发生起塞现象的临界条件,而对于深入认识管道内气液界面的起塞机理是远远不足的。进一步的研究必须获取系统精确的气液界面瞬态发展过程中的定量界面信息,并对这些信息进行细致深入的分析,才有可能从本质上认识和掌握气液两相流界面的起塞机理和规律,为建立完善的数学物理模型创造条件。

4.2.3　段塞流理论预测模型研究现状

由于海洋油气混输管线操作条件的改变(如管线的停输、再启动、开井或关井、清管等)、地形的起伏都有可能造成段塞流,所以建立一套合理的水动力模型非常困难。目前已有的气液段塞流理论模型可以分为稳态模型和瞬态模型两类。对清管引起的段塞流而言,一般采用清管模型与段塞流模型耦合进行模拟。

1) 稳态模型

气液段塞流稳态模型是针对充分发展的段塞流提出的,有两种不同的建模方法:一种是 Dukler 与 Hubbard 针对水平流动提出的 Unit Cell 模型(图 4 - 11);另一种是 Fabre 改进了的 Statistical Cellular 模型。第一种模型以段塞流的宏观物理现象为基础,把间歇性简化为周期性,从而把非常复杂的流动结构简化为由长气泡和液塞组成的单元体,在一个同单元体一起运动的参考系中列出平衡方程,所以流动看起来是"稳态"的。第二种模型是将一个在时间和空间上描述流动结构的以间歇函数为基础的动态模型进行平均化后得到。该模型在进一步简化后与第一种模型类似,而且需要相同的闭合关系式。

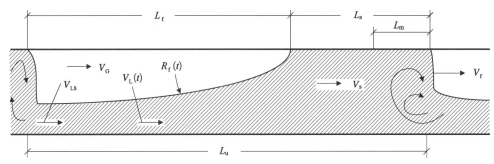

图 4-11 针对水平流动的 Unit Cell 模型

Unit Cell 模型已为大多数研究者所接受并得到了广泛的验证。在该模型中,假定一个以段塞单元体平移速度运动的参考系,在此参考系中列出液塞以及大气泡下液膜区的液相质量平衡。同时,由气液的连续性要求,可得到在段塞单元体任意横截面上的体积流量恒定,应用于液塞和液膜处可得两个方程。对液膜区假设为均匀厚度,从而简化计算。根据液膜与气相和管壁相互作用的受力平衡,可列出力平衡关系式。以上平衡方程结合液塞长度、液塞持液率和气泡平移速度三个封闭关系,可以求出液塞速度、液膜区长度、持液率以及气液运动速度等参数。沿段塞单元的平均压降是重力和液塞区、长气泡区和液塞头部混合加速区三个区域作用之和(液膜中液体速度加速到液塞速度)。

最早对段塞流开展模拟研究的是 Griffith 和 Wallis 及 Nicklin,他们第一次认识到了长气泡运动的重要性。Singh 和 Griffith 在针对气液段塞流建立的稳态模型中最早引入 Slug Unit 的概念,将段塞流流动结构简化为液塞区和气弹区,同时忽略液塞区的充气特征和气弹区的液膜,段塞单元的压降只包括液塞区的摩擦压降和重力压降,该模型回避了段塞流内部复杂的流动结构,预测误差较大。Dukler 与 Hubbard 基于 Slug Unit 的概念提出了 Unit Cell 模型,对气液两相分别建立动量和质量守恒方程,提出计算水平管内气液段塞流的稳态机理模型。该模型的段塞单元由液塞区和长气弹区两部分组成,液塞区是由液体和从气弹尾部卷入的弥散气泡组成,并最早提出液塞混合区的概念 l_m;采用自由表面明渠流模型模拟气弹区的液膜特征。在该模型的液塞单元压降(Δp_u)计算中,认为气弹区的压降可以忽略,液塞区的压降由摩擦压降(Δp_f)和液塞混合区的混合压降(Δp_{mix})组成,并认为混合压降是由于液塞头部吸收的液膜与液塞的速度差产生的加速压降(Δp_a)即 $\Delta p_{mix} = \Delta p_a$。

在 Dukler 与 Hubbard 的模型基础上,以下研究者进行了不同的改进:Nicholson 等改进模型中气弹移动速度的模化方式,考虑了重力引起的气弹漂移速度。Stanislav 等在 Nicholson 等模型基础上增加了管道倾角引起的重力压降,将该模型推广到了倾斜管内气液段塞流的计算。Taitel 与 Barnea 提出了一套较为完善的段塞流 Unit Cell 模型,该模型考虑了气弹区的液膜非平衡特征,压降包括液塞区和气弹区的摩擦压降(Δp_{f})、混合区的加速压降(Δp_{a})和重力压降(Δp_{g}),其在模拟地形起伏起塞、严重段塞流以及瞬态段塞流等复杂段塞流现象时被广泛采用。Cook 与 Behnia 针对水平和倾斜管道内的气液段塞流提出了另外一套 Unit Cell 模型,该模型通过气液两相的质量守恒方程耦合气弹区的液膜特征模型计算出段塞流的各种特征参数,该模型的压降包括四部分:重力引起的重力压降(Δp_{g})、壁面摩擦引起的摩擦压降(Δp_{f})、混合区涡运动有关的黏性压降(Δp_{v})和气相膨胀引起的加速压降(Δp_{a})。Cook 与 Behnia 的计算表明,Taitel 与 Barnea 模型预测的压降与实验结果相比低估了 30% 以上。

　　Fabre 等改进的 Statistical Cellular 模型定义了一个描述段塞流间歇性的特征参数 β。对应液塞区和气弹区,β 分别取为 0 和 1。分别对液塞区和气弹区建立质量和动量守恒方程,并用 β 的时间概率对守恒方程进行加权平均,得到总体质量和动量守恒方程。求解总体质量和动量守恒方程,得到段塞流的特征参数如压降(Δp)和相含率(α_1)。Fabre 等将该模型推广到了瞬态段塞流的模拟计算中。这种模型能适用于气液离散流、分层流和段塞流,但是物理概念和求解过程都较为复杂。

　　2)瞬态模型

　　两相流动的瞬态模拟需要利用两种流体的连续性方程、动量方程和能量方程来描述流动在时空上的变化。目前段塞流的稳态模型使用较为广泛,但存在以下缺陷:使用段塞流稳态模型前需要采用流型判断模型确定流型;段塞流的瞬态特征参数如最大液塞长度、压力波动特征对多相流设备的设计和完全运行是十分重要的,但段塞流稳态模型只能给出段塞流的平均特征参数;为了模拟如入口流量的瞬态变化、地形起伏引起的起塞特征以及严重段塞流等瞬态现象,目前发展了多种段塞流瞬态模型和计算方法。两相管内瞬态流动模型理论上可分为均相流模型、漂移流模型和双流体模型三类,目前多数软件采用后两种模型,如石油工业常用的软件 TACITE、OLGA 和 PeTra。

　　TACITE 软件采用漂移流模型。模型有四个守恒方程:各相流体的质量守恒方程、两相流体的混合动量方程、两相流体的混合能量方程。相间滑脱信息由一个取决于流型的稳态封闭关系给出。该模型认为每种流型是两种基本流型分离流(分层和环状)和弥散流在时空上的组合。两种基本流型组合成间歇流,用分离流所占份额 β 表示其特征。其他流型看作间歇流的一种特例。TACITE 的一个主要功能是精确预测大液塞的运动,其采用的三点预测-校正数值格式具有较好的激波捕获能力。

　　一维双流体模型一般都基于 Ishii 推导的一维双流体模型框架基础而建立,但针对不同流型建立的守恒方程和方程的本构关系却有很大差异。其中一类一维双流体模型是针对所有流型建立的泛用模型,如 OLGA。OLGA 软件的模型中除了包括气相和液相外,还包括一个液滴场,所以是一个扩展的双流体模型。OLGA 对连续气相、弥散液滴和连续液相共建立三个连续性方程,对连续气相和弥散液滴的混合物和连续液相共建立两个动量守恒方程,液滴的速度通过滑移模型进行计算,同时假设所有相具有相同的温度,对多相流混合物建立一个能量方程。模型的本构关系根据不同的流型给出。OLGA 将多相流流型分为层状流(包括分层流和环状流)和离散流(包括泡状流和段塞流)两类。流型之间的转变通过最小滑移速度的概念结合一些流型判断准则给出。

另外一类一维双流体模型只是针对段塞流建立的,如 Henau 与 Raithby 将段塞流子模型与 Ishii 的标准一维双流体模型结合,建立了段塞流瞬态模型。段塞流子模型采用类似 Dukler 与 Hubbard 的机理模型。基于段塞流子模型,Henau 与 Raithby 推导出气液界面阻力和由于气弹加速引起的虚拟质量力等段塞流相界面作用力的本构关系式。该模型成功模拟了水平管、倾斜管和起伏管内气液段塞流的瞬态特征。Bendiksen 等采用与 Henau 与 Raithby 相似的方法,结合段塞流 Unit Cell 模型,也建立了一维双流体模型,并对段塞流进行了瞬态模拟。

一维双流体模型能较好地预测管道内的压降和压力波动特征,而对管内段塞演化过程的预测往往不理想,但是详细的段塞参数对混输管线的设计和运行控制非常重要。因此,在双流体模型中加入对段塞的跟踪模块是必然趋势,OLGA 在后期版本中增加了新型的段塞跟踪功能(图 4-12),能跟踪地形段塞以及水平和近水平管中的段塞,即为段塞跟踪模型。

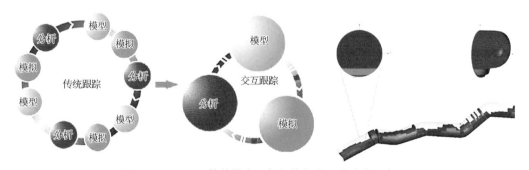

图 4-12 OLGA 软件的发展与新的段塞跟踪功能示意图

段塞跟踪模型是通过对每个液塞头尾位置的拉格朗日追踪,模拟液塞运动、成长和消失的演化过程。郑国华在 1991 年较早提出了一个简单的液塞跟踪模型,该模型忽略气弹区液膜的非平衡特征,并假设气弹区的液膜是充分发展的,同时为了模拟液塞的演化特征提出了液塞最小稳定长度的概念,气弹的移动速度是气弹前方液塞长度的函数。利用该模型较好地模拟出了地形起伏管道中液塞的主要流动特性。

Nydal 与 Banerjee 于 1996 年提出了一个拉格朗日型跟踪模型。该模型仅采用了液塞和气泡的简单物理模型,流动参数根据每个液塞和气泡的动态质量和动量守恒方程计算。该模型成功模拟了包括段塞随机产生、地形作用、气相膨胀作用以及气弹尾波作用等复杂的段塞流瞬态特征。但该模型没有考虑气相进入液塞的影响,忽略了气弹区的压降以及液膜的非平衡特征。

　　Barnea 和 Taitel 在 1993 年也使用简单的跟踪模型研究了考虑气泡尾波作用时垂直上升管中液塞长度的变化规律。其入口液塞长度可以是随机均匀分布或对数正态分布,计算表明液塞长度变化规律不受入口分布的影响,在充分发展区液塞长度大致符合对数正态分布。Cook 和 Behnia 在 2000 年对水平管中气泡速度与前面液塞长度的关系进行了研究,并采用 Barnea 和 Taitel 跟踪模型模拟了 16 m 长管道中液塞长度变化,结果表明预测的液塞分布和实验结果相符。Hout 等利用类似的跟踪模型研究了长 10 m 的垂直上升管中液塞长度变化。Barnea 和 Taitel 跟踪模型非常简单,忽略了液膜厚度和液塞中的气相。

　　Taitel 与 Barnea 在 1998 年提出了一个新的液塞跟踪模型,该模型考虑了气相压缩性和管道入口压力对液塞演化特征的影响。该模型忽略了动量方程中的时间导数项,即假设每个段塞单元总是处于当地的力学平衡状态。计算结果表明,气相的可压缩性对气弹的长度有较大的影响,但对液塞长度演化的影响并不明显。其后 Taitel 和 Barnea 对该模型进行了改进,用于对起伏管段塞流的瞬态追踪模拟。特别分析了起伏管道中液塞流过弯头前后液塞的生成、成长和消失过程,但该模型中没有考虑加速压降的作用。

　　顾汉洋结合实验结果,利用局部动量守恒方程成功模化了流动的多维特征对气液两相流界面稳定性的影响,建立了完善的一维双流体模型,基于该模型的线性分析准确预测了微下倾管内界面起塞的临界条件。当管道微上倾时存在一个临界气相表观速度,在气相表观速度低于临界气相表观速度时的液膜回流区内,管道入口处的积水效应引发周期性界面起塞现象;当气相表观速度大于临界气相表观速度时,微上倾斜管内界面起塞的临界条件由液塞稳定条件控制。最后,对界面起塞后生成段塞流的气弹区相界面结构进行了细致深入的实验和理论研究,设计了可控的气液两相流单气泡实验模拟系统,成功实现了段塞流气弹区相界面结构的实验模拟与精确测量(图 4-13)。

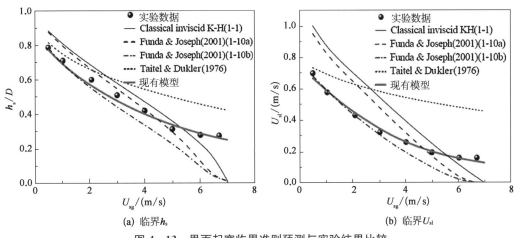

图 4-13　界面起塞临界准则预测与实验结果比较

王鑫等对 Taitel 和 Barnea 模型做了进一步的改进(图 4 - 14),考虑了液塞的加速压降,并对水平管内流量瞬变时的气液段塞流特性进行了模拟研究,很好地预测了气相流量上升造成的段塞流压力"过升"现象和出现大量液塞的现象以及气相流量下降时出现的压力"过降"现象和短暂分层流现象,同时揭示了产生这种压力"过升"和"过降"的机理。

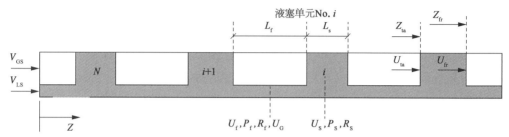

图 4 - 14 王鑫等改进的水平管段塞跟踪模型

除了在双流体模型中加入段塞跟踪模型外,最近 Ansari 采用有限插分法对描述水平管内分层流的一维双流体模型进行数值求解,捕捉到了气液界面上界面波失稳并生成液塞的过程,这种方法称为界面捕捉方法。但 Ansari 的求解模型中不考虑流体的黏性和界面阻力,对非黏性流体进行界面起塞过程的近似数值模拟。Issa 和 Woodburn 采用控制容积法对描述水平管内分层流的一维双流体模型进行直接数值求解,捕捉到了气液界面上界面波的生成、成长并最终发生界面起塞现象和随后的液塞发展过程。界面捕捉模型有以下特点:采用相同的控制方程和本构关系式描述分层流、段塞流;气液界面上液塞的发生、成长、合并以及消失等瞬态演化过程通过数值求解自动捕捉到;模型所需的经验关系式仅为气液两相与壁面的摩擦系数以及气液界面间的摩擦系数。

PeTra 软件是专门设计用来跟踪多相流中段塞和清管球的运动,采用拉格朗日型前锋跟踪模型。TACITE 和 OLGA 中的欧拉运动模型用于预测平均的持液率和压降是足够的,但用于段塞的长距离运动时则易于引起数值发散,而且无法描述气液前锋运动、气泡速度以及气相混合进入液塞头部等参数。OLGA 段塞跟踪功能的缺点是由于使用了固定不变的用户给定网格,造成计算结果依赖网格且网格尺寸必须很细。PeTra 对此做了改进:PeTra 是一个瞬态三相模型,守恒方程包括气、油、水三相三个连续性方程,三个动量方程,一个压力方程和一个混合能量方程。模型用于跟踪液塞和气泡时,流型在液塞部分强制看成气泡流,在大气泡处看成分层或环状流。气-液前锋分为两类:一类是气泡头部,另一类是液塞头部。两者之间的转换是动态的,取决于管道倾角、运动方向以及液塞中的液相速度。PeTra 包含三个不同的液塞生成模型:对地形诱导液塞、对启动液塞和对水动力液塞。液塞消失有两种情况:液塞流出管线时在出口消失;当液塞长度或大气泡长度小于某一临界值时,该液塞消失或与其他液塞合并。

西安交通大学陈森林等在"十一五"深水段塞控制与管道内流动在线监测技术子课

题中,开发了一套适应于垂直立管与柔性立管的严重段塞流的预测软件(图 4-15),认为在气相流出立管的过程中流型为弹状流和块状流变化,气相的膨胀除应该满足质量守恒外,还必须同时考虑立管内液体的动量变化,联立求解才能正确计算出气相流速和

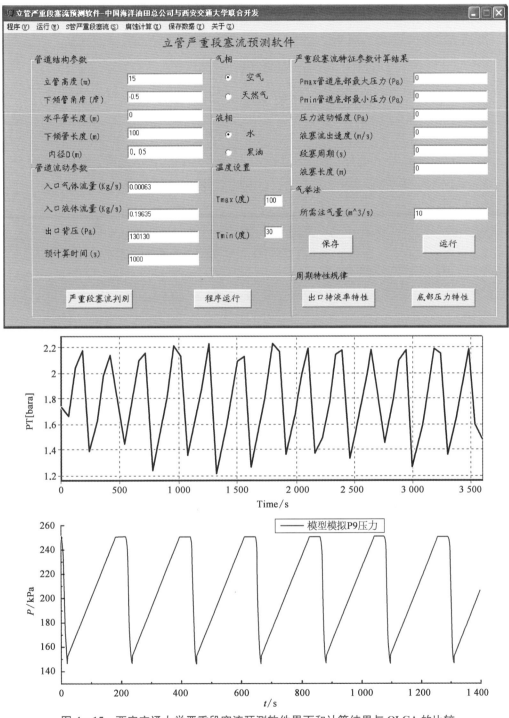

图 4-15　西安交通大学严重段塞流预测软件界面和计算结果与 OLGA 的比较

压力变化过程。本软件基于 C++Builder 环境,根据立管段塞的液塞形成、管线压力波动的周期性、起伏管段塞的持液率对管倾角的敏感性,通过假设入口处的液塞长度和气相压力,根据液塞和气泡之间的质量和动量交换,利用气液界面的重构,获得分别局部压力和持液率,描述不同管线结构下的局部流动特征,实现严重段塞流的预测。

3)清管模型

混输管线清管操作的研究是从研究湿天然气管道中的两相流特性开始的。其经历了从稳态经验关系式、准稳态模型到瞬态模拟的发展过程。对清管过程的数值模拟需要将两相流的数学模型与清管模型相结合。国外从 20 世纪五六十年代就开始对清管现象进行研究,并提出了多种清管模型。

McDonald 与 Baker 是最早对湿天然气管道进行清管研究的,在实验基础上提出了一个理想的清管模型,将管道分成四段(图 4-16):多相流再生区,可用多相管流的稳态方程进行该管道的水力计算;干气区(气相流动区),该区域持液量下降,仅留下一层液膜,可用单相气体的流动方程进行计算;液塞区(液相流动区),包括清管球与液塞,假设两者都以气相速度运动,给出了通过清管球的压降关系计算式;未扰动多相流区,可用稳态多相管流方程进行计算。另外,Mcdonald 与 Baker 还研究了起伏地区管道清管情况。Barua 通过实验研究对 McDonald-Baker 模型的不足之处进行了修正,去掉了一些假设条件,提出了模拟液塞释放到分离器中液塞加速的程序,并允许气相进入液塞区,认为清管球速度与其后的气相速度相等,并采用自己的经验关系式计算了通球压降,但 Barua 仍没有去掉 McDonald-Baker 模型最主要的稳态假设。

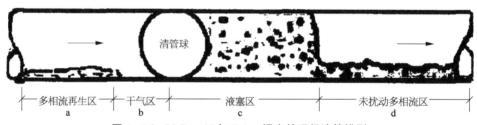

图 4-16 McDonald 与 Baker 提出的理想清管模型

Kohda 等在 1988 年第一次提出了以瞬态两相流为基础的清管模型,指出 McDonald-Baker 模型与 Barua 修正模型都是以稳态假设和没有相变为前提的,在管道入口流速与出口压力发生瞬变的情况下是不适应的。Kohda 模型将管道分成三部分(图 4-17):清管球前面的 b 段是液塞区,清管球后面的 a 段是上游瞬态两相流区,包括紧跟清管球的低持液率部分,液塞区前面是下游的瞬态两相流区即 c 段。Kohda 模型以漂移流模型为基础,并使用稳态压降、持液率关系式描述相间滑脱,然而,由于漂移流模型应用起来相对复杂、实际操作条件也较复杂,增加了 Kohda 模型的使用难度,此外由于经验公式受实验参数范围的限制,Kohda 模型有一定的适应范围。

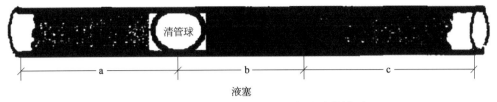

图 4－17　Kohda 提出的瞬态两相流清管模型

Minami 等在实验与理论研究的基础上,总结前人的清管模型,提出了 Minami 清管模型,将管道分为三个流动区域(图 4－18):管线上游区、清管液塞区和管线下游区。将两相流瞬变模型与清管模型耦合,瞬变模型由欧拉固定坐标系进行离散,而清管模型适用拉格朗日移动坐标系,预测了清管过程中的流型、相间滑脱及压降等特性。与实验数据吻合良好。

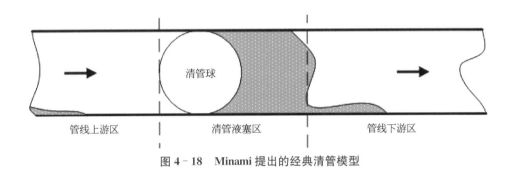

图 4－18　Minami 提出的经典清管模型

TACITE 软件中的清管模型由 IFP、TOTAL 和 ELF 共同开发,不像以前的模型一样将管道分段,也没有采用修正的水力学模型和热力学方法,而是适用漂移流模型,可以计算液塞大小、通球压降、清管球移动速度与清管球位置。此外还可跟踪混合物的组分构成,考虑了壁面剪切力、窜漏与清管球质量等影响因素。

Lima 等开发了以双流体模型为基础的瞬态清管模型,将管道分为两部分:第一部分为从管道入口到清管器所在位置,第二部分为从清管器到管道出口,清管器的运动速度可由前一时步推动清管器的混合物运动速度所决定,并且假设清管器每一时步移动一个单元。由于清管器前端单元的质量及运动时间已知,可计算进入该单元的质量流速,而且该质量流速将作为从清管器至管道出口的瞬态计算的边界条件。通过计算可以得到清管器处的压力,而清管器处压力又是从管道入口到清管器部分瞬态计算的边界条件。通过迭代计算,直到管道的终端,则管道的瞬态计算结束。Lima 等的模型对清管器运动时间及其他参数模拟效果较好,但不能跟踪液塞头部的具体位置。

PeTra 软件是专门为了跟踪多相流管道中的液塞和清管器位置而开发研制的

一种多相流模拟软件。PeTra 的一个最主要特色就是使用了一个带有完全积分的液塞-清管器追踪模型的适用性移动网格。PeTra 软件模拟清管是以管道入口压力恒定和出口质量流速恒定为边界条件的。实验结果表明，PeTra 清管模型使用效果较好。

综上所述，McDonald-Baker 模型及其修正的 Barua 模型主要以稳态假设为基础，虽然与实际存在一定的误差，但仍可以用于工程中简单的试算和估算；在实验研究基础上开发出的 Minami 模型是理想的瞬态清管模型，对今后的研究有很大的借鉴作用；而 TACITE、Lima、PeTra 清管模型与 Minami 模型并无本质上的区别，只是在液塞-清管器跟踪和边界条件处理等方面有所改善。此外，管道与环境的热交换，再加上清管器在管道中的加速运动，会导致管道中流体温度的巨大变化，所以有必要对清管器运动进行更深入的研究。

尽管国内外对多相流管道的清管进行了广泛的研究，取得了不少研究成果，但大多数清管研究都是以稳态和准稳态假设为前提的。许多清管模型并没有应用于实际生产，与实际生产存在着较大差距。因此，在今后的研究中，要加强对瞬态清管规律的研究，开发研制清管模拟软件，使理论研究能够更好地应用于实际生产中。

4.3　段塞流控制技术

4.3.1　段塞流控制技术简介

最早提出严重段塞流控制方法的是 Yocum，其认为提高回压可以控制严重段塞。但是实际上回压的增加，降低了管线的流通能力，使油气田产量明显下降，因此这一方法并没有得到应用。随着深水油气田的开发，段塞控制对油气田生产显得越来越重要，很多学者做了大量的研究，并基于干扰或消除段塞流型、减小液相压力、增大气体压力等原理，提出了各类控制方法。

1）节流法

1979 年 Schmidt 等指出，在立管线系统顶部采用节流阀可以控制严重段塞。Taitel 对 Schmidt 提出的节流消除段塞做了理论上的解释。Fargaly 报道了油气田采用节流控制严重段塞的一个实例。

节流减小了立管中液体的速度，增加了立管与捕集器间的压差，有利于管中的液塞流向管道下游。节流需要的设备简单，但单纯节流的缺点是增加井口回压、降低产量,此外,节流阀的调节不好控制,因此,通常节流法会与其他方法一起结合使用。

2) 气举法

(1) 立管底部气举

立管底部气举法是通过减小立管内液柱的压力水头,使立管内的流体在上游管线中的高压作用下加快流动。Schmidt 指出,采用气举可以控制严重段塞。Hill 描述了在 S. E Forties 油气田注气消除段塞流的试验,认为气举法不仅可以消除严重段塞流,还可以帮助管线停输后再平稳启动,这可以保证一些低压油井连续安全生产。Barbuto 建议从外来输气管引入气体,并建议注气位置为立管总高度的 1/3 处。Pots 等对气举法研究后指出,当注入气量为管线入口气体流量的 50% 时,能够控制段塞;当注入气量为管线入口气体流量的 300% 时,却无法消除段塞。Henriot 模拟并对比了不同注气位置不同注气流量的段塞控制效果,认为在立管底部上游处注气可以使流动相对更稳定。立管底部气举的不足之处是要注入大量气体,设备比较复杂且费用较高。此外,随着立管底部大量高速气体的注入,管道摩阻损失将会增加,产生焦耳-汤姆逊效应,从而可能引起水合物形成。

(2) 增大井眼注气率

井眼注气本来是用来提高油藏采收率的,2001 年 Meng Weihong 等比较此方法与立管底部气举、顶部节流等的优劣,Meng Weihong 将原来的注气量增大 1/3 后,严重段塞的抑制效果最好,同时还可以提高产量。但是这一案例是应用在管线长度不长(水深 700 m,立管底距注气井眼水平距离仅 2 500 m)的情况下,对于较长管线的应用效果并没有相关报道。

(3) 气举和节流结合

Jansen 对节流、气举以及节流和气举并用等方法进行了综合试验研究,认为单独使用某一方法局限性明显,但是节流和气举结合是最好的消除严重段塞的方法,较小的节流和注入气量就可实现稳定流动。这一方法减小了节流程度和注气量及注气导致的压力损失和焦耳-汤姆逊效应影响,稳定了系统压力。

(4) 混输管道气举

该方法是将附近一条高产混输管线中的部分气液混合物引入立管底部,既达到了消除严重段塞流的作用,又有利于停输后再启动。该方法既避免了焦耳-汤姆逊效应,也不需要额外配备注气系统,但需要额外利用一条高产混输管线,不具备普遍适用性。Johal 等曾对此做过报告。

3) 分离法

(1) 海底分离

Song 和 Kouba 提出了海底气液分离,分离后气液分输至平台,以消除严重段塞。但是,海底分离不会给系统减小回压,不会减小由于回压引起的输送能力的下降,额外增设的分输管道和泵将增加输送费用。目前海底分离技术不太成熟,制约了该方法的工程应用。

（2）卫星平台分离

McGuinness 和 Cooke 报道了壳牌公司在马来西亚 St. Joseph 油气田平台的操作实例:在卫星平台上将油气分离,然后分输气体和液体。这一实例在开发卫星油气田时可供参考。

（3）段塞捕集器

段塞捕集器是最常见的段塞流控制设备,分为容积式和多管式两类。以 JZ20－2 气田为例,其海上平台上有长 6 m、容量 10.1 m³ 的容积式捕集器,在其陆上终端设有容量 599 m³ 的多管式捕集器。目前对段塞流捕集器的研究,主要是通过合理设置控制系统来优化减小捕集器所需的体积,提高其段塞处理能力。美国塔尔萨大学的学者们提出了 GLCC 的概念,即 Gas－Liquid Cylindrical Cyclone 紧凑型分离器,2003 年 Shankar 等对 GLCC 的前馈和反馈控制进行了改进,并认为改进后的 GLCC 在保持体积紧凑的前提下可以很好地进行段塞控制和气液分离。此外,2006 年 Tang 等也报道了改变段塞捕集器控制方法的实验,通过设置捕集器入口旁通控制阀,根据捕集器的液位信号来调节并抑制段塞,使流动的稳定性得到了提高。

（4）小型预分离器 S³

壳牌公司提出了 S³ 的概念,即 Slug Suppression System,其实质就是在段塞流捕集器之前加上一个小型预分离器,并通过自动控制来抑制段塞流。如图 4－19 所示是

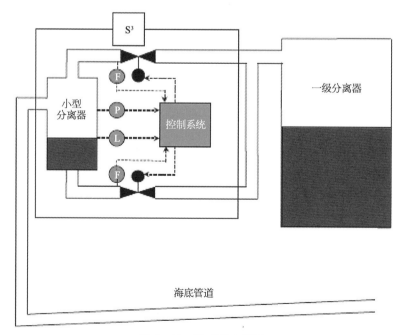

图 4－19　S³ 系统布置图

S^3 系统布置图。

2003 年壳牌公司学者 Kovalev 等报道了这一系统。通过现场的测量仪表来测得压力、流量、液位等参数,再通过压力和液位触发来控制各阀门的开度,从而对小型分离器液位和排气量进行调节。通过预先设置的流量、压力等设定点,可以自动调节液相和气相通过小型分离器的流量,从而使得流动更稳定。Kovalev 认为,S^3 系统具有不引起油气田产量损失,可以独立于下游设施进行布置,比段塞捕集器更能适应气体冲击等优势。2003 年壳牌公司在北海 North Cormorant 和 Brent Charlie 平台布置的 S^3 系统都完成了调试并投入使用。

为了进一步减小小型预分离器的体积,2004 年 Kovalev 等又提出了 Vessel‑less S^3,如图 4‑20 所示。通过一个体积更小的管道来替代原来的小型分离器,流体在此管道中完成分层,液体下倾,气体上升。其控制原理与传统 S^3 相同。

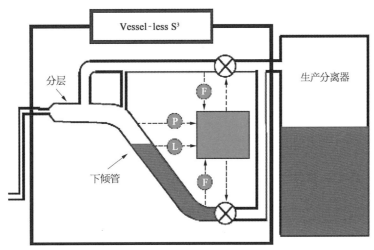

图 4‑20　Vessel‑less S^3 布置图

4) 自动控制法

通常采用单一的方法来控制段塞流会有一些明显的弊端,为此学者们在结合自动控制方法控制段塞流方面做了很多的研究和尝试,取得并公布了一些成果。

(1) 立管底部压力控制

这一方法实际上就是改进了节流的方法,采用自动控制来克服节流不易调节的问题。其原理是通过立管底部压力传感器测量的实时压力值与设定值之间的偏差,来自动控制阀门的开度,从而使被控变量(即底部压力)接近设定值,这样也就控制了流量和压力,从而削弱了段塞。

Henroit 在 Dunbar 油田 16 in 的多相流管线上采用了自动控制方案来解决严重段塞问题(图 4‑21)。油气田使用结果表明,此种方法很有效,但也会带来一定程度的

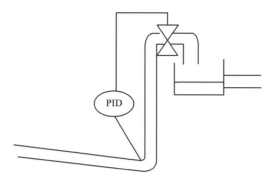

图 4-21 Dunbar 管道立管底部压力控制示意图

产量损失。

（2）声波检测与控制

1995 年 Dhulesia 报道了声波检测并结合前馈控制的段塞控制系统。通过上游安装的检测装置采集数据，提前识别超长段塞，从而使操作人员对下游采取控制措施削弱段塞的影响。该系统由 Total 和 Syminex 联合开发，并在一条 20 in 管线上运转成功。

（3）动态反馈控制

2001 年 Harve 以 Hod - Valhall 海底管道为例，介绍了采用动态反馈系统结合节流控制段塞的应用，如图 4-22 所示。这里采用了前馈控制，通过监测管道中的含液量、改变阀门开度来控制段塞流捕集器液位，从而削弱段塞影响；通过在管道出口处安装阀门来动态控制上游段塞流产生位置处的压力，确保管线压力远小于单纯节流或者段塞峰值的压力。这一系统还很好地延长了油井的稳定工作时间。2009 年 Ogaz 等介绍了在开环不稳定操作点上进行动态反馈控制的实例并进行了实验，结果显示该控制法引起的回压很小。

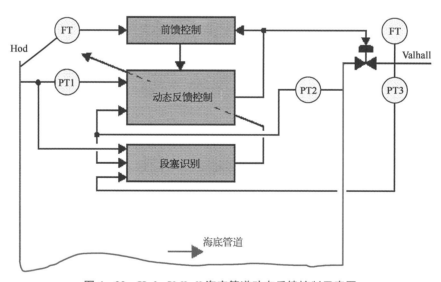

图 4-22 Hod - Valhall 海底管道动态反馈控制示意图

5）流型干扰法

（1）添加泡沫法

Hassanein 等提出了添加泡沫干扰流型控制严重段塞的方案，但并没有提供很具体的做法,包括合适发泡剂的选用、如何成功形成泡沫以及泡沫对下游处理设施的影响等问题。

（2）文丘里管扰动法

Almeida 等提出,在靠近立管底部的上游管线适当位置处安装一个文丘里管,可造成管内流体剧烈扰动,立管入口处的分层流消失,从而使立管底部不产生积液,最终实现消除严重段塞流的目的。维持扰动后的流态,使之到达立管底部,是有效消除严重段塞流的关键。对于实际生产来说,额外的压降损失以及清管不便是需要解决的问题。

（3）孔板扰动法

中国石油大学罗小明等报道了采用孔板扰动法消除严重段塞流的实验,通过扰动,使气液相流体流速发生变化,从而使流型发生改变而避免严重段塞。在其实验中孔板扰动消除了严重段塞,并且产生的背压比节流法要小。

6）多相泵法

1999 年 Henriot 等提出多相泵可用来消除严重段塞流。根据泵安装位置的不同,此方法又分为两类:一类是安装在立管顶部水平管段上,依靠泵吸作用来抽出液体;另一类是安装在立管底部,依靠举升作用来加速液体在立管中的流动,也避免了液体在底部聚集。

7）起伏管控制法/避免下倾管段

在其他条件相同的情况下,下倾管-立管的形式最容易引发严重段塞流。因此,在选择接立管的海底管道路由时,应根据海底地形,在保证经济性和可行性的情况下,尽量避免下倾管-立管的形式。此外,根据西安交通大学的研究,在立管之前采用一段起伏管,可以使严重段塞转变为连续的、周期的、平稳的、小规模的段塞流,从而实现对严重段塞流的抑制。

8）减小管径法

Meng Weihong 等对减小设计管径法进行了研究,证明减小管径可以减小液塞长度。但是减小管径则意味着管汇处需要更高的压力来满足设计流量,因此,为削弱严重段塞现象,应在井口压力允许的情况下尽量选择较小的管径。

总的来看,段塞流的控制方法在不断地发展和改进,已经从最初简单的应用某种方法,发展到多种方法相结合,例如节流和气举结合,节流和自动控制结合,自动控制和小型预分离器、段塞流捕集器结合等,避免了以前单一方法所引起的弊端,从而优化了控制方法,实现了更好的控制效果。此外,每种段塞流控制方法都有一定的适用范围,将随着油气田物性、海底路由、油气田产量以及下游设施等变化而变化,因此需要针对每个具体的工程项目,开展具体的分析。

4.3.2　立管顶部智能节流段塞控制技术

目前,国内立管顶部智能节流段塞控制技术在海洋立管段塞控制方面已经有了典型应用案例。2009 年,湛江分公司文昌作业区文昌 14 - 3A 平台到海洋石油 116FPSO 的 27.2 km 油气水三相混输管线出现立管严重段塞流,主要表现为:

① 海洋石油 116FPSO 立管段塞流引起海底管线内部产生较大的压力和流量波动,影响了平台设备及潜油电泵的平稳运行,设备和管线承受交变载荷,引起振动,冲蚀。

② 导致海洋石油 116FPSO 原油生产处理系统和燃料气处理系统压力、液位大范围波动,给正常生产带来了困难,给设备带来损害,甚至压力、液位波动的范围超过保护值,存在严重的安全隐患。

③ 由于燃料气系统压力波动,直接影响燃气压缩机的正常运行,降低使用寿命,也使得透平发电机无法平稳运行而频繁转烧柴油,不但缩短透平发电机的使用寿命,而且由于大量柴油的使用造成生产运行成本的增加。

结合文昌油田 116FPSO 实际情况,文昌作业区、西安石油大学、中国海油利用建立的多相混输立管段塞实验环路,采取几何相似方法,改建柔性立管段塞实验系统,并进行了段塞参数的测试和控制方法的试验,获得了海洋石油 116FPSO 的立管段塞流型图;研制了基于海底管道入口压力、温度、出口压力、温度、液位等为主的海底管道和立管段塞流型在线识别和智能节流控制系统,并在海洋石油 116FPSO 得到了成功应用。目前 116FPSO 立管段塞得到有效控制,生产运行平稳,降低背压,提高了油气田的产量。

1) 绘制段塞流型图

针对文昌油气田海底管道运行范围,绘制段塞流型图,为段塞识别奠定了基础。根据文昌 14 - 3A 平台到 FPSO 的 27.2 km 油气水三相混输管线情况,在西安交通大学按照相似比例建成的柔性立管段塞实验系统上,结合文昌油田产油报表分析和未来产量预测,为覆盖现场工况点,分别对含水率为 0、35%、70%、90%、100% 的工况,倾斜管倾角为 −5°、−2°、0 开展了立管段塞流形成机理研究,以不易乳化的白油为油相实验介质,较为系统地研究了多种实验介质(油-气、气-水、油-气-水)条件下,压力、压差、上升管持液率、液塞长度、段塞周期等典型段塞流特征参数的影响,在此基础上以气相、液相折算速度为基础数据,绘制了针对 S 型立管段塞流流型图。

2) 研制在线识别系统

研制了基于入口压力、基于小波和模糊识别的气液混输立管段塞在线监测工业系统。以海底管道进口、上升管底部的压力信号、水平管段的压差作为识别立管段塞流的主要特征参数,辅以下游分离器液位以及压力信号和上游来流信号,建立了多信息立管段塞流识别系统,可以对管道中的流动形态进行在线测量与处理,提供管道内流型分析,为立管顶部阀门节流法抑制段塞流提供了条件。流型识别系统由信号测量传感器、高速数据采集卡和微机系统组成,在系统中采用组态软件编程,建立了友好的人机工作界面,可以快速、准确地实现立管段塞流的在线识别,实验表明,识别周期为 200 s,准确率达 90% 左右。

3）研制智能节流控制系统

结合文昌油田海洋石油 116FPSO，开发了立管顶部智能节流段塞控制技术，有效控制了 FPSO 上的段塞。结合安装在 FPSO 上的立管段塞监测系统，在室内优选了最佳节流窗口，在经典 PID 理论基础上，采用模糊调节，实现了智能节流段塞控制。该技术以安装在立管顶部的电动阀门为调节对象，仅使用井口平台的海底管道进口压力和 FPSO 的上口压力作为阀门调节主要依据，通过多相流模型计算提前预警段塞的发生，实施先导调节，逐步减小压力的波动幅度，从而起到抑制和消除严重段塞流的作用。智能节流段塞控制技术克服了目前国外主要节流技术使用立管底部的压力信号作为调节依据的难题，尤其适用于已建成投产的海洋平台。

4）技术应用效果显著

上述技术在文昌油田现场应用效果显著，已经成为 116FPSO 稳定运行的保障。2011 年 4 月，文昌油田海洋石油 116FPSO 段塞流监测系统和立管顶部智能节流控制系统（图 4-23）投产，至今已经稳定运行 3 年。现场 3 年多的成功运行经验表明：

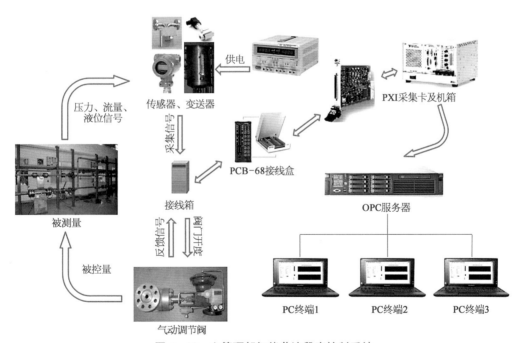

图 4-23　立管顶部智能节流段塞控制系统

① 混输立管段塞流智能节流控制技术，有效地控制了文昌油田的段塞流现象，平均背压降低 6%，提高油产量约 5 700 t/年。

② 避免了原油处理系统进口压力（段塞时高达 830 kPa）、燃料气前涤气罐流量（段塞时最大 15 580 m^3/h）和二级分离器的压力超量程工作。

③ 有效保证透平燃料，每年节省千万元的柴油费用。严重段塞流工况下，气体产出

间隔太大,透平无法得到足够的燃料而不得不转烧柴油,平均每天转烧柴油 4～5 次,严重时甚至达到 8～9 次,频繁的转切油不仅会增加燃料成本、加剧电网的不稳定性,还会大大缩短透平的寿命,段塞得到控制后,燃气更加稳定,节省了大量柴油。

④ 缓解了严重段塞流导致的管道振动和管道冲蚀。

本技术对于油田后期出现段塞工况时的改造和治理具有推广应用价值。很多油田在生产运行的初期并没有出现段塞的现象,而到了后期,液量大幅增加,段塞工况开始出现,此时油田早已经投产,其上用于改造的空间往往受到限制。这套多相混输立管段塞在线监测与智能节流控制系统,可以接入油田现场的控制系统中并且平行运行,不会影响到油田中控室的各项工作,还单独增加了在线监测的工程和段塞调节的功能。其安装设施较为简单,无须进行大规模的工程改造。随着海洋石油的大规模开发,一些即将进入高含水生产期的油田可能会出现的严重段塞流现象需要得到控制,本系统简单、高效、便捷的特点将发挥更大的作用。

本项技术所需的设备简单,改造并不复杂,不占用平台/FPSO 上原本就紧张的空间,也不影响平台生产流程,不会造成停产,对于已建平台进入生产后期出现的段塞流工况控制有着很好的控制作用,对于新建平台也可以用于段塞流防控。

4.3.3 高效紧凑型分离器段塞控制技术

QK 17-2 气田位于渤海湾,随着气田生产进入后期阶段,生产流体的含水量逐年增高,开始出现段塞流,不利于生产的稳定;并且,分离器的处理能力低于产量,要满足需求,必须提高分离器的处理能力。因此,需要在原处理系统内加入新的气液处理设施。鉴于 QK 17-2 是一座老平台,如果要添加一个传统分离器,根据计算将需要超过 40 m² 的甲板面积,这将需要大笔的投资,并且平台上已经没有这么大的额外面积。通过采用新型的高效分离器,这一问题得到了解决。

新的分离器是一个管状圆柱体和 GLCC 整合在一起的设施。当生产流体从立管流入平台时,首先进入新的分离器。流体中的重组分液体,在下倾管段中进入圆柱体,随后流入 GLCC 进行下一步的处理。而轻组分气体则直接流入 GLCC 上部,在经过捕雾器后进入气体处理系统。

图 4-24 中的两相分离器是平台上原有的分离器。在设计中,处理系统内添加了下列三个设备:

(1) 管状圆柱体

用于接收液体,并引导其流向 GLCC,气体从中经过较少。其参数如下:入口直径 12 in,出口直径 8 in,主体直径 16 in,高度 1 000 mm。

(2) GLCC

GLCC 所起的作用是进一步处理气体和液体,其入口直径 12 in,出口直径 8 in,气体出口直径 4 in,高度 2 500 mm。

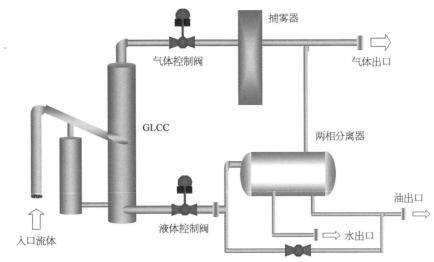

图 4 - 24　QK 17 - 2 平台改造后的段塞流控制系统

（3）捕雾器

用于捕捉气体所携带的液体，直径 800 mm，固定于 2 200 mm 的高度上。

这一整套系统需要一套对应的控制系统。图 4 - 25 显示了 GLCC 的控制系统。当段塞来临时，在不同的入口气液流量下，通过控制和调节不同的阀门，来实现段塞的合理控制。

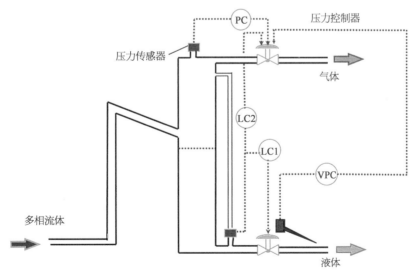

图 4 - 25　GLCC 的控制系统

在以上改造完成后，系统的液体处理能力达到 6 000 m^3/d，气体处理能力达到 120 000 Sm^3/d，较之原来的系统有了显著提高。出口的流体达到了以下标准：气体携液量低于 50 mg/m³,水中含油量低于 1 000×10⁻⁶。这就解决了段塞问题和处理量问题。这次改造,没有采用需要占用大量甲板面积的传统分离器,而是采用了仅占地 3 m² 的一系列设备,实现了段塞控制和流体处理的双重功能。与传统方法相比,新的方法节约了 70% 的支出。这套系统在 QK 17-2 平台上一直运转顺利。

4.3.4 射流清管段塞控制技术

天然气凝析液管道输送过程中,由于气液两相发生滑脱现象,易在管道中形成滞留液,减小了管道输气面积,降低了输气效率,运行成本上升。对这类管道,大多采取定期投放清管器的方法来清除滞留液。传统清管器在实际运行过程中,由于管线内部沉积杂质、腐蚀破坏、管路起伏等因素的存在,清管时清管器运行速度极不稳定,对管线和清管器自身造成强烈的冲击;大量液体在清管器前方积聚,液体集中到达终端,峰值流量很大,要求终端使用很大的段塞捕集设备临时储存液体。为解决传统清管器的一系列问题,射流清管器得到了发展。

1) 水下射流清管器对段塞的控制原理

对于积液量较大的天然气管道,形成气液混输管路。清管过程中将两相流动分为 4 个明显的区域:如图 4-26a 所示,A 区域是重新形成的两相流区,即清管器清扫过的管线,流体可以有足够的时间通过这段区域,形成新的两相流;B 区域是气相区域,它位于

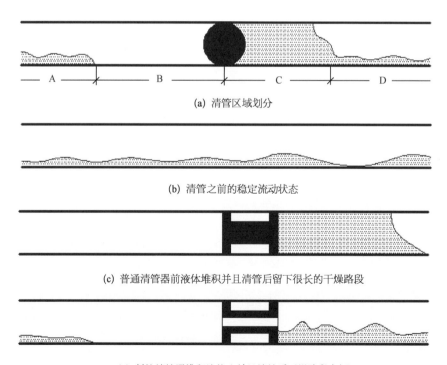

(a) 清管区域划分

(b) 清管之前的稳定流动状态

(c) 普通清管器前液体堆积并且清管后留下很长的干燥路段

(d) 射流清管器堆积液体少并且清管后干燥路段变短

图 4-26 普通清管器与射流清管器清管效果比较

紧靠清管器后方的位置,由于清管器的清管作用,这段区域主要由气相构成;C 区域是液塞区域,这段区域主要是因为清管器的推动形成的,液塞区推动其前方速度较慢的流体前进;D 区域是未被干扰的两相流区域,这段区域中两相流的持液率应该和未通清管器时管线中两相流的持液率等同。

气液混输管路中液体速度总是低于气体流速,气液间存在剪切携带作用,处于气液稳定流动状态时,如图 4-26b 所示,一定气液流量连续不断地流向终端段塞捕集器,此时处理的液量为正常处理液量。普通清管器清管时,在管线的运行速度基本上与气流速度相近,大量液体会积聚在清管器前方,清管器上游将会出现相当长的干燥长度,也就是 B、C 区域会很长,如图 4-26c 所示,这样积液会在极短的时间内集中到达终段塞捕集器,所需体积较大。而射流清管器由于旁通作用速度得到降低,在气流作用下清管器前方积液分布到了更长的管道上而不是以液塞的形式存在,并同时无液区变短,即 B、C 区域较短,如图 4-26d 所示。这样射流清管器使得积液能够在一段时间内陆续到达终端的段塞捕集器,由段塞捕集器来处理管出口处的经由清管器清扫的额外液体体积得到减少,相应地所需要的体积就会减小。

2）射流清管器样机设计

针对南海荔湾 3-1 气田某管线现场工况,中国海油联合中国石油大学(华东)自主研制了国内首台海底天然气凝析液管道射流清管器样机。该射流清管器样机主要由三大部分组成:皮碗及紧固部分、清管器主轴部分和射流旁通部分,如图 4-27 所示。皮碗及紧固部分包括导流盘(1)、皮碗(2)、压板法兰(3)、隔离钢管(4)、紧固螺栓(5);清管器主轴部分包括中心钢管(6)、固定法兰(7)、法兰肋板(8);射流旁通部分包括孔板(9)、锥形管(10)、支撑板(11)、旁通通道(12)、阀门(13)、控制弹簧(14)。

射流清管器在正常运行过程中能实现一定开度的旁通率,起到降速、减压及气液流型控制的作用;当清管器前后压差极高并达到一定值后,如清管器卡堵前后压差值,阀

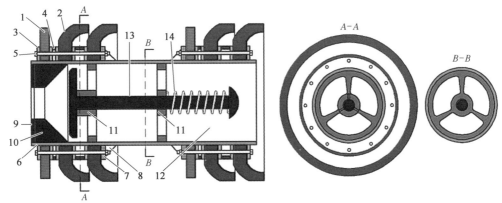

1—导流盘;2—皮碗;3—压板法兰;4—隔离钢管;5—紧固螺栓;6—中心钢管;7—固定法兰;8—法兰肋板;
9—孔板;10—锥形管;11—支撑板;12—旁通通道;13—阀门;14—控制弹簧

图 4-27　射流清管器结构剖面图

门克服弹簧压紧力向前运动,阀门与锥形喷嘴间的流通空间减小,加剧了前后压差的升高使清管器继续运动,直到阀门与锥形喷嘴卡死密封,实现清管器再启动的目的。

射流清管器改进设计的优势就在于:

① 射流清管器在运行过程中能够保持恒定的旁通率进行清管,不会出现由于清管器在管线前后段所受摩擦力不同以及阀门设计压力过大或过小而导致阀门不能开启的情况,能够及时地泄压、优化流型。

② 设计时精确确定阀门与锥形喷嘴之间的流通空间,使阀门一旦运行后在流通空间减小、压差不断增加的情况下使阀门继续运行直到堵死,实现一旦射流清管器前后压差到达一定值后阀门关闭实现清管器卡堵的再启动,简化了阀门压力设计。

3) 射流清管器测试

在国内首台海底天然气凝析液管道射流清管器样机上,分别进行了实验环路测试和现场测试,以研究和验证射流清管器的控制段塞和控制清管速度等作用。

(1) 实验环路测试(图 4 - 28)

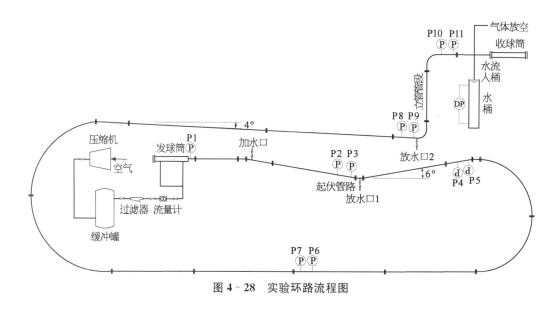

图 4 - 28 实验环路流程图

采用空气和水作为介质,在包括水平管、上倾和下倾起伏管、立管等不同工况条件的实验环路上进行测试,模拟研究海底天然气凝析液管道清管过程中的气相和凝析液流动关系。实验选择气量值为 $100\ m^3/h$、$120\ m^3/h$、$140\ m^3/h$、$160\ m^3/h$、$180\ m^3/h$,液量值为 $2\ L$、$4\ L$、$6\ L$、$8\ L$,共形成 20 个工况,在每个工况下运行包括旁通率 0、2%、4%、6%、8%在内的射流清管器进行清管。

实验研究了射流清管器在降低管线压力波动、控制清管速度、控制液塞等方面的作用。实验表明,随着旁通率的增加,液塞到达终端的时间明显加长、液塞流量得到降低,说明射流清管器对流型和液塞的控制作用是十分高效的。

（2）陆上现场测试

采用 6 in 聚氨酯裸体泡沫清管器和进行改造后旁通率分别为 1%、2%、4%、6% 的射流清管器,在胜利采油厂坨六站(图 4 - 29)、坨三站长度分别为 2.18 km、4.72 km 的陆上管线进行测试。测试表明射流清管器可以有效减少段塞 15%～30%。

图 4 - 29　坨六站运行前后的清管器

深水流动安全保障技术

第 5 章　多相蜡沉积规律及预测技术

石油开发走向海洋特别是深海,是全球石油工业的发展趋势。然而,由于深海环境温度低,管输系统会遇到比陆上更严重的流动障碍与风险,流动保障是深海石油开发的关键技术之一。随着海上石油资源的开发,尤其是含蜡原油的不断开采,多相混输技术正面临一个新的问题——多相流动中的蜡沉积问题。在海上油气开采和输送过程中,蜡质等固相沉积问题是目前国内外石油工业研究的热点和难点。

如本书第1章所述,管流蜡沉积是原油组成、流体温度、液壁温差、流速、流型、管壁材质及沉积时间等多种因素共同作用的结果,是一个相当复杂的过程。迄今为止,国内外学者已对单相流动条件下的蜡沉积问题展开了多年的研究,对影响蜡沉积的因素及蜡沉积机理有了较为深刻的了解。然而,与单相管流中蜡沉积问题的研究相比,多相管流蜡沉积的研究开展得较晚,可查到的关于多相管流蜡沉积规律研究的文献极少,研究仍处于起步阶段。多相体系蜡沉积问题的研究主要以气液两相和油水两相的蜡沉积规律研究为主,力求为油气水三相蜡沉积的研究奠定基础。在油气两相流动蜡沉积研究方面,学者们主要针对不同气液流型对蜡沉积的影响展开了实验研究:美国塔尔萨大学用含蜡量较低的原油和天然气对分层流、间歇流和环状流流型下的蜡沉积进行了实验研究,然而由于其在同一流型下的实验组数过少,其实验结果仅对蜡沉积物在管段横截面的分布及形态进行了笼统的描述,实际并未得到蜡沉积层厚度随液体折算速度和气体折算速度等流型影响因素的变化规律。在油水两相体系蜡沉积研究方面,Ahn用冷板装置实验研究了非离子型表面活性剂对油水两相蜡沉积的影响;Couto用冷指实验装置研究了含水率、冷指温度对油水两相蜡沉积规律的影响;Sergio实验研究了油水两相分别在分层流和环状流流型下的蜡沉积特点;Bruno实验研究了油包水流型反相对蜡沉积的影响。

目前,由于多相体系蜡沉积的复杂性,多相管流蜡沉积模型的预测精度还不理想。究其原因,一方面是由于多相流流动特性及传热特性十分复杂,油水两相、油气两相、油气水三相流动和传热特性的研究还并不成熟,仍需深入的研究;另一方面蜡沉积的研究是一门涉及多种学科知识的交叉学科,应结合流变学、胶体及界面化学和沉积学等学科的知识,从不同的角度对多相流动条件下蜡沉积的动力学特性和热力学特性进行研究。因此,展开对多相流动中蜡沉积问题的研究,不仅能够填补国内在多相管流蜡沉积研究方面的空白,而且对海底含蜡原油混输管道的安全运行具有重要的指导作用。

5.1 蜡沉积机理及其影响因素

5.1.1 蜡沉积机理

截至目前,许多专家学者提出了多种关于蜡沉积成因的机理,包括分子扩散、剪切弥散、布朗扩散、重力沉降、老化、剪切剥离等。目前普遍认为分子扩散是蜡分子径向扩散最主要的驱动力。

1) 分子扩散

分子扩散沉积是含蜡原油中蜡沉积的主要机理之一。浓度梯度是分子扩散沉积的驱动力,这种浓度梯度是由于温度梯度的存在而建立起来的。原油在管道流动时,生产油管中部的饱和原油温度最高,溶解的石蜡浓度较大,而靠近管壁一侧的温度较低,溶解的石蜡浓度较小,因此,溶解的石蜡将向输油管的管壁扩散。一般情况下,原油在管道流动中,周围环境温度低于油温,管内油流被冷却。当管壁温度达到蜡析出温度时,由于扩散而引起的质量交换将使石蜡的浓度甚至超过溶解上限,出现这种情况时,析出的石蜡黏附在生产油管的内壁上,进而形成石蜡沉积块。在原油体系内部与壁面间蜡浓度梯度的推动下,溶解于原油中的蜡分子以分子扩散机理向壁面迁移,浓度梯度促使蜡分子径向扩散,即分子扩散或浓差扩散,这种扩散符合菲克定律。蜡分子在原油中的扩散系数只与原油黏度相关,黏度越小,温度梯度越大,蜡沉积速度越快。径向温度梯度增大,蜡分子扩散速度也变大,结蜡速度相应增加。扩散机理引起的蜡沉积主要发生在原油析蜡点以上而壁温低于析蜡点的情况下。

2) 剪切弥散

在油流的剪切作用下,速度场中的蜡晶粒子除了沿流线方向运动,还会以一定的角速度由高速处向低速处迁移,并最终在壁面上停止不动(壁面油流的剪切作用基本为零)。蜡晶粒子借分子间范德华力向管壁运动并沉积于管壁上的过程即为剪切弥散。

原油呈层流状态时,流体中任一位置的蜡分子浓度基本一致,但在原油为湍流状态时,流体存在速度梯度,油流剪切效应开始起作用,中心油流速度最大,由于分子间范德华引力蜡晶由输油管中心处向油壁处迁移并最后沉积于管壁上。若原油流速增加到足以破坏蜡沉积时,由于冲刷作用,蜡沉积将会减少。一般情况下,原油黏度越高,流速越低。输油温度对黏度也有影响,同一种原油的黏度随着油温的升高而降低。剪切作用下,蜡沉积的快慢与剪切速率成正比。

3）布朗扩散

当微小的固体蜡晶悬浮于油中时，它们会受到热搅动的油分子持续冲击。这样的碰撞会使悬浮的颗粒发生轻微的随机布朗运动。这些颗粒存在浓度梯度时，布朗运动会导致一种类似于扩散的网状输送。由于布朗运动的作用，蜡分子从浓度高处向浓度低处迁移，形成布朗扩散。布朗扩散产生的蜡晶分子的横向迁移，可以向湍流中心迁移，也可以向管壁迁移，但布朗扩散所形成的蜡沉积远小于菲克扩散或者剪切弥散。

4）重力沉降

析出的蜡晶比油相密度更大，因此重力沉降可能是导致沉积的原因之一。然而研究结果表明，重力沉降对沉积总量并无显著影响。一些学者指出，剪切弥散会使流动中沉降的固体再次分散，并由此消除了重力沉降的影响。

Burger 等认为，在高温和高热流条件下，分子扩散起主要作用，而在温度较低和低热流的情况下，剪切弥散是引起蜡沉积的主要机理。布朗扩散和重力沉降与分子扩散、剪切弥散两个机理相比，影响要小得多，特别是在流动条件下。

Bern 等认为蜡沉积的两大机理为分子扩散和剪切弥散。他们还指出，影响剪切弥散的参数可能为管壁处的剪切速率、原油的蜡含量及蜡晶的大小和形状。Weingarten 等赞同 Burger 等的观点。认为剪切弥散起主要作用，并在其自行研制的扩散沉积实验装置和剪切沉积实验装置上进行了验证。

Brown 等认为剪切弥散不起作用，理由有二：一是在恒定的温度条件下，对不同原油进行多个剪切速率的沉积实验，结果表明蜡沉积速率随剪切速率的增加而减少，与Burger 等给出的关系式相反；二是在零热流下进行蜡沉积测试，分子扩散不起作用，而剪切弥散不受影响，测试结果是没有蜡沉积。

与 Brown 等持有相同观点的还有 Majeed 等和 Ribeiro 等。他们认为管壁处的蜡晶浓度比管中心的要高，蜡晶会背离管壁向管中心迁移。

Hamouda 等通过实验发现，在小剪速范围内，蜡沉积速率随剪切速率的增加而增加，仅当剪速足够大时，蜡沉积速率才随剪切速率的增加而减少，这其中牵涉到油流对沉积层的冲刷作用。无疑，剪切速率越大，蜡晶的分散速率越快，而油流对沉积层的冲刷作用也越强。实际的蜡沉积速率是这两种相反作用的动平衡值。

5）老化

老化过程也称为硬化过程，是指油流、沉积层表面和浅层的蜡分子通过沉积层及凝油层中的液态油向内扩散，然后结晶析出，与此同时，沉积层中的低分子量烃向油流方向反扩散。沉积层中高分子量蜡的扩散和低分子量烃的反扩散导致沉积层含油量逐渐降低，含蜡量逐渐升高，沉积层硬度不断增大。Hsu 等通过试验研究发现，沉积在管壁上蜡的硬度和沉积层中平均碳原子数都随时间的推移而增大。美国密歇根大学通过大量试验研究发现，蜡沉积层厚度和沉积层中的蜡含量将随沉积时间延长而增大，并结合对其传热传质过程的分析，提出沉积层老化的具体发生过程如下：

① 在管壁(温度低于油温)上形成一层初始凝油层,凝油层中含有较大比例的液态油,束缚于海绵网状蜡晶体结构中。

② 由于管壁处温度较低,在凝油层和早期形成的沉积层中的蜡分子结晶析出,形成蜡分子的浓度梯度。

③ 在油流、沉积层表面和浅层的蜡分子,以沉积层中束缚的液态原油为介质扩散到凝油层内,而后结晶析出,导致沉积层中的含蜡量增大,同时,由于沉积层中的液态原油(不含蜡)的浓度比管流中高,形成浓度梯度,使得沉积层中的液态原油分子又扩散至管内油流中,导致沉积层中含油量减小。这两种作用导致沉积层中含蜡量逐渐升高,而含油量逐渐降低。

6) 剪切剥离

剪切剥离是指原油在管输过程中流速增大,管壁处的剪切应力也随之增大,因而对管壁处的蜡沉积层产生冲刷作用,当剪切应力增大至可以破坏蜡沉积层结构时,会有部分沉积在管壁上的蜡沉积物脱离下来回到油流中。因此,流速和流态对蜡沉积层的厚度分布、强度都有重要影响。Matlach 等指出,当剪切速率增大时,沉积物的硬度和碳原子数均随之增大,表明剪切剥离冲刷掉了沉积物中的"油"和硬度较低的蜡。Hamouda 等通过环路试验得出,当管内油流为层流时,蜡沉积速率随流速增大而增加;当流速增大至管内流态变为紊流时,蜡沉积速率随流速增大而减少。

因此,当流速增大时,蜡分子扩散速率加快,对蜡沉积的产生有促进作用;同时剪切速率也增大,对蜡沉积的产生有阻碍作用,故蜡沉积速率与这两种相反作用的平衡结果有关。

5.1.2 蜡沉积的影响因素

原油温度、原油与管壁的温差、流速、管壁的材质以及运行时间、原油的组成都对管壁的结蜡有影响,而且这些因素共同作用于实际运行管道的蜡沉积的影响。

1) 温差对结蜡的影响

当管壁温度低于析蜡点温度时,随着管壁温度与原油之间的温差愈大,蜡分子浓度梯度就越大,使分子扩散作用增强。利用菲克扩散定律变形描述如下:

$$\frac{\mathrm{d}G}{\mathrm{d}t} = \rho_\mathrm{W} D_\mathrm{m} \frac{\mathrm{d}C}{\mathrm{d}r} = \rho_\mathrm{W} D_\mathrm{m} \frac{\mathrm{d}C}{\mathrm{d}T} \frac{\mathrm{d}T}{\mathrm{d}r}$$

当管壁温度高于原油温度时,即使油温在蜡沉积高峰区内,因浓度差的存在,使得蜡分子运移的方向为管壁趋向中心油流,管内壁也不会产生蜡沉积。

2) 原油温度对管壁结蜡的影响

在原油输送过程中,油温接近析蜡温度较高或接近凝点较低时,管道中的结蜡现象较轻,但在两者中间的温度区域内蜡沉积较严重。根据蜡沉积的机理可以解释这种现象的原因:沉积在油温较高管段的结蜡量不多,这是因为管内壁温度较高,管内壁温度与油温都比较高,蜡分子的浓度梯度比较小,蜡分子在油流中间向管壁处迁移的动力较小,与此同时,由于管流的剪切应力较大,原油黏度较大,作为蜡沉积过程第一步的沉积层表面凝油层易被冲刷掉。

3) 流速对管壁结蜡的影响

流速对管壁结蜡的影响主要表现为:随着流速的增大,管壁蜡沉积速度减弱。随着流速的增大,原油与管壁的温差减小,管壁处剪切应力增大,紊流时的蜡沉积比层流轻,Re 数越大,蜡沉积越小。这都是减少蜡沉积的原因。

4) 管壁温度对结蜡速率的影响

当原油温度一定时,结蜡速率随着管壁温度的下降逐渐增大。另外,在管壁温度接近或超过原油析蜡点的管壁温差约 5℃时,结蜡速率逐渐下降。在管壁温度相同时,随着油壁温差增大即管输原油温度升高,蜡沉积速率逐渐增大。这是因为当原油温度升高时,油壁温差增大,形成有利于蜡沉积的径向温度梯度,结蜡速率就逐渐增大。当原油温度相对较低时,虽然蜡沉积颗粒比较多,但是由于低碳分子所占比例比较大,沉积的概率比较大,低碳原子的黏附力都较小;原油温度低且管壁的剪切应力和原油黏度都比较大,致使沉积的蜡被冲刷掉,使蜡沉积速率偏低;当管壁温度接近凝固点时,结蜡速率不断上升。

除此以外,原油的组成、管壁的材质以及运行时间都会对管壁结蜡产生重要影响。

5.2 蜡沉积预测模型

针对以往蜡沉积方面的理论研究成果,下面分别对单相管流和多相管流的蜡沉积预测模型做一介绍。

5.2.1 单相蜡沉积模型

目前大多数蜡沉积预测模型均以菲克扩散定律为基础,常见的有 Matzain 模型、Burger 模型、Singh 模型和 Hamouda 模型等。

1996 年,Matzain 提出单相蜡沉积预测模型。该模型认为蜡沉积主要由分子扩散和剪切弥散作用导致,如下式所示:

$$\frac{dm}{dt} = \frac{dm_m}{dt} + \frac{dm_s}{dt} \tag{5-1}$$

其中

$$\frac{\mathrm{d}m}{\mathrm{d}t} = \rho_\mathrm{w} D_\mathrm{m} A_\mathrm{i} \frac{\mathrm{d}C_\mathrm{w}}{\mathrm{d}r} = \rho_\mathrm{w} D_\mathrm{m} A_\mathrm{i} \frac{\mathrm{d}C_\mathrm{w}}{\mathrm{d}T} \frac{\mathrm{d}T}{\mathrm{d}r} \tag{5-2}$$

$$\frac{\mathrm{d}m_\mathrm{s}}{\mathrm{d}t} = k^* C_\mathrm{w} \gamma A_\mathrm{i} \tag{5-3}$$

式中,$D_\mathrm{m} = \dfrac{C}{\mu_0}$,$C = 0.23\mathrm{e}^{-3}$;$k^* = \dfrac{d_\mathrm{p}^2}{10}$,$d_\mathrm{p}$ 表示蜡晶颗粒的大小。

在此基础上,Hernandez 提出了考虑更加全面的蜡沉积预测模型。Hernandez 不仅考虑了分子扩散的影响,还将剪切剥离和老化作用纳入模型中,如图 5-1 所示。图中序号含义分别为:① 扩散进原有沉积层中的蜡量;② 从原有沉积层中扩散出的油量;③ 新沉积层中的蜡量;④ 剪切掉的蜡量;⑤ 新沉积层中的油量。因此,总沉积量=①-②+③-④+⑤。假设油和蜡的密度相等,则①和②可以互相抵消,则总沉积量= ③-④+⑤。

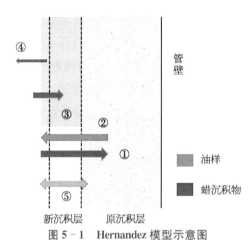

图 5-1　Hernandez 模型示意图

总沉积速率为

$$\frac{\mathrm{d}}{\mathrm{d}t}\left[\pi(r_\mathrm{i}^2 - r_\mathrm{w}^2)\right]\rho L$$

$$③ = 2\pi(J_\mathrm{c} - J_\mathrm{d})r_\mathrm{w} L \tag{5-4}$$

$$④ = 2\pi J_\mathrm{s} r_\mathrm{w} L \tag{5-5}$$

$$⑤ = 2\pi(J_\mathrm{c} - J_\mathrm{d} - J_\mathrm{s})\left(\frac{1-F_\mathrm{w}}{F_\mathrm{w}}\right)r_\mathrm{w} L \tag{5-6}$$

联立式(5-4)~式(5-6),可得蜡沉积速率模型和沉积物含蜡量计算模型如下:

$$\frac{\mathrm{d}\delta}{\mathrm{d}t} = \frac{J_\mathrm{c}[1 - \phi(F_\mathrm{w})] - J_\mathrm{s}}{\rho F_\mathrm{w}} \tag{5-7}$$

$$\frac{\mathrm{d}F_\mathrm{w}}{\mathrm{d}t} = \frac{2[J_\mathrm{c}\phi(F_\mathrm{w})](r_\mathrm{i} - \delta)}{\rho\delta(2r_\mathrm{i} - \delta)} \tag{5-8}$$

$$J_c = k_m (C_{wb} - C_{wi}) \tag{5-9}$$

$$\phi(F_w) = \left(1 + \frac{\alpha^2 F_w^2}{1 - F_w}\right)^{-1} \tag{5-10}$$

上几式中　r_i——沉积管段的内半径(m)；

r_w——管段中心到沉积物界面的半径(m)；

J_c——蜡分子从油流到沉积物界面的质量流量$[kg/(m^2 \cdot s)]$；

J_d——扩散进原有沉积层中的蜡分子的量$[kg/(m^2 \cdot s)]$；

J_s——剪切掉的蜡的量$[kg/(m^2 \cdot s)]$；

F_w——沉积物中的含蜡量；

δ——沉积层厚度(m)；

k_m——质量扩散系数$[kg/(m^2 \cdot s)]$；

C_{wb}——主体油流中的蜡分子浓度；

C_{wi}——界面处蜡分子浓度；

α——蜡晶颗粒的形状参数。

该模型考虑了扩散效应、剪切剥离效应、沉积老化、温度梯度及流体性质对石蜡沉积的影响,因此该模型具有更高的精度。

Alana S. 进一步将结晶动力学常数引入蜡沉积预测模型中。Alana S. 认为,形成蜡沉积层的蜡分子质量流由四部分构成,如图5-2所示。这四部分分别为:① 扩散进原有沉积层中的蜡量;② 形成新沉积层的蜡量;③ 由于过饱和而未沉积的蜡量;④ 剪切掉的蜡量。所以,有效总质量流＝①＋②＝自主流区扩散至沉积层截面的质量流－③－④。

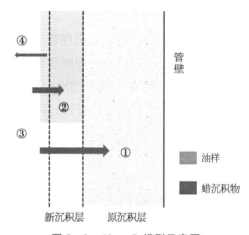

图 5－2　**Alana S. 模型示意图**

总质量流为

$$J_T = \Pi_k k_m [C_w(T_b) - C_w(T_i)] = \Pi_k \left(\frac{Sc}{N_{Pr}}\right)^{1/3} \frac{h}{k_{oil}} [C_w(T_b) - C_w(T_i)] \tag{5-11}$$

式中　Π_k——结晶动力学参数,表征蜡分子过饱和对蜡沉积过程的影响；

k_{oil}——油品的导热系数。

扩散进入原有沉积层的质量流

$$J_{dd} = -D_e \left(\frac{dC_w}{dT}\bigg|_i\right) \frac{dT_w}{dr} \tag{5-12}$$

形成新沉积层质量流

$$J_g = (J_T - J_{dd}) \Pi_s \tag{5-13}$$

式中 Π_s ——剪切剥离作用的影响。

有效蜡分子总质量流

$$J_t = J_g + J_{dd} \tag{5-14}$$

从而 Alana S. 模型表达如下：

$$\frac{d\delta}{dt} = \frac{J_g}{\rho F_w} \tag{5-15}$$

$$\frac{dF_w}{dt} = \frac{2J_t \left[1 - \frac{(1-\phi)F_w}{F_{w.o}} \right]}{\rho \delta (2r - \delta)} (r - \delta) \tag{5-16}$$

式中 F_w ——沉积层含蜡量；

$F_{w.o}$ ——油品的含蜡量，且有

$$\phi(F_w) = \left(1 + \frac{\alpha^2 F_w^2}{1 - F_w} \right)^{-1}$$

ρ ——沉积层的密度。

Alana S. 模型不仅考虑了分子扩散、老化和剪切剥离的影响，并通过引入结晶动力学常数反映蜡分子过饱和的现象，更准确地刻画了蜡沉积形成的物理过程，具有较高的精度。

在单相蜡沉积机理研究方面，国内学者开展了深入的实验和理论研究，提出了综合考虑分子扩散和胶凝作用的单相蜡沉积预测模型。

蜡沉积预测模型主要假设为：

① 在蜡沉积过程中，系统处于热力学平衡状态。

② 蜡沉积过程由分子扩散和胶凝黏附两种机理共同控制。

③ 不考虑蜡分子在油流中结晶析出时的过饱和问题，蜡分子在油流-沉积物界面处处于热力学平衡状态。

④ 在温度的计算过程中，不考虑油流析蜡结晶的潜热和油流流动过程中的摩擦生热；在油流-沉积物界面温度梯度的计算中，假定界面处的传热方式为热传导。

对于在 $0 \sim t$ 时间段测试管段内形成的沉积物，由质量和密度、体积的关系可以得到

$$m_{dep} = \rho_{dep} \pi (d_{in} - \delta) \delta L \tag{5-17}$$

$$\rho_{dep} = \rho_{oil} (1 - F_w) + \rho_{wax} F_w \tag{5-18}$$

式中　m_{dep}——沉积物的质量(kg);

ρ_{dep}——沉积物的密度(kg/m³);

d_{in}——无沉积发生时油管的内径(m);

δ——沉积物的厚度(m);

L——测试管段的长度(m);

ρ_{oil}——油流的密度(kg/m³);

F_w——沉积物中的含蜡量;

ρ_{wax}——沉积物中蜡的密度(kg/m³)。

上述公式对时间 t 求导,可以得到沉积物的质量沉积速率

$$\frac{dm_{dep}}{dt} = \rho_{dep}\pi L(d_{in}-2\delta)\frac{d\delta}{dt} + \pi\delta L(d_{in}-\delta)(\rho_{wax}-\rho_{oil})\frac{dF_w}{dt} \qquad (5-19)$$

式中　t——蜡沉积的时间(s)。

由于实验条件的限制,无法确切了解沉积物含蜡量随时间的变化规律,所以假定沉积物的含蜡量不变,并且和沉积物最终的含蜡量相等。那么,沉积物质量沉积速率表达式(5-19)中的第二项就可以忽略掉。

沉积物质量的增加来自两个方面的原因:一部分是由于分子扩散导致的,另一部分是由于胶凝黏附造成的。

沉积物质量平衡式

$$m_{dep} = m_{diff} + m_{gel} \qquad (5-20)$$

式中　m_{diff}——分子扩散导致的沉积物的质量增加量(kg);

m_{gel}——胶凝黏附导致的沉积物的质量增加量(kg)。

沉积物的蜡质量平衡式

$$m_{wax} = m_{wax}^{diff} + m_{wax}^{gel} = m_{dep}F_w \qquad (5-21)$$

式中　m_{wax}——沉积物中的蜡的质量(kg);

m_{wax}^{diff}——由于分子扩散运移到沉积物中的蜡的质量(kg);

m_{wax}^{gel}——由于胶凝黏附运移到沉积物中的蜡的质量(kg)。

对式(5-21)关于时间 t 求导,可得

$$\frac{dm_{dep}}{dt}F_w + m_{dep}\frac{dF_w}{dt} = \frac{dm_{wax}^{diff}}{dt} + \frac{dm_{wax}^{gel}}{dt} \qquad (5-22)$$

对于由分子扩散所导致的沉积物中蜡质量增加的计算,仍然采用经典的菲克扩散定律:

$$\frac{\mathrm{d}m_{\mathrm{wax}}^{\mathrm{diff}}}{\mathrm{d}t} = \rho_{\mathrm{oil}} D_{\mathrm{wo}} A_{\mathrm{int}} \frac{\mathrm{d}C_{\mathrm{wax}}}{\mathrm{d}r} \tag{5-23}$$

式中 D_{wo}——蜡分子在油流中的扩散系数；

A_{int}——测试管段中沉积物-油流交界面处的面积(m^3)；

C_{wax}——蜡分子在油流中的溶解度，即单位质量的油流中所溶解的蜡分子的质量；

r——油流中的蜡分子距管中心的径向距离(m)。

假定蜡分子在油流-沉积物界面处的浓度和界面温度下蜡分子的平衡浓度相等。由于假定了蜡分子在油流-沉积物界面处处于热力学平衡状态，蜡分子在径向油流中的溶解度梯度的计算可以采用链式法则：

$$\frac{\mathrm{d}C_{\mathrm{wax}}}{\mathrm{d}r} = \frac{\mathrm{d}C_{\mathrm{wax}}}{\mathrm{d}T} \frac{\mathrm{d}T}{\mathrm{d}r} \tag{5-24}$$

式中 T——蜡分子所处位置的油流的温度(℃)。

蜡分子在油流中的扩散系数采用 Hayduk – Minhas 相关式计算得到，如式(5-25)。蜡分子在油中的扩散系数随着油温的降低而减小，随着油流黏度的增加而减小：

$$D_{\mathrm{wo}} = 13.3 \times 10^{-12} \times \frac{T^{1.47}}{\mu^{0.791 - \frac{10.2}{V_{\mathrm{A}}}} V_{\mathrm{A}}^{0.71}} \tag{5-25}$$

$$V_{\mathrm{A}} = \frac{\overline{M}}{\rho_{\mathrm{wax}}} \tag{5-26}$$

式中 μ——油流在温度为 T 时的黏度($\mathrm{Pa \cdot s}$)；

$\overline{M}$——蜡分子的平均相对分子量。

在很多文献中提到了剪切剥离对沉积过程的影响。Homouda 提到沉积物在剪切应力的剥离作用和蜡晶对管壁的黏附作用之间存在一个平衡。Jennings 观察到随着剪切的增强，沉积物中夹带原油的量会减小，沉积物的总量也减小，对于特定范围内剪切的变化，蜡的总量相对不变。由于剪切应力代表了油流对于沉积层剪切剥离的强弱程度，所以决定在蜡沉积预测模型中引入无量纲的剪切应力（范宁摩擦系数）来表征剪切剥离作用对沉积物的影响。无量纲的剪切应力如下式所示：

$$f = \frac{\tau_{\mathrm{w}}}{\rho_{\mathrm{oil}} v^2 / 2} \tag{5-27}$$

式中 f——范宁摩擦系数；

τ_{w}——管壁处的剪切应力(Pa)；

v——流体的流速(m/s)。

在层流情况下，$f = \dfrac{16}{Re} = \dfrac{16\mu}{\rho_{\text{oil}} v d_e}$。其中，$\mu$ 为流体的动力黏度(Pa·s)；d_e 为有蜡沉积发生时内管的有效管径(m)。管流流速越大，剪切剥离作用越强，蜡沉积过程的胶凝黏附作用越弱。

原油在管壁处的胶凝主要由管壁处结晶析出的蜡晶颗粒引起。随着析出的蜡晶数量的增多，蜡晶之间的相互作用增强，形成三维网状的结构。这些三维的网状结构如同多孔介质一样，非常容易把原油包裹进来。包裹着原油的三维蜡晶网状结构就形成了胶凝层。为了保证单相蜡沉积预测模型与油水两相蜡沉积预测模型的形式统一，在单相蜡沉积预测模型中同样引入了胶凝点这一项。

测试管段胶凝黏附的速率与管壁处析出的固体蜡晶的浓度、无量纲的胶凝温度和范宁摩擦系数呈正比关系。由胶凝黏附引起的沉积物质量增长速率定义为

$$\frac{\mathrm{d}m_{\text{wax}}^{\text{gel}}}{\mathrm{d}t} = k A_{\text{int}} \rho_{\text{oil}} (C - C_{\text{int}}) \exp(T_{\text{pp}}/T_{\text{int}}) f \tag{5-28}$$

式中　k——胶凝沉积系数(m/s)，和油品的组成、含蜡量、冷却速率等有关，通常情况下，不同油品的胶凝沉积系数值不同；

C——层流状态下为油流在析蜡点以上时对应的蜡分子在油流中的溶解度，湍流状态下为油流主体中的蜡分子溶解度；

C_{int}——油流-沉积物交界面处蜡分子在油流中的溶解度；

T_{pp}——原油的胶凝温度(℃)；

T_{int}——油流-沉积物交界面处油流的温度(℃)。

蜡分子在油流中的最大溶解度 C 与油流-沉积物交界面处蜡分子的溶解度 C_{int} 的差值，代表了油流-沉积物交界面处析出的固体蜡晶的浓度。而析出的固体蜡晶参与了沉积物的胶凝过程。

根据上述公式的推导过程，可以得到沉积物厚度和含蜡量随时间变化的关系式为

$$F_{\text{w}} \rho_{\text{dep}} \pi L (d_{\text{in}} - 2\delta) \frac{\mathrm{d}\delta}{\mathrm{d}t} + \pi \delta L (d_{\text{in}} - \delta)(2\rho_{\text{dep}} - \rho_{\text{oil}}) \frac{\mathrm{d}F_{\text{w}}}{\mathrm{d}t}$$

$$= \rho_{\text{oil}} \pi L (d_{\text{in}} - 2\delta) \left[D_{\text{wo}} \frac{\mathrm{d}C_{\text{wax}}}{\mathrm{d}T} \frac{\mathrm{d}T}{\mathrm{d}r} + k(C - C_{\text{int}}) \exp(T_{\text{pp}}/T_{\text{int}}) f \right] \tag{5-29}$$

如果通过实验无法确切地了解沉积物含蜡量随时间的变化规律，可以假定沉积物的含蜡量不变，并且和沉积物最终的含蜡量相等。那么，式(5-29)中左边第二项可以忽略掉，然后就可以得到沉积物厚度随时间变化的关系式。

单相原油流动条件下，沉积层厚度增长率的计算公式为

$$\frac{\mathrm{d}\delta}{\mathrm{d}t} = \frac{\rho_{\mathrm{oil}}}{F_{\mathrm{w}}\rho_{\mathrm{dep}}} \left[D_{\mathrm{wo}} \frac{\mathrm{d}C_{\mathrm{wax}}}{\mathrm{d}T} \frac{\mathrm{d}T}{\mathrm{d}r} + k\left(C - C_{\mathrm{int}}\right)\exp\left(T_{\mathrm{pp}}/T_{\mathrm{int}}\right)f \right] \quad (5-30)$$

5.2.2 油水两相蜡沉积模型

塔尔萨大学的 Couto 等采用冷指实验装置对油水两相蜡沉积进行了实验研究,并在其建立的单相蜡沉积模型的基础上,提出了油水两相蜡沉积动力学模型。该模型假设:油水充分混合(乳化);油水混合物看作假单相流体;蜡仅溶解在油相中且蜡在油中的溶解度不随含水率的变化而改变;油水混合物的含水率在沉积物中保持不变。该模型的实质是用油水混合物的物性代替单相油品的物性,然后代入已有的单相蜡沉积模型中得到的,但是该模型并没有考虑反相的情况。

根据 Brinkman 相关式计算得出乳状液黏度

$$\mu_{\mathrm{sol}} = \mu_{\mathrm{cont}} \left(1 - \varphi_{\mathrm{int}}\right)^{-2.5} \quad (5-31)$$

式中　μ_{sol}——乳状液的表观黏度(Pa·s);

　　　μ_{cont}——连续相的表观黏度(Pa·s);

　　　φ_{int}——分散相的体积分数。

乳状液的密度、比热容和摩尔质量由式(5-32)～式(5-34)计算得出:

$$\rho_{\mathrm{mix}} = f_{\mathrm{o}}\rho_{\mathrm{o}} + f_{\mathrm{w}}\rho_{\mathrm{w}} \quad (5-32)$$

$$C_{\mathrm{Pmix}} = w_{\mathrm{o}}C_{\mathrm{PO}} + w_{\mathrm{w}}C_{\mathrm{Pw}} \quad (5-33)$$

$$M_{\mathrm{mix}} = x_{\mathrm{o}}M_{\mathrm{o}} + x_{\mathrm{w}}M_{\mathrm{w}} \quad (5-34)$$

式中　f——体积分数;

　　　w——质量分数;

　　　x——物质的量浓度;

　　　下标 mix 为混合物,w 为水相,o 为油相。

乳状液和沉积层的导热系数由式(5-35)、式(5-36)计算得出:

$$k_{\mathrm{mix}} = k_{\mathrm{o}} \left\{ 1 + \left[3F_{\mathrm{C}} \middle/ \left(\frac{k_{\mathrm{w}} + 2k_{\mathrm{o}}}{k_{\mathrm{w}} - k_{\mathrm{o}}} \right) - F_{\mathrm{C}} \right] \right\} \quad (5-35)$$

$$k_{\mathrm{dep}} = \left[\frac{2k_{\mathrm{w}} + k_{\mathrm{mix}} + (k_{\mathrm{w}} - k_{\mathrm{mix}})F_{\mathrm{w}}}{2k_{\mathrm{w}} + k_{\mathrm{mix}} - 2(k_{\mathrm{w}} - k_{\mathrm{mix}})F_{\mathrm{w}}} \right] k_{\mathrm{mix}} \quad (5-36)$$

式中　k_{mix}——乳状液的导热系数[W/(m·K)];

　　　k_{dep}——沉积层的导热系数[W/(m·K)];

　　　k_{o}——油相的导热系数[W/(m·K)];

　　　k_{w}——水的导热系数[W/(m·K)];

F_c——水的质量分数；

F_w——沉积层中固体蜡的质量分数。

以冷指油包水乳状液蜡沉积预测模型为基础，Couto 采用 Weispfennig 关系式 (5 - 37)，将冷指蜡沉积速率和环路蜡沉积速率联系起来，间接建立了油水乳状液环路蜡沉积预测模型：

$$\frac{\mathrm{d}m_p}{\mathrm{d}t} = \frac{\mathrm{d}m_{CF}}{\mathrm{d}t} \frac{Nu_p}{Nu_{CF}} \frac{d_{CF}}{d_p} \frac{A_p}{A_{CF}} \tag{5-37}$$

式中　$\dfrac{\mathrm{d}m}{\mathrm{d}t}$——蜡沉积速率；

Nu——努塞尔数；

d_p——管道内径；

d_{CF}——冷指直径；

A_p——管内壁的表面积；

A_{CF}——冷指的表面积。

Bruno 等利用实验环路，分别采用 South Pelto 原油和 Garden Banks 凝析油两种油品，进行了油包水和水包油型乳状液的蜡沉积实验研究，将均衡模型（equilibrium model）和膜质量传递模型（film mass transfer model）两种模型的预测结果与实验结果进行了比对。结果发现：采用均衡模型的预测值低于实验值，而后者则高于实验值。除此之外，对 Couto 模型进行了如下改进：

① 通过实验发现，使用 Brinkman 公式可以比较准确地预测含水率低于 50% 油包水型乳状液的表观黏度，但是在含水率较高的情况下，乳状液表观黏度预测值偏差较大，而采用 Richardon 公式对乳状液表观黏度进行计算的结果在高含水率条件下与实验值吻合较好。

② 通过对沉积物进行分析，发现沉积物的含水率低于乳状液的含水率，这种不同将会导致预测值偏低。Bruno 等结合实验数据拟合出了沉积物中含水率的计算式，即

$$f_w^{dep} = 0.028\,3\mathrm{e}^{2.418\,4f_w^{bulk}} \tag{5-38}$$

式中　f_w^{dep}——沉积物含水量；

f_w^{bulk}——油水混合物含水量。

③ 水相作为连续相的流动，蜡分子扩散路径受到限制，Bruno 通过式(5 - 39)计算出反相条件下的分子扩散系数，反映了反相对蜡沉积的影响：

$$D_{o/w} = D_{w/o}(1 - f_w^{bulk}) \tag{5-39}$$

式中　$D_{o/w}$——水包油型乳状液的分子扩散系数（m^2/s）；

$D_{w/o}$——油包水型乳状液的分子扩散系数(m^2/s)。

改进后的模型能更好地预测水包油和油包水型乳状液的蜡沉积速率,但精度仍然不高。

塔尔萨大学的 Panacharoensawad 在 Couto 的基础上,根据油水乳状液环路蜡沉积实验结果,直接建立了油水乳状液管流蜡沉积预测模型。该模型考虑了分子扩散、老化、含水率、剪切剥离和初始凝油层形成的影响,较 Couto 模型理论性更强。

蜡沉积层厚度增长速率表达式为

$$\frac{dr_i}{dt} = \frac{-1}{F_w\rho}\left[\left(-D_{wo}\frac{\partial C}{\partial r}\Big|_{r_i^-}\right) - \left(-D_e\frac{\partial C}{\partial r}\Big|_{r_i^+}\right)SR_2\right]SR_1 \tag{5-40}$$

沉积层含蜡量增长速率为

$$\frac{d\overline{F_w}}{dt} = \frac{2r_i\left(-D_e\frac{\partial C}{\partial T}\frac{\partial T}{\partial r}\Big|_{r_i^+}\right)}{\rho_{Dep}(R^2 - r_i^2)}SR_2 \tag{5-41}$$

式中 SR_2——表征初始凝油层的影响;

SR_1——表征剪切剥离作用对蜡沉积的影响。

国内相关学者建立了油包水乳状液管流蜡沉积预测模型。该模型考虑了分子扩散、胶凝和含水率对蜡沉积过程的作用。相比传统模型而言,考虑胶凝层中蜡晶空间网状结构对油水乳状液的包裹作用,从而弥补传统分子扩散模型无法有效预测(过低)低温条件固相沉积质量的不足。

模型主要假设为:

① 单相蜡沉积模型的主要假设同样也是油水两相蜡沉积模型的基础。

② 油包水乳状液为假单相流体。

③ 胶凝黏附凝油中的含水率和油包水乳状液中的含水率相同。

④ 假定 Hayduk-Minhas 相关式计算蜡分子在油包水乳状液中的扩散率是有效的。

在油包水乳状液的蜡沉积实验过程中发现,当两相混合物在析蜡点以下以等温流体的形式通过测试管段,即油流的温度和冷却液的温度相等时,测试管段中仍然有沉积物的存在。在另外一种极端条件下,当油水两相混合物的温度略微高于冷却水温度1~2℃时,仍然在测试管段中发现有沉积物的存在,这种极端条件排除了等温流动中可能由于流动散热的影响造成管流温度略低于冷却液的情况。而这些现象是无法用传统的分子扩散理论来解释的,因为等温流动的过程中,蜡分子在管流中并不存在浓度差,这种情况下就失去了蜡沉积发生驱动力的条件。这种现象在单相流动条件下也存在,但是并没有油水两相流动条件下的明显。通过研究发现,这种现象是由于流体的胶凝黏附作用造成的。在此实验的基础上,引入了胶凝黏附的机理,并建立了适用于油包水乳状液流动条件下的蜡沉积预测模型。

因为蜡分子仅溶解在油相中且仅在油中扩散,所以沉积物中所含的水被认为是包裹的乳状液中所携带的。假定沉积物凝油中的含水率和油流中的含水率相等,油水乳状液沉积物的蜡质量平衡式为

$$m_{wax} = m_{wax}^{diff} + m_{wax}^{gel} = (m_{diff} + m'_{gel})F'_w \qquad (5-42)$$

式中　m_{wax}——油水两相沉积物中的蜡含量(kg)。

油水乳状液的沉积物质量平衡式为

$$m_{dep} = m_{diff} + m_{gel} = m_{diff} + \frac{m'_{gel}}{1-\phi_{wt}} = \frac{m_{wax}^{diff}}{F'_w} + \frac{m_{wax}^{gel}}{(1-\phi_{wt})F'_w} \qquad (5-43)$$

式中　ϕ_{wt}——油流中的质量含水率;

$\quad\quad m_{dep}$——油水两相沉积物的质量(kg);

$\quad\quad m_{diff}$——分子扩散所引起的沉积物的质量(kg);

$\quad\quad m_{gel}$——胶凝黏附所引起的沉积物的质量(kg);

$\quad\quad m'_{gel}$——胶凝黏附所引起的沉积物除去水相后的质量(kg);

$\quad\quad F'_w$——油水两相沉积物除去水相后的含蜡量。

在假定 Hayduk - Minhas 相关式对油包水乳状液仍然使用的前提下,蜡分子在油流中的扩散系数采用其相关式计算得到。根据相似相溶的原则,蜡分子只可能在油相中溶解和扩散,所以相关式中的黏度仍然采用对应温度下单相原油的黏度,表示如下:

$$D_{wo} = 13.3 \times 10^{-12} \times \frac{T^{1.47}}{\mu^{0.791-\frac{10.2}{V_A}} V_A^{0.71}} \qquad (5-44)$$

$$V_A = \frac{\overline{M}}{\rho_{wax}} \qquad (5-45)$$

式中　T——油水混合物的温度(℃);

$\quad\quad \mu$——单相原油在温度为 T 时的黏度(Pa·s);

$\quad\quad \overline{M}$——蜡分子的平均相对分子量。

油水乳状液的胶凝点和乳状液的含水率有很大的关系,而蜡沉积过程又与乳状液的胶凝点有关。油水乳状液的胶凝点越高,其胶凝黏附作用越强,形成胶凝沉积物的概率越大。

对于油包水乳状液流动条件下,测试管段胶凝黏附的速率与管壁处析出的固体蜡晶的浓度、无量纲的胶凝温度和范宁摩擦系数呈正比关系。由胶凝黏附引起的沉积物质量增长速率定义为

$$\frac{\mathrm{d}m_{\mathrm{wax}}^{\mathrm{gel}}}{\mathrm{d}t} = kA_{\mathrm{int}}\rho_{\mathrm{oil}}(C - C_{\mathrm{int}})\exp(T_{\mathrm{pp}}/T_{\mathrm{int}})f \qquad (5-46)$$

$$f = \frac{\tau_{\mathrm{w}}}{\rho_{\mathrm{mix}}v^2/2} \qquad (5-47)$$

式中 ρ_{mix}——油水混合物的密度（$\mathrm{kg/m^3}$）；

v——油水混合物的流速（$\mathrm{m/s}$）。

在层流情况下，$f = \dfrac{16}{Re} = \dfrac{16\mu}{\rho_{\mathrm{mix}}vd_{\mathrm{e}}}$。其中，$\mu$ 为油水混合物的动力黏度（$\mathrm{Pa \cdot s}$）。管流流速越大，剪切剥离作用越强，蜡沉积过程的胶凝黏附作用越弱。

油包水乳状液的胶凝沉积系数也和油品的组成、含蜡量、冷却速率、含水率等有关。通常情况下，不同油品不同含水率的乳状液相当于不同的假单相流体，所对应的胶凝沉积速率值也应不同。但是在油包水乳状液蜡沉积预测模型的胶凝黏附项中以及油水乳状液的物性中已经考虑了含水率的影响，为了避免重复考虑含水率的影响，在这里仍然采用的是单相蜡沉积预测中的胶凝沉积系数值。

油水乳状液沉积物厚度增长率的计算模型为

$$\frac{\mathrm{d}\delta}{\mathrm{d}t} = \frac{\rho_{\mathrm{oil}}}{\rho_{\mathrm{dep}}}\left[\frac{D_{\mathrm{wo}}\dfrac{\mathrm{d}C_{\mathrm{wax}}}{\mathrm{d}T}\dfrac{\mathrm{d}T}{\mathrm{d}r}}{F_{\mathrm{w}}'} + \frac{k(C - C_{\mathrm{int}})}{F_{\mathrm{w}}'(1 - \phi_{\mathrm{wt}})}\exp(T_{\mathrm{pp}}/T_{\mathrm{int}})f\right] \qquad (5-48)$$

油水两相蜡沉积预测过程中温降、压降的计算，采用了和单相蜡沉积预测相同的方法。

油包水乳状液作为假单相流体，其物性计算采用的方法如下：

不同含水率下油包水乳状液的黏度，按照相应含水率下由同轴圆筒黏度计测定的黏温关系式计算得到；不同含水率下乳状液的密度、比热、分子量，分别按照线性关系来计算：

$$\rho_{\mathrm{mix}} = \rho_{\mathrm{oil}}(1 - \phi) + \rho_{\mathrm{w}}\phi \qquad (5-49)$$

$$c_{\mathrm{mix}} = c_{\mathrm{oil}}(1 - \phi) + c_{\mathrm{w}}\phi \qquad (5-50)$$

$$M_{\mathrm{mix}} = M_{\mathrm{oil}}(1 - \phi) + M_{\mathrm{w}}\phi \qquad (5-51)$$

乳状液的热导率则根据麦克斯韦方程计算得到：

$$\lambda_{\mathrm{mix}} = \lambda_{\mathrm{oil}}\frac{2\lambda_{\mathrm{w}} + \lambda_{\mathrm{oil}} + (\lambda_{\mathrm{w}} - \lambda_{\mathrm{oil}})\phi_{\mathrm{wt}}}{2\lambda_{\mathrm{w}} + \lambda_{\mathrm{oil}} - 2(\lambda_{\mathrm{w}} - \lambda_{\mathrm{oil}})\phi_{\mathrm{wt}}} \qquad (5-52)$$

式中 ϕ_{wt}——油水混合物中的质量含水率。

油水乳状液沉积物的密度计算公式为

$$\rho_{dep}=\rho_{mix}(1-F_w)+\rho_{wax}F_w \tag{5-53}$$

油水乳状液沉积物的热导率也根据麦克斯韦公式计算得到：

$$\lambda_{dep}=\lambda_{mix}\frac{2\lambda_{wax}+\lambda_{mix}+(\lambda_{wax}-\lambda_{mix})F_w}{2\lambda_{wax}+\lambda_{mix}-2(\lambda_{wax}-\lambda_{mix})F_w} \tag{5-54}$$

5.2.3　油气两相蜡沉积模型

塔尔萨大学的 Matzain 首次考虑了流型的影响，建立了半经验的蜡沉积动力学模型：

$$\frac{d\delta}{dt}=-\frac{\varPi_1}{1+\varPi_2}D_{wo}\frac{dC_w}{dT}\frac{dT}{dr} \tag{5-55}$$

式中　$\varPi_1$——经验系数，反映结蜡层含油及其他由非分子扩散因素导致的蜡沉积；

　　　$\varPi_2$——经验系数，反映因剪切作用而导致的沉积层剥离。

且

$$\varPi_1=\frac{C_1}{1-C_{oil}/100} \tag{5-56}$$

$$\varPi_2=C_2N_{SR}^{C_3} \tag{5-57}$$

式中　C_1、C_2、C_3——经验系数，通过实验数据拟合得到；

　　　C_{oil}——沉积层中的含蜡量；

　　　N_{SR}——表征流型的参数。

不同流型下该参数表达式不同：

间歇流

$$N_{SR}=\frac{\rho_m\left|\dfrac{\upsilon_{st}}{E}\right|\delta}{\mu_{o,f}} \tag{5-58}$$

环状流

$$N_{SR}=\frac{\sqrt{\rho_m\rho_o}\left|\dfrac{\upsilon_{st}}{E}\right|\delta}{\mu_{o,f}} \tag{5-59}$$

分层光滑流、波状流

$$N_{SR}=\rho_o\left|\frac{\upsilon_{st}}{E}\right|\frac{\delta}{\mu_{o,f}} \tag{5-60}$$

式中　δ——蜡沉积层厚度；

ρ_o——油品密度；

ρ_m——气液混合物密度；

$\mu_{o,f}$——沉积界面处油品黏度；

E——持液率；

υ_{st}——液体折算速度。

在环状流流型下，E 值可由式(5-61)计算得到；在其他流型下，E 值可由式 (5-62)计算得到：

$$E = 1 - (1 - x_1/d_w)^2 \tag{5-61}$$

$$E = \frac{1}{\pi}\left[\pi - \arccos(2x_1/d_w - 1) + (2x_1/d_w - 1)\sqrt{1 - (2x_1/d_w - 1)^2}\right] \tag{5-62}$$

式中，液高数据 x_1/d_w 由伽马射线相分率仪测量得到。

将模型预测结果与实验结果进行对比发现：在气液两相流动中，该模型对完全润湿管道的蜡沉积预测效果较好；对段塞流流型和分层流流型下蜡沉积厚度的预测结果则无法令人满意，在较高的液体折算速度下偏差尤为严重。

Rittirong 以蜡沉积动力学理论为基础，结合段塞流流动传热特性，分别建立管道顶部、底部的蜡沉积预测模型模型，从而形成段塞流蜡沉积预测模型：

顶部

$$\frac{\mathrm{d}r_{i,up}}{\mathrm{d}t} = \frac{-1}{\overline{F}_{w,up}\rho_0}(j_{in,up} - j_{age,up})SR_{up} \tag{5-63}$$

$$j_{in,up} = D_{wo}\big|_{T_{i,up}}\frac{h_{up}\left(\dfrac{Sc}{Pr}\right)^{1/3}\left[C_b - C(T_{i,up})\right]}{k_o\big|_{T_{i,up}}}C_1 \tag{5-64}$$

$$j_{age,up} = -\frac{D_{wo}\big|_{T_{i,up}}}{1 + \alpha_w^2\overline{F}_{w,up}^2/(1 - \overline{F}_{w,up})}\frac{\mathrm{d}C}{\mathrm{d}T}\bigg|_{T_{i,up}}\frac{\mathrm{d}T}{\mathrm{d}r}\bigg|_{r_{i,up}^+} \tag{5-65}$$

$$\frac{\mathrm{d}\overline{F}_{w,up}}{\mathrm{d}t} = \frac{2r_i j_{age,up}}{\rho_d(R^2 - r_i^2)} \tag{5-66}$$

底部

$$\frac{\mathrm{d}r_{i,low}}{\mathrm{d}t} = \frac{-1}{\overline{F}_{w,low}\rho_0}(j_{in,low} - j_{age,low})SR_{low} \tag{5-67}$$

$$j_{in,low} = D_{wo}\big|_{T_{i,low}}\frac{h_{low}\left(\dfrac{Sc}{Pr}\right)^{1/3}\left[C_b - C(T_{i,low})\right]}{k_o\big|_{T_{i,low}}} \tag{5-68}$$

$$j_{age,\,low} = -\frac{D_{wo}\big|_{T_{i,\,low}}}{1 + \alpha_w^2 \overline{F}_{w,\,low}^2/(1 - \overline{F}_{w,\,low})} \frac{dC}{dT}\bigg|_{T_{i,\,low}} \frac{dT}{dr}\bigg|_{r_{i,\,low}^+} \tag{5-69}$$

$$\frac{d\overline{F}_{w,\,low}}{dt} = \frac{2r_i j_{age,\,low}}{\rho_d(R^2 - r_i^2)} \tag{5-70}$$

式中　SR_{up}、SR_{low}——分别表示剪切剥离作用对顶部和底部蜡沉积层的影响；

C_1——考虑段塞流液膜区气包流经管道顶部对顶部蜡沉积生长影响的参数。

模型中其他参数的意义与上述类似表达式中的意义基本一致。该模型考虑了分子扩散、老化和剪切剥离作用。较 Matzain 间歇流蜡沉积预测模型，本模型细致考虑了段塞流当地流动传热特性对当地蜡沉积速率的影响，因而比 Matzain 间歇流模型预测精度高。

将经典的菲克分子扩散理论结合实验得到的不同流型条件下蜡沉积厚度的数据，考虑气液相折算速度、持液率、流型雷诺数等因素的影响，得出水平管道气液两相流动条件下，适用于分层流流型和间歇流流型的半经验蜡沉积动力学模型的表达式如下：

$$\frac{d\delta}{dt} = kRe_{fp}^a \Pi^b \frac{1}{\mu_o}\frac{dC}{dT}\bigg|_w \frac{dT}{dr}\bigg|_w \tag{5-71}$$

式中　Re_{fp}——流型雷诺数；

Π——流型特性参数（该参数反映了液体折算速度、气体折算速度和持液率的影响，其实际上相当于模型中的相关式）；

k、a、b——常数。

（1）分层流

流型雷诺数 Re_{fp} 为 $Re-sf$ 的形式，即

$$Re-sf = \frac{\rho_o\left(\dfrac{v_{sl}}{H}\right)d_w S_w}{\mu_o} \tag{5-72}$$

分层流流型特性参数 Π 表示为

$$\Pi-sf = \frac{1}{c\left(\dfrac{v_{sl}}{v_{sg}}\right)^2 + d\dfrac{H}{v_{sg}}} \tag{5-73}$$

式中　c——经验系数；

d——经验系数（m/s）。

结合实验数据，可得分层流流型下蜡沉积的动力学模型为

$$\frac{\mathrm{d}\delta}{\mathrm{d}t}=0.046\ 6\left(\frac{\rho_\mathrm{o}\upsilon_\mathrm{sl}d_\mathrm{w}S_\mathrm{w}}{\mu_\mathrm{o}H}\right)^{0.952}\left(\frac{\upsilon_\mathrm{sg}^2}{\upsilon_\mathrm{sl}^2+\upsilon_\mathrm{sg}H}\right)^{1.082}\frac{1}{\mu_\mathrm{o}}\left(\frac{\mathrm{d}C}{\mathrm{d}T}\bigg|_\mathrm{w}\right)\left(\frac{\mathrm{d}T}{\mathrm{d}r}\bigg|_\mathrm{w}\right) \quad (5-74)$$

（2）间歇流

流型雷诺数 Re_fp 为 $Re-itmt$ 的形式，即

$$Re-itmt=\frac{\rho_\mathrm{m}\left(\dfrac{\upsilon_\mathrm{sl}}{H}\right)d_\mathrm{w}}{\mu_\mathrm{o}} \quad (5-75)$$

间歇流流型特性参数 Π 表示为

$$\Pi-itmt=\frac{1}{e^{\frac{\upsilon_\mathrm{sg}}{\upsilon_\mathrm{sl}}}+f\upsilon_\mathrm{sg}} \quad (5-76)$$

式中　e——经验系数；

　　　f——经验系数（s/m）。

结合实验数据，可得分层流流型下蜡沉积的动力学模型为

$$\frac{\mathrm{d}\delta}{\mathrm{d}t}=2.444\left(\frac{\rho_\mathrm{m}\upsilon_\mathrm{sl}d_\mathrm{w}}{\mu_\mathrm{o}H}\right)^{-0.440}\left(\frac{\upsilon_\mathrm{sl}}{\upsilon_\mathrm{sl}^2+\upsilon_\mathrm{sg}}\right)^{0.272}\frac{1}{\mu_\mathrm{o}}\left(\frac{\mathrm{d}C}{\mathrm{d}T}\bigg|_\mathrm{w}\right)\left(\frac{\mathrm{d}T}{\mathrm{d}r}\bigg|_\mathrm{w}\right) \quad (5-77)$$

这种基于高含蜡量（20%）原油建立的模型计算结果和实验值（参与和未参与模型参数的实验工况）相比较，间歇流的计算结果良好，但分层流的模拟结果一般。主要原因可能是：分层流流型的组数少，用于回归模型经验常数的实验数据较少，且模型得到的是当量蜡沉积层的厚度而实际沉积物仅分布在管壁下部。

上述蜡沉积预测模型均是一维的，只能给出基于整个管内壁的当量蜡沉积厚度，仅对蜡沉积物在管段横截面的分布及形态进行了比较笼统的描述，忽略了蜡沉积厚度在管道内壁环向分布的差异，没有充分考虑油气两相流过程中流动、传热和传质的特性，没有给出沉积物形状在管壁分布的原因。

基于对油气两相光滑分层流流型下蜡沉积过程中流动、传热和传质现象的研究，采用蜡分子扩散机理，建立了适用于油气分层流的蜡沉积预测模型。油气两相分层流蜡沉积示意图如图5-3所示。管壁上部没有蜡沉积发生，蜡沉积仅发生在与油品接触的管壁下部，随着沉积层厚度的增加，原油-蜡沉积层和油-气界面位置不断变化。

蜡沉积层厚度随时间的变化为

$$\frac{\mathrm{d}\delta}{\mathrm{d}t}=\frac{\mathrm{d}(R-r_\mathrm{i})}{\mathrm{d}t}=-\frac{D_\mathrm{wo}\dfrac{\partial C}{\partial r}\bigg|_{r_\mathrm{i}^-}-D_\mathrm{e}\dfrac{\partial C}{\partial r}\bigg|_{r_\mathrm{i}^+}}{\rho_\mathrm{dep}F_\mathrm{w}} \quad (5-78)$$

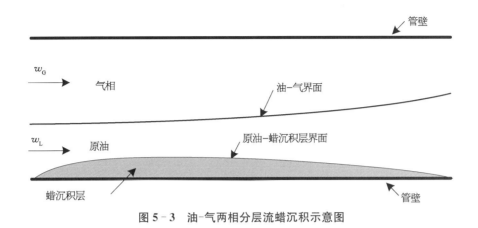

图 5 - 3 油-气两相分层流蜡沉积示意图

沉积层中蜡含量随时间增加为

$$\frac{\mathrm{d}F_\mathrm{w}}{\mathrm{d}t}=\frac{2r_\mathrm{i}\left(-D_\mathrm{e}\dfrac{\partial C}{\partial r}\Big|_{r_\mathrm{i}^+}\right)}{(R^2-r_\mathrm{i}^2)\rho_\mathrm{dep}} \tag{5-79}$$

式中 D_e——蜡分子在蜡沉积层中的有效扩散系数。

油气两相分层流动下气相和液相的动量传递方程、能量和质量传递方程的通用形式为

$$\frac{\partial}{\partial x}\left(\Gamma_\phi\left(\frac{\partial\phi}{\partial x}\right)\right)+\frac{\partial}{\partial y}\left(\Gamma_\phi\left(\frac{\partial\phi}{\partial y}\right)\right)=w\frac{\partial\phi}{\partial z}+S_\phi \tag{5-80}$$

通用方程中的各个参数列于表 5 - 1 中。不同变量间的区别仅在于广义扩散系数、广义源项和边界条件,使得控制方程的离散化及求解方法得到了统一。

表 5 - 1　直角坐标系中通用控制方程

ϕ	Γ_ϕ	S_ϕ	$w\dfrac{\partial\phi}{\partial z}$
w	$v_\mathrm{m}+v_\mathrm{t}$	$\dfrac{1}{\rho}\dfrac{\mathrm{d}P}{\mathrm{d}z}-g\sin\theta$	0
T	$\dfrac{v_\mathrm{m}}{Pr}+\dfrac{v_\mathrm{t}}{\sigma_\mathrm{T}}$	0	$w\dfrac{\partial T}{\partial z}$
k	$v_\mathrm{m}+\dfrac{v_\mathrm{t}}{\sigma_\mathrm{k}}$	$\varepsilon-v_\mathrm{t}\left[\left(\dfrac{\partial w}{\partial x}\right)^2+\left(\dfrac{\partial w}{\partial y}\right)^2\right]$	0
ε	$v_\mathrm{m}+\dfrac{v_\mathrm{t}}{\sigma_\varepsilon}$	$C_2f_2\dfrac{\varepsilon^2}{k}-C_1f_1\dfrac{\varepsilon}{k}v_\mathrm{t}\left[\left(\dfrac{\partial w}{\partial x}\right)^2+\left(\dfrac{\partial w}{\partial y}\right)^2\right]$	0

在直角坐标系 (x, y, z) 下,流型为油气分层流时,液相和气相的计算域不规则,引入双极坐标系 (ξ, η, z),将计算域转化成规则的矩形,如图 5-4 所示。

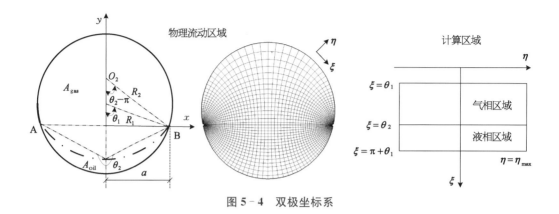

图 5-4 双极坐标系

双极坐标系是一个正交坐标系,在三维空间里,一个点 P 的双极坐标 (ξ, η, z) 通常定义为

$$x = a \frac{\sinh\eta}{\cosh\eta - \cos\xi} \tag{5-81}$$

$$y = a \frac{\sin\xi}{\cosh\eta - \cos\xi} \tag{5-82}$$

$$z = z \tag{5-83}$$

双极坐标 (ξ, η, z) 的标度因子分别为

$$l_\xi = l_\eta = \frac{a}{\cosh\eta - \cos\xi} \tag{5-84}$$

通过双极坐标变换,直角坐标系下的气液两相流动区域转化成在双极坐标系下规则的矩形计算区域。气相的计算区域为

$$\theta_1 < \xi < \theta_2, \ -\infty < \eta < +\infty \tag{5-85}$$

液相的计算区域为

$$\theta_2 < \xi < \pi + \theta_1, \ -\infty < \eta < +\infty \tag{5-86}$$

数值计算中,$\eta_{\max}$ 的取值必须是一个确切的值,Newton 和 Behnia 建议

$$\eta_{\max} = 6 \tag{5-87}$$

双极坐标系下的通用控制方程为

$$\frac{1}{l_\eta l_\xi}\frac{\partial}{\partial \xi}\left(\Gamma_\phi \frac{\partial \phi}{\partial \xi}\right)+\frac{1}{l_\eta l_\xi}\frac{\partial}{\partial \eta}\left(\Gamma_\phi \frac{\partial \phi}{\partial \eta}\right)=w\frac{\partial \phi}{\partial z}+S_\phi \tag{5-88}$$

该模型为油气分层流三维蜡沉积预测模型,模型考虑了分子扩散和老化对蜡沉积层的影响。模型理论性强、逻辑严密,通过联立求解双极坐标系下的能量方程、动量方程、连续性方程和 k-ε 湍流方程,获得截面二维温度场、速度场,再结合蜡沉积动力学机理,建立模型。

图 5-5 中将实际测得的管道截面蜡沉积厚度和形状分布与预测结果进行了对比,并且给出了实验结束后测得的管道最低点蜡沉积厚度和蜡沉积模型的预测值。由图可见,蜡沉积模型对管道截面处蜡沉积厚度和形状分布均给出了准确的预测。

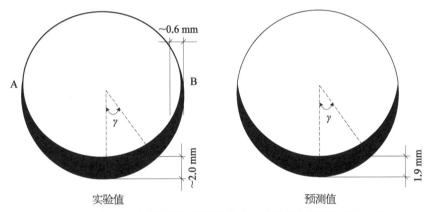

图 5-5　实验环路截面蜡沉积厚度分布实验结果与预测结果的对比

总体而言,目前业已形成了一整套蜡沉积预测理论体系,包括热力学、单相蜡沉积预测、油水蜡沉积预测和油气蜡沉积预测。对蜡沉积机理认识深刻,所建模型较全面地考虑了各项蜡沉积机理,对单相蜡沉积预测精度高。然而,这些模型对多相流动的流动和传热特性刻画不细致,需要提高其多相流模型的理论性。

5.3　蜡沉积测试方法

鉴于目前经典的热力学与动力学模型还无法对蜡沉积速率和沉积物中含蜡量的增加速率进行准确预测,诸多参数还须通过实验测定,为深入研究蜡沉积机理,国内外学者对蜡沉积问题开展了大量实验研究。目前蜡沉积的测试方法有很多,一般有静态与动态方法之分,静态法常有偏光显微镜法、冷指法、差示扫描量热法、黏度法等,动态法有环路法等。每种方法各有其适用范围,应根据测试目的选择不同的测试方法。

5.3.1　偏光显微镜法

光学性质是晶体的物理性质之一,这里主要是利用偏光显微镜研究晶体光学的偏振光。蜡是具有结晶构造的物质,在高于析蜡点温度时蜡是以溶解状态分散在原油中,此时偏光显微镜观察不到蜡晶体。当温度低于析蜡温度点时,开始有蜡的晶体析出,利用偏光显微镜可观察到细小明亮的蜡晶。偏光显微镜实验装置示意图如图 5-6 所示。

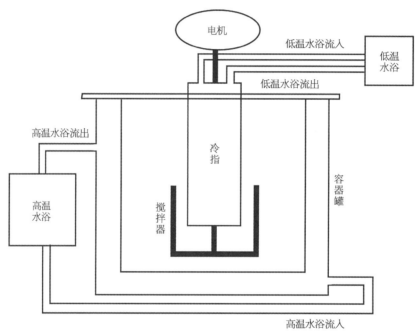

图 5-6　偏光显微镜实验装置示意图

偏光显微镜法测定析蜡点相对是比较准确的,但测试结果重复度不高,往往多次观测结果并不是总在一个点上,而是在一定范围内波动。主要原因在于蜡结晶析出过程较为复杂,影响因素较多。同时由于显微镜的观察视野较小,样品不均匀性影响了多次实验结果的重复度。为取得相对精确可信的实验结果,建议对每种原油至少测上 5~10 次的数据,取算数平均值作为测试结果。

5.3.2　冷指法

冷指法的原理是将通有冷却液的金属管浸入原油中,用来控制原油和冷却液体的温度,在规定时间内测定金属管上沉积的石蜡量。冷指实验装置体积小、可操作性好、温度控制精度高,因此被广泛采用。实验过程中,先将实验介质加热至蜡晶全部溶解,然后降温至某一特定温度,将冷指浸入实验介质中,冷指逐渐冷却,在一定的剪切条件下放置一段时间之后,确定冷指上所沉积的石蜡量。通常情况下要进行几个不同温差下的实验。本测试方法可测定温度、温差、冷却速率、时间、沉积表面的性质及化学剂对蜡沉积的影响规律。

5.3.3　差示扫描量热法

差示扫描量热法(differential scanniny calorimetry,DSC)是指在控制温度的前提下,测量实验介质物性与温度之间关系的方法。其可用于测定原油体系的析蜡点,也可用来测定析蜡量。通过在控制温度下对被测油样进行温度扫描,以测量实验介质吸收或释放的热量。加热和冷却过程中,实验介质的任何转变都要产生热量的交换,这就可测定转变温度或者对应的定量热量。该测试方法的定量化和重复性最好,现有仪器已实现商业化。当实验介质降低至相变热为零,即热流线与基线重合的温度,用 DSC 曲线计算得到的析蜡量就是原油的含蜡量,可参照标准 SY/T 0545—1995 求得。若对其中某一温度段进行积分,则可得到该温度段的析蜡量。

5.3.4　黏度法

鉴于偏光显微镜法测定析蜡点时收到实验介质透明度的制约,Escobedo 等通过测定实验介质黏度变化的方法来测定原油析蜡点,该方法原理是:当实验介质有蜡晶析出时,黏度会相应增大,由测试体系的黏度变化测定析蜡点。此后,利用旋转黏度计法测定析蜡点成为一种广泛使用的方法。

黏度法操作简单易行,其局限性是通常只适用于测定室压下实验介质的溶蜡点,在蜡发生溶解的初始阶段黏度变化可能不是很明显,致使其测量精度不高,尤其对于含水原油,本方法测试误差更高。

5.3.5　环路法

为了真实模拟含蜡原油在实际管道中的流场分布和蜡沉积规律,采用环路实验装置进行蜡沉积规律实验研究。环路法通常用于动态实验,其原理是将实验介质在管道内循环,管道浸于冷却介质之中,控制实验介质流量和温度、冷却介质温度,当测试管段壁温低于实验介质析蜡点以下时,测定一定时间内实验流动条件下测试段管壁上的蜡沉积量,进而模拟蜡在流动中的沉积规律。环路法的最大缺陷是当实验介质通过环路循环时,每循环一次,蜡都会发生沉积,引起原油的组分变化,造成实验结果有所偏差;同时所需实验介质量较大,实验成本高。

实验结果表明,不同的实验方法各有其优缺点,应根据测试内容和测试精度要求,选择合适的测量方法。

综上所述,截至目前国内外针对多相混输中蜡沉积问题的研究虽然取得了较大进展,但是在机理研究和模型预测上仍有诸多有待完善之处,归纳如下:

① 国内外学者对蜡沉积机理的认识尚未达成一致，从根本上制约了对蜡沉积开展深入研究的进展。

② 鉴于多相流动的复杂性，目前对于油水两相、气液两相、油气水三相流动的流动特性以及传热规律的研究尚有待深入，进而制约了多相管流蜡沉积的研究进程。多相管流的蜡沉积问题应从蜡沉积机理入手，通过实验寻求多相混输过程中影响蜡沉积行为的关键因素，并结合多相流动的规律，建立不同流型下的蜡沉积物理模型。

③ 沉积物中的含油量、导热系数、碳数分布对蜡沉积预测模型的建立均有重要影响。有必要考虑原油组分及影响其流变特性的因素，建立普适性的蜡沉积理论模型。

④ 蜡沉积动力学模型是目前研究实际管道蜡沉积规律最有效的方法，如何将室内小型环路研究成果准确地应用于实际管道，是当前亟须解决的问题。

第 6 章　管道内水合物防控技术

随着我国油气田开发逐步走向深水,在深水高压低温条件下,水合物造成的油气混输管道堵塞成为流动安全领域不得不面临的一大问题。针对这一问题,本章首先简单介绍水合物的基础知识,然后在此基础上,分别讲述天然气水合物在管道中形成堵塞的机理,预测管道中是否有水合物生成的方法,如果管道存在形成水合物堵塞的风险,可以采用哪些方法防控水合物造成堵塞,以及一旦管道中发生水合物堵塞,应该如何解堵。

6.1　水合物的结构与类型

天然气水合物是天然气(如 CH_4、C_2H_6、C_3H_8、CO_2 等)分子与水在一定的温度和压力条件下形成的类似于冰的晶体。因其天然气组分多以甲烷为主,故又称甲烷水合物。虽然气体水合物在很多性质上与冰相似,但是,它的一个重要特点是它不仅可以在水的正常冰点以下形成,还可以在冰点以上结晶、凝固。水合物通常是当气流温度低于水化物形成的温度而生成的。在高压下,这些固体可以在高于 0℃ 生成。

从 19 世纪 30 年代起,人们对气体水合物结构进行了大量的研究,发现水合物的生成条件随客体分子种类不同而千差万别,但所生成的水合物的晶体结构却不是随意变化的。气体水合物的基本结构特征是主体水分子通过氢键在空间相连,形成一系列不同大小的多面体孔穴,这些多面体孔穴多通过顶点相连,向空中发展形成笼状水合物晶格。目前已发现的水合物晶体结构主要有Ⅰ型、Ⅱ型和 H 型三种。结构Ⅰ型和Ⅱ型的水合物晶格都具有大小不同的两种笼形孔穴,结构 H 型的则有三种不同的笼形孔穴。一个笼形孔穴一般只能容纳一个客体分子,客体分子与主体分子(水)间以范德华力相互作用,这种力是水合物结构形成和稳定存在的关键。

天然气水合物的生成实际上是晶核形成和晶体成长的过程。在动力学上,水合物的生长可以分为三步:临界半径晶核的形成;固态晶核的长大;组分向处于聚集状态晶核的固液界面上转移。图 6-1 为天然气水合物自发形成的机理假设。

在天然气管道输送过程中,天然气水合物是威胁输气管道安全运行的一个重要因素。能否生成水合物与天然气组成(包括含水量)、压力、温度等条件有关。特别是当天然气通过阻力件(如节流阀、调压器、排污阀等)时,气体温度下降,可能会使管路、阀门、过滤器及仪表生成水合物,降低管道的输送效率,严重时甚至会堵塞管道,导致管道上游压力升高,引起不安全的事故发生,造成设备及人员的伤害,从而影响正常供气。天然气水合物一旦形成后,它与金属结合牢固,会减少管道的流通面积,产生节流,加速水合物的进一步形成,进而造成管道、阀门和一些设备的堵塞,严重影响管道的安全运行。

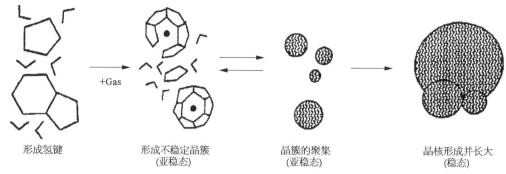

形成氢键　　　　形成不稳定晶簇　　　晶簇的聚集　　　　晶核形成并长大
　　　　　　　　　　（亚稳态）　　　　　（亚稳态）　　　　　　　（稳态）

图 6‐1　天然气水合物自发形成的机理假设

随着海上油气田开发水深的增加,环境温度越低,海底油气水混输管道面临的水合物堵塞问题越来越严重,尤其在管线启动、停输或再启动时更易出现水合物堵塞事故。

6.2　天然气体系中水合物堵塞的机理

随着石油工业的发展逐步走向深水,输送压力逐渐提高。在天然气的集输过程中,在一定的温度、压力等条件下,天然气中的饱和水可能在管道中冷凝、积累而生成水合物。在天然气长输过程中,因地形起伏导致凹处管线积液、形成局部节流,加剧了天然气水合物的形成。水合物的存在会给天然气工业带来许多危害,例如,在油气井开井过程中,由于物理条件的变化,可能形成水合物对地层油气藏流体通路以及井下设备造成堵塞;在天然气运输和加工过程中,尤其是产出气中含有饱和水蒸气时,遇到寒冷的天气很容易对管道、阀门和处理设备造成堵塞;在海上,通常需要将混合油气流体输送一定距离才能进行脱水处理,这样,海底管道很容易形成水合物;此外,水合物也可以在天然气的超低温液化分离过程中形成。

水合物形成堵塞需要两个条件:充分的水、气体共存和一定的过冷度。两个条件缺少一个,水合物难以形成。塔尔萨大学 flowloop 设备和科罗拉多矿业大学实验装置的研究表明,当大量气泡在水合物形成的温度和压力下通过积水时,在下游表面积较大的地方气体大量释放时水合物最易形成,这种堵塞很可能是含有水合物的气泡聚集的结果,图 6‐2 是天然气体系中基于以上研究的一种水合物堵塞形成的假设。图 6‐3 描述的是天然气体系中水合物堵塞形成的另一种假设——管壁形成说,该假设认为金属壁面有利于水合物结晶成核,因此水合物更容易首先在管壁生成,再逐步生成造成堵塞。

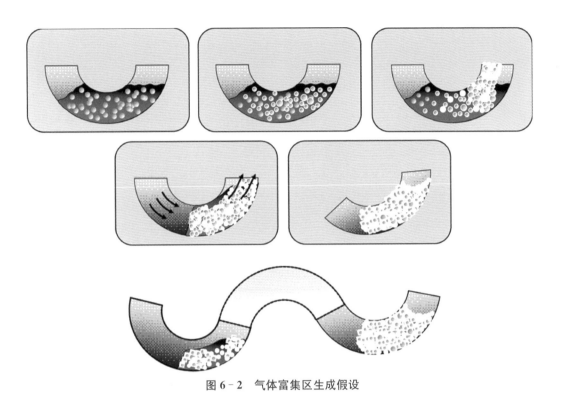

图 6 - 2　气体富集区生成假设

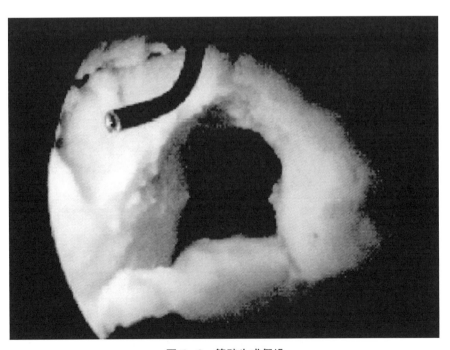

图 6 - 3　管壁生成假设

　　油气输送管道中发生水合物堵塞的位置主要有井筒、采油树、跨接管、管汇、管线起伏段、接头和立管等,如图 6 - 4 所示。

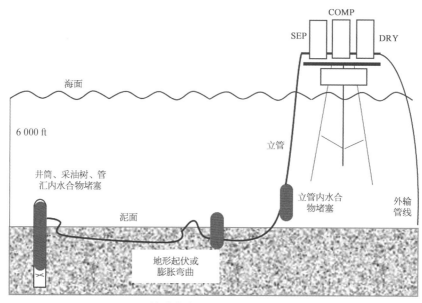

图 6 - 4　管道中容易发生水合物堵塞的位置

　　1934 年,美国科学家 Hammerschmidt 发现,天然气水合物会堵塞输气管道、影响天然气的输送,图 6 - 5 为管道中取出的造成堵塞的水合物。为此,美国、苏联、荷兰、德

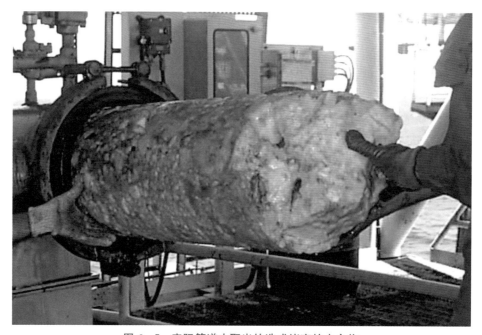

图 6 - 5　实际管道中取出的造成堵塞的水合物

第6章 管道内水合物防控技术

国等国先后开展了水合物形成动力学和热力学研究,并探讨如何防治输气管道中形成水合物的问题,水合物研究由此进入管道堵塞及防治研究阶段。

6.3 水合物生成预测方法

水合物生成条件的精确预测是管道内水合物防控的基础,它首先判断管道所处的条件是否能生成水合物,只有存在生成水合物造成堵塞的风险,才需要采取进一步的防控措施。水合物生成条件的计算,可以分为理论模型和经验模型两种,前者是在理论基础上建立的算法,一般计算比较复杂、适用范围广;后者是根据大量实验数据回归的算法,一般比较简单,但超过回归数据范围的计算可能误差较大。

1) 理论模型

理论模型方面,20 世纪 50 年代早期确定了水合物的晶体结构后,得以在微观性质的基础上建立描述宏观性质的水合物理论,即通过统计热力学来描述客体分子占据孔穴的分布。这也被认为是将统计热力学成功应用于实际体系的范例。

最初的水合物热力学模型由 Barrer 和 Stuart 提出。van der Waals 和 Platteeuw (vdW - P)将其精度改进提高,建立了具有统计热力学基础的理论模型。因此,他们被看作水合物热力学理论的创始人。

基于 vdW - P 理论,Nagata 和 Kobayashi 与 Saito 等开发了有关水合物生成条件的算法。Parrish 和 Prausnitz 对 Kobayashi 等的方法进行了改进,建立了更实用的方法,该方法目前仍被广泛应用。其后,Ng 和 Robinson、Sloan 和 Holder、Anderson 和 Prausnitz 等对上述方法进行了改进。但总体而言,vdW - P 模型存在计算过程复杂、不同文献测量的参数不一致等问题,使用不方便。

针对 vdW - P 模型计算复杂的问题,Chen - Guo 模型对此进行了很大的简化,使水合物热力学计算所需输入的参数大为减少,特别是那些因报道不一致容易引起混乱的参数,不再需要直接输入,所输参数都是以气体特性特征化了的参数。水合物的热力学计算和一般的溶液热力学计算统一起来,为实际应用带来了很大方便。经大量实验数据检验说明,Chen - Guo 模型计算稳定性较好。

2) 经验模型

经验模型由于使用简单,在工程计算上应用较多,几种常用方法包括比重法(又称图解法)、相平衡常数法(又称 K 值法)、Hammerschmidt 经验公式、Yousif 计算模型等,可根据使用范围参考专业文献选择使用。

6.4 海底油气混输管道水合物控制

海底油气混输管道水合物控制方法包括机械控制、热法控制、热力学抑制和低剂量水合物抑制。

6.4.1 机械控制

海底油气混输管道机械控制水合物方法主要包括流体置换和清管。流体置换法控制水合物通常用于海底油气混输管道在长时间停输后容易生成水合物的流体介质置换,置换后保证在长时间停输期间不生成水合物;置换介质来自平台或 FPSO 上。清管法是一种常用的机械控制水合物的方法,对于管道中没有形成水合物的,可通过定期清管操作清除管道内积液、减少管道中含水量,来防止水合物;对于管道中已经形成了水合物的,也可通过清管操作来清除水合物,但需要谨慎操作以防止大块水合物可能存在卡住清管器的风险,建议在清管操作前提前注入水合物抑制剂并同时实施端部泄压、减少大块水合物的出现,再实施清管作业。流体置换控制水合物的方法与常规高凝、高黏原油管道中流体置换操作类似,清管法控制水合物的方法与常规海底油气管道清管操作类似,这两种方法比较成熟。

6.4.2 热法控制

管道加热控制水合物的方法是海底油气混输管道热管理策略之一,通过海底管道加热使流体介质输送温度高于水合物形成温度,防止水合物形成或促使水合物分解。管道加热分为热介质循环加热和电加热。目前管道加热技术在国外比较成熟,在国外陆上和海底油气管道中已有成功应用的案例;在我国陆上油气管道中已有工程应用,但在海底油气管道中没有工程应用的案例。热介质循环加热系统一般由闭合管道回路和平台上部热介质系统组成。典型的热介质循环加热系统如图 6-6 所示。

根据加热介质热介质循环加热系统分为管中管(pipe in pipe, PIP)系统和管束系统(bundle)。

管中管系统和管束系统循环管道的截面分别如图 6-7、图 6-8 所示,两者区别在于管束系统内热介质有专用的流通管道,对生产流体采用间接加热的形式。

电加热技术分为直接电加热和电伴热。直接电加热采用管线作为电阻,利用电流

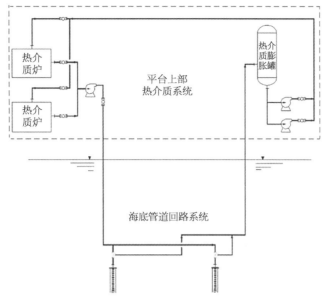

图 6‑6　典型的热介质循环加热系统

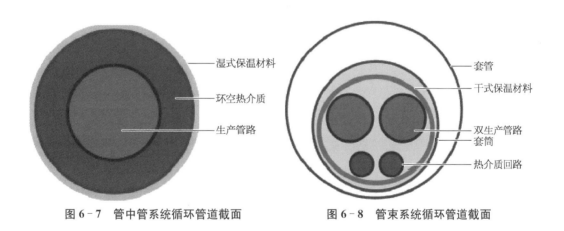

图 6‑7　管中管系统循环管道截面　　　图 6‑8　管束系统循环管道截面

的集肤效应和邻近效应产生热量。根据管线结构不同,直接电加热可分为开式直接电加热和 PIP 直接电加热。开式直接电加热系统由平台上部供电,绝缘电缆依附在海底管道上,在远端与海底管线相连,以海底管线为导体回流到上部平台形成回路,最外层包裹湿式保温材料防止热量流失。典型开式直接电加热系统如图 6‑9 所示。

　　PIP 直接电加热系统通过内外管形成电流回路。其几乎没有因电流引起的腐蚀,安全性好但投资高。

　　电伴热技术包括 PIP(伴热电缆)和管束(集肤效应热管),PIP(伴热电缆)截面图如图 6‑10 所示。电伴热技术比直接电加热效率高,可用于海底油气管道中正常操作、停输期间水合物的防止和控制。

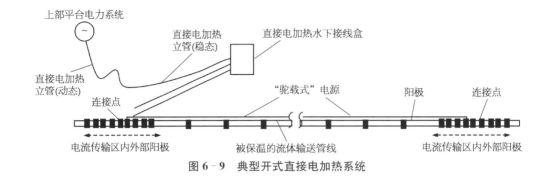

图 6-9 典型开式直接电加热系统

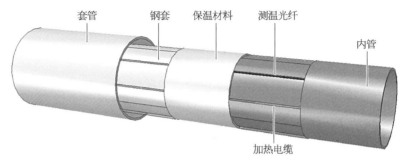

图 6-10 PIP(伴热电缆)截面图

管道加热技术可同时预防和控制海底油气管道在正常输送、停输和再启动过程中水合物和蜡沉积。热介质循环加热、直接电加热和电伴热这三种常用的加热技术,具有各自的特点和适用范围,其技术特点和应用情况见表 6-1。

表 6-1 三种管道加热技术的特点和应用情况

管道加热技术	优 点	局 限 性	应 用 情 况
热介质循环加热	在平台上采用常规的热介质进行循环加热,技术比较成熟,可靠性高	受平台上外输泵压的限制,目前已投产的油田回接距离为 27 km;将来随着外输泵技术的发展,最长回接距离可达 50 km。热介质循环技术需要采用双管	墨西哥湾 King 油田,水深 1 670 m,回接距离 27 km,采用 PIP 结构形式
直接电加热	采用单管输送解决流动安全问题,避免了采用双管输送,降低了管线投资及操作费用	受目前最大电缆输送电压为 100 kV 的限制,目前最长回接距离为 43 km;将来随着最大电缆输送电压的提高,最长回接距离可达 100 km	挪威北海 Kristin 凝析气田,回接距离为 43 km,水深 370 m,采用 PIP 结构形式
电伴热	除了直接电加热优点外,还集成了监测数据和加热的功能,便于智能油田的实现	受目前最大电缆输送电压的限制,回接距离受到限制,已投产应用的回接距离为 6 km	挪威北海某油田,回接距离为 6 km

6.4.3　热力学抑制

水合物热力学抑制剂是目前广泛采用的一种防止水合物生成的化学剂。向含天然气和水的混合物中加入这种化学剂后,可以改变水在水合物相内的化学位,从而使水合物的形成条件移向较低温度或较高压力范围,即起到抑制水合物形成的作用。

1)热力学抑制剂使用要求

热力学抑制剂应尽可能满足以下基本要求:

① 尽可能大幅降低水合物的形成温度。

② 不和天然气中的组分发生化学反应。

③ 不增加天然气及其燃烧产物的毒性。

④ 完全溶于水,并易于再生。

⑤ 来源充足,价格便宜。

⑥ 凝点低。

2)常用热力学抑制剂及使用注意事项

目前广泛使用的热力学抑制剂包括电解质水溶液(如 $CaCl_2$ 等无机盐水溶液)、甲醇和甘醇类化合物(常用的有乙二醇、二甘醇)。

在温度高于-25℃并连续注入的情况下,采用甘醇(一般为其水溶液)比采用甲醇更为经济;在温度低于-25℃的低温条件下,甘醇黏度较大,与液烃分离困难,应优先使用甲醇。甲醇和甘醇都可从水溶液相(通常称为含醇污水)中回收、再生和循环使用,在使用和再生中损耗掉的那部分甲醇和甘醇则应定期或连续予以补充。

(1)甲醇

一般情况下可不考虑从含醇污水中回收甲醇,但必须妥善处理以防污染环境;当甲醇用量较大时,则应考虑将含醇污水送至蒸馏再生系统回收甲醇(产品中甲醇的质量浓度大于 95％即可)。使用过程须注意以下事项:

① 如果在气井井口向采气管线注入甲醇,由于地层水、凝析油的存在,需要根据水质情况(含有凝析油、悬浮物,矿化度高,pH 值偏低等)首先进行预处理,以减少蒸馏再生系统设备和管线的腐蚀、结垢和堵塞。

② 集气(含采气)、处理工艺和运行季节不同时,含醇污水量、污水的某些性质以及甲醇含量会有较大差别。

③ 对于含低分子醇类的含醇污水体系,采用 Wilson、NRTL 方程对蒸馏再生系统的甲醇精馏塔进行气-液平衡计算,可获得较好的结果。

④ 由于甲醇易燃,其蒸气与空气混合会形成爆炸性气体,并且具有中等程度毒性,可通过呼吸道、食道和皮肤侵入人体,当体内剂量达到一定值时即会出现中毒(例如失明)现象甚至导致死亡。使用和回收甲醇时必须采取相应的安全对策。

（2）甘醇

在气量大而又不宜采用脱水的场合多采用甘醇类抑制剂。甘醇类抑制剂无毒,沸点远高于甲醇,在气相中蒸发损失少,便于回收循环使用。使用过程须注意以下事项:

① 注入甘醇的喷嘴必须保证将甘醇喷射成非常细小的雾滴。布置喷嘴时应考虑气流使锥形喷雾面收缩的影响,以使甘醇雾滴覆盖整个气流截面并与气流充分混合。喷嘴一般应安装在距降温点上游的最小距离处,以防甘醇雾滴聚结。

② 由于黏度较大,特别是低温下有液烃(即凝析油)存在时,会使甘醇水溶液(富甘醇)与液烃分离困难,增加了甘醇类抑制剂的携带损失,需要将其加热后(通常 30～60℃)在甘醇水溶液-液烃分离器中进行分离。

③ 如果系统(管线或设备)温度低于 0℃,注入甘醇类抑制剂时还必须判断抑制剂水溶液在此浓度和温度下是否严重影响气液两相的流动与分离,只要能保证分离效果,也可根据具体情况采用较低的富甘醇-液烃分离温度。

6.4.4 低剂量水合物抑制

水合物低剂量抑制剂包括动力学抑制剂和阻聚剂,其作用机理不同于热力学抑制剂,加入量一般在水溶液中的质量百分浓度不高于 3 wt%。动力学抑制剂是一些水溶性或水分散性聚合物,可以使水合物晶粒生长缓慢甚至停止,推迟水合物成核和生长的时间,延缓水合物晶粒长大。在水合物成核和生长的初期,动力学抑制剂吸附于水合物颗粒表面,抑制剂的环状结构通过氢键与水合物晶体结合,从而延缓和防止水合物晶体的进一步生长。

1）动力学抑制剂

动力学抑制剂加注浓度具体根据实验室评价结果确定。在动力学抑制剂适用过冷度范围内,动力学抑制剂可单独使用;超出过冷范围,可同热力学抑制剂复配联合使用,以降低热力学抑制剂用量。动力学抑制剂具有时效性,管道停输时间应不能超过加入动力学抑制剂后油气田体系水合物生成诱导期,否则应提前加注足量水合物热力学抑制剂。动力学抑制剂在应用中面临通用性差、受油气田体系组分和盐分等因素影响等问题,同时有药剂本身适用过冷度的限制。在实际油气田应用前应进行药剂适用性测试评价,如油气田体系物性发生变化,应重新评价药剂适用性。

2）阻聚剂

阻聚剂由某些聚合物和表面活性剂组成,可以防止生成的水合物晶粒聚结,使水合物晶粒在油相中成浆状输送而不堵塞油气输送管线。阻聚剂加注浓度具体根据实验室评价结果确定。阻聚剂在实际应用中也面临一些问题:只有水相和油相共存时才能防止水合物晶体的聚结;使用效果与油、水相的组成、物性,含水量大小及水中含盐量有关,还取决于注入处的混合情况及管内的扰动情况。在实际油气田应用前应进行药剂适用性测试评价,如油气田体系物性发生变化,应重新评价药剂适用性。

6.5　海底油气混输管道水合物堵塞解堵

本节主要介绍海底油气混输管道水合物堵塞解堵方法,主要包括水合物堵塞形成预警和解堵方法。其中堵塞预警重点介绍了正压波法、管道模拟仿真法和声波法,解堵方法重点介绍了降压法、注剂法、加热法和机械法。

6.5.1　水合物堵塞形成预警

6.5.1.1　堵塞检测技术的发展

目前,深水油气管道水合物堵塞对深水油气安全造成巨大危害,实时监测/检测水合物堵塞状态成为深水油气田流动安全保障的重要技术手段,该项技术得到国际上多个研究机构的高度关注和研究,但是,如何形成有效可靠的工程技术仍然是一项最具挑战性的技术难题。深海油气管道中,堵塞发生过程会受管内压力、温度、质量流量、流体密度的变化以及颗粒产生的影响。因此对这些变化的监测/检测是管路堵塞监测/检测的基础。由于对质量流量变化、温度以及颗粒的生成只能是被动的监测,无法判断堵塞的位置。目前最为常用的堵塞检测技术主要有压力波检测和声波检测技术。针对管道堵塞,许多研究机构通过研究堵塞物的物性与检测信号之间的响应关系,来实现检测技术的开发和改进。已有设备调研情况见表 6 - 2。

挪威科技大学的研究人员研究了压力波在多相流中的传输特性,并开发出了相关的预测模型,基于此项研究研发出了压力波检测技术,可以用于管内多相流流量的检测以及管内堵塞、管道泄漏的检测,其关键技术严格保密。美国塔尔萨大学对管路堵塞监测/检测技术进行了许多系统性的研究,其中主要包括对压力波在海底管道中传播特性的基础研究。此外,美国南卡罗来纳大学开展了单直管道内部分堵塞的压力波特性研究,对管道内的单个、两个堵塞物的压力波频率响应进行了研究,确定了压力波检测法能够判定堵塞的位置和大小;但是未见其关于更复杂管网以及真实水合物堵塞物的检测数据和结果。在声波探测方面,英国曼彻斯特大学的学者开发出了基于声波传输的声波管道堵塞检测技术,并开展了实验室模拟管路的堵塞检测,检测精度达 $1 \sim 2 \ cm$(总管长 40 m);在近海进行的现场测试最大检测距离可达 10 km,显示出了这项技术在实际应用中的强大优势。此外,还有多家科技公司,如以色列的 Paradigm 公司、美国的声学系统集成公司对基于声波监测/检测管路堵塞或泄漏的技术实现了商业化,然而相关的技术材料难以获取,且国内并未出现相关的技术产品,基础研究也亟待开展。堵塞监测/检测技术发展现状见表 6-2。

表 6-2 堵塞监测/检测技术发展现状

机 构 名 称	压力检测方法	声波检测方法	伽马射线检测方法	技 术 指 标
挪威科技大学	√			现场试验：单相液体测定距离达 100 km，精度 1～2 m；气相及气液两相体系，测定距离 15 km，精度受限于噪声
美国塔尔萨大学	√		√	实验循环管路测试，模拟堵塞
美国科罗拉多矿业大学	√			压差监测判定堵塞时间点与堵塞程度，提出预警模型
英国曼彻斯特大学		√		现场测试，测定距离约为 10 km，能够检测堵塞程度，使用的声波频率影响测试精度，且精度受噪声影响
美国声学系统集成公司		√		响应时间：10 s～1 min；检测精度：30 m 或者 0.1% 监控长度；现场实验：管道总长 6.4 km
中国大连理工大学	√	√		测量范围 50 km；定位精度 ±150 m；可监测堵塞面积＞25%；设计水深：1 500 m；误报率＜1.5%

注："√"表示具备此功能。

现有的大量研究成果确认了相关技术的可行性,然而目前仍然缺乏系统技术,以实现对堵塞时间、位置、堵塞程度以及堵塞组分的精确检测。单一方法很难完成对水合物堵塞位置、堵塞程度的确定,因此要结合多种深海油气管道监测/检测方法。水合物的压力波响应、传输分析,声波海洋噪声去除及修正,堵塞位置、横截面声波分析等技术是深海管道堵塞监测/检测的技术难点,也是取得技术突破的关键。由于深海管路和内部流体的复杂性以及各项技术的特点,目前没有一项技术能够实现所有的监测/检测,因此需要开发可靠的研究系统,实现对水合物物性、响应信号的系统研究,以便开发出更为可靠的监测/检测技术体系和系统,保障深海油气管道的安全运行。

6.5.1.2 堵塞检测方法介绍

整体上,目前没有通用的、成熟的海底管道水合物堵塞检测方法,可通过流体参数如温度、压力和组分的变化判断水合物堵塞。流体参数变化有以下分析方法：

① 取样分析法。对管道清管过程中的物流进行检测,判断是否有水合物颗粒存在。

② 管道出口物流组成分析法。多相混输管道管输量平稳情况下,若下游设备(如分

离器)内分离的水量明显减少,表明管道内可能产生了水合物。该方法适用于产水量较低而且管输流量变化不大的情况。

③ 管输压降分析法。当气体管道中有水合物形成时,管道的直径会减小,导致气体流速增加,管道内压降增加。该方法预警时效性差,通常有一定数量的水合物在管壁形成后才能进行预警,而且不适用于压力波动较大的管道。

此外,最新发展的正压波法、管道模拟仿真法、声波、压力波和伽马射线等水合物堵塞检测方法,宜根据实际情况选用。

1) 正压波法

当管道发生堵塞时,堵塞处管道内流体受到挤压压力上升,达到一定程度后,由于堵塞点与堵塞点前的管道内存在一个压差,且堵塞点压力高于堵塞点前的压力,堵塞点流体向管道上游不断扩充,相当于堵塞点处产生了以一定速度传播的正压波。

正压波管道堵塞检测系统主要设备是压力变送器、加压设备和监控终端。为保障系统的可靠性,加强检测定位能力,在实际正压波系统中,并不仅仅依靠堵塞点产生的正压波判断是否发生堵塞并定位,还用首尾两端压力传感器检测是否有堵塞。当管道发生堵塞后,在管道首端启动加压设备,加强堵塞点前端压力,使堵塞点前端产生更强烈的正压波,正压波遇到堵塞点之后发生反射。安装在管端的压力变送器可以捕捉到直达正压波及反射回波,从而进行堵塞点定位。

正压波管道堵塞检测系统的堵塞点定位流程如下:

① 压力变送器监测管道两端压力差,一旦出现异常,疑似堵塞,启动加压泵。

② 加压设备对管道进行加压,压力变送器检测堵塞点传播回来的压力波,记录两次到达变送器的时延差。

③ 监控终端根据时延差和压力波速度求出堵塞点位置。

如图 6 - 11,设堵塞点距左边压力变送器距离为 L,压力变送器接收两次压力波的时间差为 Δt,压力波传播速度为 c,那么

$$L = c\Delta t$$

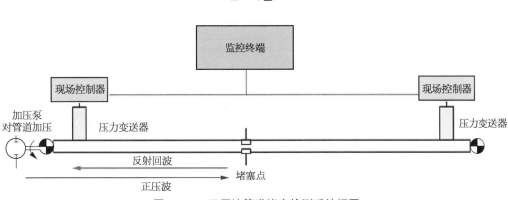

图 6 - 11　正压波管道堵塞检测系统框图

管内压力波的传播速度决定于流体的弹性、密度、管材的弹性等因素,可以事先进行估算和校准。

该方法具有所需设备少、操作费用低、操作简单等优点,其缺点是定位精度差、检测灵敏度较低。对于液体管道,输送泵开启瞬间的水击现象产生的压力很大,反复启停泵容易导致泵、阀门和管道的寿命受到影响,甚至破坏管道设施,发生事故。

2) 管道模拟仿真法

管道模拟仿真法主要是指仿真软件通过 OPC 等接口从 SCADA 系统采集温度、压力、流量等实时数据并建立管道运行的数学模型,实时仿真管道的运行状态。通过仿真可获得整条管线的水力坡降曲线,发生堵塞时,仿真得到的水力坡降曲线与正常工作时的水力坡降曲线有所不同,堵塞时的曲线在堵塞点对应的坡降曲线点处会出现畸变,利用小波分析定位曲线上畸变点的位置,就可以找到堵塞点的位置。堵塞位置的定位精度取决于管道水力坡降曲线的仿真精度,仿真精度越高,则定位精度越高。

如图 6-12 所示,如果管道运行正常,在已知管端和管尾任意一点压力的情况下,可模拟仿真出管道中任意一点压力。图 6-12 中的粗线,就是在管道正常情况下管道各个位置上压力的曲线。在管道正常工作情况下,首尾的压力差是在一定范围之内的,不会变化太大。但一旦发生堵塞,管道中实际的水力坡降线如图 6-12 中的细线,在堵塞点处压力会产生跳变,管首端到堵塞点的各位置压力会变大,堵塞点到管末端的各位置压力会变小,首末端的压力差会变大。因此模拟仿真法在检测管道堵塞时,就是利用堵塞时首末端的压力差剧烈变化,会超过一个预设的阈值,来加以判定。

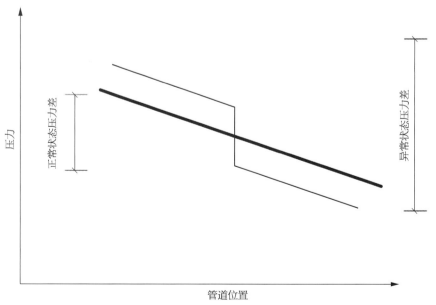

图 6-12　模拟仿真法利用压力检测管道堵塞原理图

3）声波法

基于低频音波的管道堵塞点检测系统工作原理是在管道的一端发射一个低频音波信号,由于管道的波导作用,低频音波信号将以平面波的形式在管道内传播。当管道内流体由于水合物冰堵、结蜡或者阀门关闭等原因导致部分或者全部堵塞时,管道声阻抗将发生明显变化,平面音波将发生反射,并沿着管道传输回到发射点。通过测量发射音波和反射回声的时间延迟,并结合管道内声速,可精确计算出管道内堵塞点的位置。

利用声波法进行管道堵塞点检测和定位,具有检测速度快、定位精度高和对管道无破坏性等优点,是一种很有潜力的管道堵塞检测及定位方法。

图 6-13 是典型的声波法管道监测系统接收到的脉冲回波波形,可以看到不同采样点个数下声波幅值的变化规律,同时可以看到原始信号和降噪信号之间的差异性。可见声波在管首站和堵塞点之间来回反射,每次反射的回波信号依次被传感器接收,且幅度不断衰减,根据反射波之间的时延,就可以定位堵塞点。

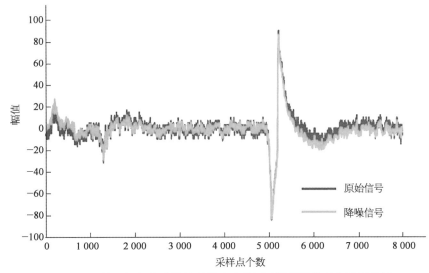

图 6-13　基于低频音波的管道堵塞点检测系统原始信号和降噪信号

根据国内外产品及研究调研结果,对目前主流的管道堵塞点检测和定位方法进行性能对比,见表 6-3。

表 6-3　堵塞检测方法性能对比

检 测 方 法	安全性	灵敏度	定位精度	响应时间
正压波法	差	差	一般	快
管道模拟仿真法	高	好	较差	慢
声波法	高	较好	高	快

6.5.2　水合物堵塞解堵

　　水合物解堵方法包括降压法、注剂法、加热法和机械法等,实际过程中须根据堵塞位置等具体情况选择适当的解堵方法。解堵方法的选择需要考虑多段堵塞同时存在、堵塞状态和位置等因素。水合物堵塞解堵时,水合物分解产生的气体须及时排出,避免气体在管线中积累造成超压,破坏管线。

6.5.2.1　降压法

　　降压法是一种降低管道内部水合物堵塞段压力从而促使水合物分解的方法,可分为一端降压法和两端同时降压法。首选的降压法是两端同时降压法。由于两端同时降压时,水合物的径向分解速率在解堵时间中占主导因素,当水合物与管道之间的环形接触面完全分解或部分分解后,水合物可以左右移动,因此须密切监视堵塞段两端的压力,保持其压力平衡,防止水合物部分分解后由于两端压差过大而迅速移动,对下游设备造成损坏。一端降压法须综合考虑降压端水平管线的长度、降压幅度和水合物在管道中滑行速度的递减等情况,以确认该方法是否可行;否则,容易造成水合物块在管道中的快速滑动,从而对下游设备造成损坏(图 6 - 14)。

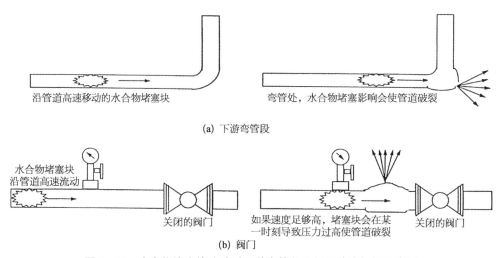

（a）下游弯管段

（b）阀门

图 6 - 14　水合物堵塞块移动对下游弯管段和阀门造成损坏示意图

　　在化学药剂难以触及堵塞处的情况下,常温下使系统压力降至水合物分解压力以下是工业上较为常用的解堵方法。技术人员可以通过给定的环境温度计算出天然气水合物的分解温度,然后进行降压操作。压力下降得越低,天然气水合物分解得越快。一旦在堵塞处有压力波动,则需要大剂量的冲击加注热力学抑制剂加速天然气水合物的分解,并有助于下一步的清除工作。

　　在单侧泄压应关注部分分解的天然气水合物有喷射至低压区的风险,在泄压前对天然气水合物的分解过程应进行完全评估。在多段堵塞间的气体压力远远高于天然气水合物分解压力时,这种情况下最易发生以上风险。双侧泄压方式较为常用,它可以降低整个系统的压力并加速天然气水合物的分解。

天然气水合物的速度和运行距离可用有限差模拟器来分析,它可以根据堵塞物的尺寸和密度、位置和空间压力计算出相对速度与运行距离。这样一来,可以得知天然气水合物进入设备、弯管和阀门等处的速度。系统中位于天然气水合物下游的液体可以显著降低天然气水合物喷射的速度。

6.5.2.2　注剂法

注入化学药剂解堵的关键在于化学药剂能否接触到天然气水合物,在堵塞物与药剂加注点之间的气体或液体空间阻碍了药剂的作用,所以药剂必须将管线或设备中的液体替换后接触堵塞物。在立管中药剂必须通过流动替换来接触堵塞物,在直管中最好的办法是从两端注入药剂,使其快速接触堵塞物。

通常注入甲醇或乙二醇,根据它们与管线中液体密度的差异而接触到堵塞物,因为这一点,乙二醇应用更为广泛。

现在的发展趋势表明某些气体也能起到溶剂的作用,比如氮气和氦气就能渗透进天然气水合物并使其分解,因为天然气水合物是气体填充体系,从形成机理角度来看这种方法有很好的理论基础,目前正在现场验证阶段。

6.5.2.3　加热法

随着海底管输距离和海底深度的增加,越来越多的油田使用加热的方法来解除天然气水合物的堵塞。通过加热使天然气水合物堵塞处的温度升至热力学平衡温度之上,从而使水合物分解。整个过程中须保证整个水合物均处在同一温度下,否则,逸出的天然气会由于附近的高压状态而重新形成水合物。

1)加热管束

加热管束的组成类似于油管和套管,生产流体在内管内流动,加热流体在内管外流动,达到循环加热的目的。该管束已经应用于墨西哥湾的多相流管线,加热流体与生产流体逆流并循环使用。加热管束能使整个天然气水合物均匀溶解,并能有效控制加热的流体温度。

2)电加热

与加热管束类似,电加热应用于生产流体的外管。该方法主要应用于北极地区的陆地油田,而 Nakika 油田的北区生产系统也使用了一套电加热水合物治理装置,Nakika 油田的设计者是壳牌公司,现在的生产方是英国石油公司。

电加热治理天然气水合物的堵塞是有争议的,争议在于电加热的均一性不能保证,壳牌公司认为这一方式应用安全,而挪威石油公司出于安全考虑提出反对意见。

3)流体或泥浆的循环加热

这种方法是指在套管与油管的环空中加注热钻井泥浆(或其他流体),天然气水合物从上至下会逐渐溶解。其对于生产油井中天然气水合物的解堵是常用方法。

4）外伴热

这种方法是利用热水提供的热量解堵，亚特兰蒂斯（Atlantis）使用外伴热来治理海底设备（跨接管线、管汇头、管线终端或采油树）潜在的天然气水合物堵塞。在生产管汇外缠绕循环软管并通上热水进行循环加热解堵，软管的进出口是相互连通的。水下机器人将热源连接至软管上，并使热水在其中循环。水下机器人装备有动力和加热系统橇块，通过摩擦发热产生热水。在加热过程中会出现堵塞处附近压力的波动，因此，还需要大剂量加注热力学水合物抑制剂。

6.5.2.4 机械法

水合物堵塞解堵还可采用连续油管、水合物治理橇等机械法。

水合物治理橇是近些年新发展的一种用于解除海上油气输送管道中由于生成固体水合物而造成的堵塞的专用装置，可根据实际情况选用。水合物解堵的注热、注剂和降压等方法可借助水合物治理橇等辅助设备完成（图 6-15）。

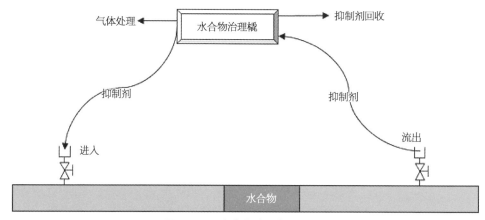

图 6-15 水合物治理橇原理图

水合物治理橇可以采用单独降压、注热或注剂的解堵方法（图 6-16、图 6-17），也可采用注剂/注热＋降压联合的解堵方法，主要用于水下设备跨接管线的水合物解堵。

水合物治理橇主要包含水下液压站、胶囊式储罐、液压驱动泵、气液回收罐、快速气液飞头、温度压力传感器、水上控制系统、管路和阀门等（图 6-18）。快速气液飞头用于水合物治理橇与油气输送管线之间的连接；气液回收罐接收管道中泄放的物流以降低其压力；胶囊式储罐用于储存甲醇、乙二醇等分解水合物的抑制剂或高温物流；抑制剂/高温物流通过驱动泵向管道中注入，为了方便水下操作，驱动泵通过水下液压站采用液压的方式驱动。水合物治理橇上设有温度和压力传感器，实时监测解堵过程中油气输送管道水合物堵塞段两端的压力和温度，并将数据传输给水上控制系统，控制系统再根据需要开/关相应的阀门。海上施工过程中，水合物治理橇由施工船甲板上的吊机吊放

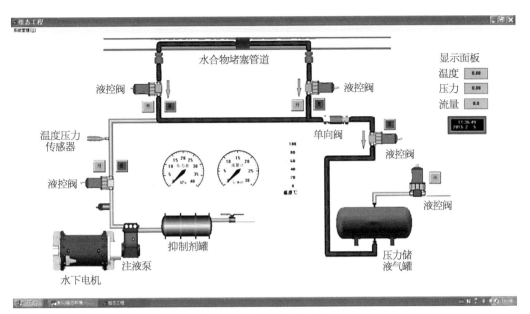

图 6-16　管线降压示意图

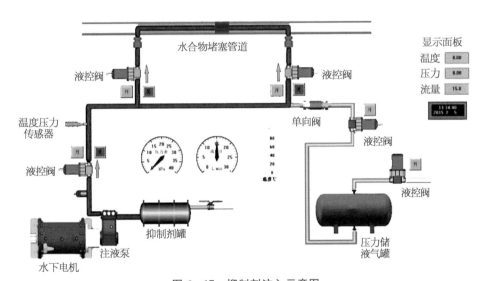

图 6-17　抑制剂注入示意图

下水,释放到需要清堵的管线附近进行工作,施工船通过脐带缆连接水下的水合物治理橇。

如图 6-18 所示,水合物治理橇解堵前,先将快速气液飞头与油气输送管道中水合物堵塞段两端预留的接口快速扣接,然后打开阀门 3、阀门 4、阀门 5 和单向阀,缓慢将油气输送管线中的物流泄放到气液回收罐以降低其压力。在降压的同时,打开阀门 1和阀门 2,连通水合物堵塞段两端,以保持油气输送管线水合物堵塞段两端的压力平衡,确保水合物在管线中不发生移动。泄放物流后,关闭阀门 1、阀门 2、阀门 5 和单向阀,

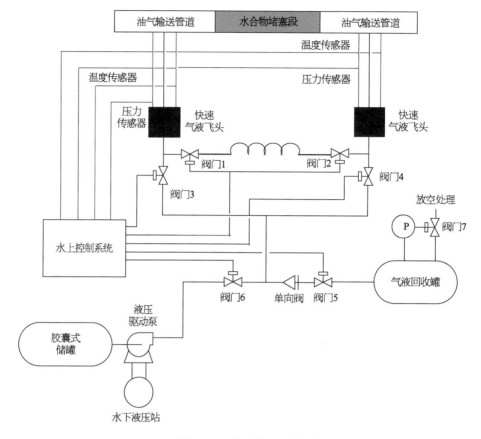

图 6‑18　水合物治理橇示意图

打开阀门 6,然后通过液压驱动泵从胶囊式储罐向油气输送管线水合物堵塞段两端注入水合物抑制剂或高温物流。注剂/注热停止后,关闭阀门 6,打开阀门 1 和阀门 2,同时通过温度、压力数据分析水合物的分解情况。分解过程中,当管线压力上升速度变慢甚至较长时间不变时,打开阀门 5 和单向阀,向气液回收罐中泄放物流以降低管线中的压力。气液回收罐在接受管线泄放的物流过程中,当其压力高于设定值时,关闭阀门 5,打开阀门 7,释放气液回收罐中的物流以降低其压力 0.5~2 MPa,然后再关闭阀门 7,打开阀门 5,继续接受油气管线中泄放的物流。

　　利用水合物治理橇解决油气输送管道中的固体水合物堵塞,即为通过循环重复上述油气管线降压‑注入剂/高温物流‑水合物分解‑气液回收罐接受油气管线泄放物流‑气液回收罐泄压的过程,直到水合物分解完全。将油气输送管线中的物流泄放到气液回收罐操作过程中,如果只采用控制油气管线的压力低于堵塞处温度对应的水合物平衡压力,从而促使水合物分解,为单纯的降压解堵方法;如果降压同时,还向油气管线中注入抑制剂/高温物流,为注剂/注热＋降压联合解堵的方法。

第 7 章　流动安全处理设备及工艺

在深水、超深水油气田的开发中,浮式平台＋水下生产系统开发模式的应用越来越多。在这种开发模式下,由于海上平台处于多变的海洋环境中,规模有限,对平台设备的尺寸和重量都有严格的限制。为了有效减小宝贵的平台空间,水下增压技术、水下分离技术等创新技术应运而生,近些年来被逐渐应用到各大油气田中。

随着世界范围内海上油气田开发的水深和回接距离不断增加,各种各样的问题也逐渐涌现,如油藏压力降低、立管产生段塞和水合物等,已经严重威胁到井筒、设备、海底管道、立管等流动体系的安全运行。据统计,仅用于水合物控制与清除的费用就占到海上油气田运行费的 15%～40%,这些都给油气田开发者带来巨大的技术挑战,因此,通过水下油气水处理与集输技术降低段塞发生频率、降低化学药剂用量成为研究热点之一。

为了解决油气田生产后期储层压力降低、产出水增加等问题,多采用水下增压技术和水下分离技术,即在水下安装水下增压泵和水下分离器。目前,水下增压泵的关键设计和制造技术等主要掌握在国外 FMC 和 OneSubsea 的手中。水下增压泵的种类有很多,按照增压介质可细分为水下单相泵和水下多相泵。水下分离器的设计、加工和制造等技术也主要掌握在国外厂家手中,其主要生产商有 FMC、Cameron、GE 和 Aker Subsea;而国内尚无生产厂家,仅有宁波威瑞泰默赛多相流仪器设备公司和甘肃蓝科石化高新装备股份有限公司进行了相关研究。水下分离器的种类也有很多,按照分离原理可以分为重力分离器和离心力分离器。从 2001 年以来,离心分离技术得到迅速发展,管柱式气液旋流分离器开始占据主导地位,管柱式气液旋流分离器开始在油气田大量应用。研究水下增压技术和水下分离技术,对于满足我国深海油气田开发需求有重大意义。本章将主要介绍水下增压泵和水下分离器各自的分类和技术特点,以及相关的标准和对应的国外产品等。

7.1 水下增压技术

应用水下生产系统进行油气田开发时,为了弥补油藏压力不足的问题,往往需要将增压设备安装在靠近井口的位置对油气水等进行增压。水下增压不但能够解决低压力油藏的开发问题,还能够降低关井压力,提高油气田采收率,延长油气田寿命,从而达到增产增效的目的。水下增压系统实际上就是各种形式的增压设备如单相泵、多相增压泵以及压缩机在水下的应用与扩展。根据增压设备的类型不同,水下增压系统可以分为水下单相泵增压系统、水下多相泵增压系统和水下湿气增压系统三大类。

7.1.1 水下增压系统典型工艺流程

不同水下增压系统具有不同的典型工艺流程。水下单相泵增压系统中的增压设备——水下单相泵,一般需要配合水下分离器使用,从而实现对井口采出液的分离与增压,其典型工艺流程如图 7-1 所示。20 世纪 80 年代以来,多相泵技术快速发展,随着技术的不断进步和发展,使得对气液比在 95% 以下的井口采出液直接进行增压成为可能,这就是多相增压系统,其典型工艺流程如图 7-2 所示。进入 21 世纪以来,水下压缩机技术的出现和发展,使得气液比在 95% 以上井口采出液的增压成为可能,两种典型水下压缩机系统的工艺流程如图 7-3a、b 所示。在实际的油气田生产中,有些水下压缩机技术不需要配合入口分离器使用,可以单独使用,直接对井口采出液进行增压;有些水下压缩机技术需要配合入口分离器使用,两种不同类型的水下压缩机都于 2016 年取得成功应用。

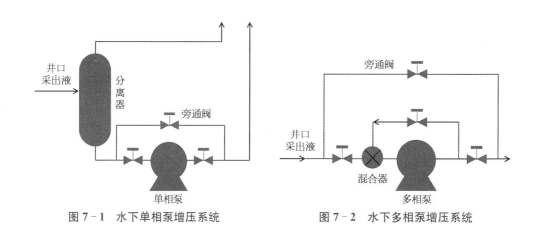

图 7-1 水下单相泵增压系统   图 7-2 水下多相泵增压系统

7.1.2 水下增压设备的分类及技术特点

水下增压泵是水下增压系统的主要设备之一,按照被增压流体中气液两相流比例的不同,水下增压泵主要分为三大类:水下单相泵、水下多相泵和水下压缩机。

7.1.2.1 水下单相泵

水下单相泵主要为离心式泵,适用于气液比小于 10% 的工况,因此,常常需要配合水下分离器来使用,其工艺流程如图 7-1 和图 7-3 所示。水下单相泵和水下多相泵的主要区别在于泵的叶片形式,因此,水下单相泵和水下多相泵可以使用相同的泵壳结构、马达壳结构、屏蔽流体系统、控制系统、供电系统等。

相比水下螺旋轴流式多相泵和水下双螺杆式多相泵,水下离心式单相泵具有增压比高的特点。

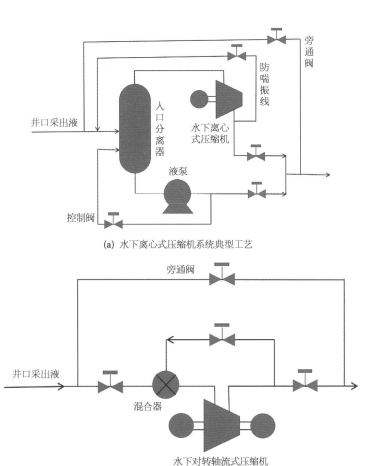

(a) 水下离心式压缩机系统典型工艺

(b) 水下对转轴流式压缩机系统典型工艺

图 7 - 3　两种典型水下压缩机系统的工艺流程

7.1.2.2　水下多相泵

水下多相泵根据叶片类型的不同,可以分为螺旋轴流式多相泵、双螺杆式多相泵、半轴流式多相泵等,其中发展较快、应用较成熟的主要是螺旋轴流式多相泵和双螺杆式多相泵。

1) 螺旋轴流式多相泵

螺旋轴流式增压技术源于 20 世纪 80 年代著名的"海神计划"的研究成果,它由 IFP 获得专利,其叶片结构如图 7 - 4 所示,实物图如图 7 - 5 所

图 7 - 4　螺旋轴流式多相泵叶片

图 7-5　水下多相泵实物图

示。第一代海神泵是在电潜泵的基础上发展起来的,第二代海神泵采用了优化设计的
"NACA"螺旋形叶片,较为有效地防止或延缓了叶道内气液两相间相态分离的发生。
在此基础上,1987 年 IFP 首次研制出工业用原理机,命名为 P300。1992 年,海神式多
相泵发展到 P300、P301、P302 三种型号,经过陆上和海上现场实验考核后,海神泵的研
制者将其水力设计技术转让给挪威的 FRAMO 公司和法国的 SULZER 泵业有限公司,
从此螺旋轴流式多相泵进入工业化应用阶段。

　　螺旋轴流式多相泵的基本工作原理是利用叶片剖面呈机翼状的螺旋叶片对油气混
合流产生升力而进行增压,旋转的螺旋形叶片激起的旋转流动经过静止的固定导叶的
梳理整流,强迫输送油气混合介质沿轴向流动。

　　螺旋轴流式增压泵主要技术特点如下:

　　① 泵的转速决定压力提高,流量根据系统阻力特性自适应。

　　② 更适合高流量条件(100~2 000 m³/h)。

　　③ 更适合高入口压力条件,中低等增压(0~5 MPa)的工况。

　　④ 适用于低黏度(<50 cP, 1 cP=0.001 Pa · s)。

⑤ 更好地适应含砂环境,泵体采用开式或半开式结构,对砂或其他固体颗粒不敏感,在处理含有固体颗粒的流体时表现出优越性。

⑥ 抗干转能力强(进口含气率 100% 情况下可安全无故障运行 2 d)。

⑦ 含气率很高时,增压能力相对较弱。

2) 双螺杆式多相增压泵

双螺杆式多相泵一般有两种：一种是高压型双螺杆泵,这种泵是在开采与输送高黏原油的普通双螺杆液体泵的基础上,吸收了喷油双螺杆气体压缩机(实质为含气率 97%～99% 油气混输泵)的螺杆型设计和转子加工等关键技术后发展起来的,是目前现场应用较多的双螺杆式多相泵;另一种是低压型双螺杆泵,它是在螺杆压缩机的基础上,考虑多相流体的特殊性发展起来的,一般增压值较低。

双螺杆式多相泵的转子副由两根互不接触的螺杆组成,通过硬化处理过的直齿圆柱同步齿轮传递扭矩。该泵在设计上利用气体的压缩性成功地降低回流损失,提高了泵的容积效率,并将轴向推力、噪声、压力脉动以及泵的振动等不利因素降低到最小范围,因此具有较好的效率和运行特性。双螺杆泵的示意图如图 7-6 所示,典型双螺杆式多相泵的性能曲线如图 7-7 所示。

双螺杆泵主要技术特点如下：

① 泵的转速决定流量,压力根据系统阻力特性自适应。

② 更适合低流量条件($10～500 \ \mathrm{m^3/h}$)。

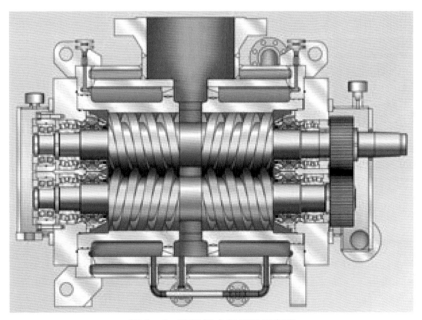

图 7-6　双螺杆式多相泵示意图

③ 更适合低入口压力条件,中高等增压(0~10 MPa)的场合。

④ 可以适用于高黏度工况。

⑤ 不适应含砂环境,会磨损螺杆,降低性能。

⑥ 需要配置相关流体系统,进行自循环来防止干转。

⑦ 在输送介质的含气率很高时,仍可以达到较高的容积效率和较好的增压。

⑧ 输送过程中双螺杆中至少保留 3% 的液体。

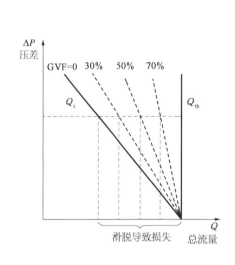

图 7-7　双螺杆式多相泵性能曲线

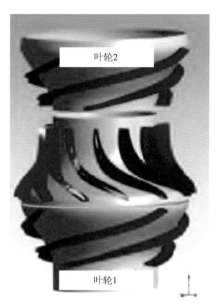

图 7-8　半轴流叶片

3) 其他类型

除了以上两种成熟的多相增压技术以外,还有一些研发中的多相增压技术,比如半轴流式增压技术。半轴流式增压技术采用半轴流叶片(图 7-8),这种叶片类似于螺旋轴流式叶片,叶片的一部分起到增压作用,另一部分起到整流作用,叶片能够实现 0~100% 气液比的多相增压,最佳气液比为 70%,增压能力达 200 bar。该种叶片式水下多相泵已经完成测试。

7.1.2.3　水下压缩机

水下压缩机目前主要有水下离心式压缩机和水下对转轴流式压缩机两种。两种类型的压缩机均在 2016 年成功取得了工程应用。

1) 水下离心式压缩机

水下离心式压缩机由陆上成熟的离心式压缩机改进而来,通过无油润滑、高频率感应电机、动态磁力轴承、变频软启动等先进技术保证压缩机在水下长期无故障运行。相对于陆上传统的离心式压缩机,水下离心式压缩机消除了变速箱、调速行星齿轮、润滑油系统、轴密封、密封系统等传统组件。由于离心式压缩机对于入口气液比有着严格的要求,因此水下离心式压缩机需要配合入口分离器来使用,其工艺流程如图 7-3 所示,实物如图 7-9 所示。

图 7-9　水下离心式压缩机

水下离心式压缩机具有以下特点:

① 集成程度高。

② 无排放、少维护。

③ 适合远程控制等特点。

④ 处理量大。

⑤ 增压比高。

2) 对转叶轮式湿气压缩机

对转叶轮是轴流式叶片的一种变化形式,机体呈对置方式,转向相反的一对电机分别驱动常规轴流压缩机的动叶和静叶,转速可变频调节。由于它的动、静叶是相对转动的,通常在较低的转速下就可得到很好的增压效果。该装置的一个显著特点是流量很大,但因其工作原理类似于轴流式压缩机,所以在含气量高达 90% 以上时才具有较为理想的性能。其叶片形式如图 7-10 所示。

水下对转轴流式压缩机具备以下特点:

① 处理液相段塞能力。

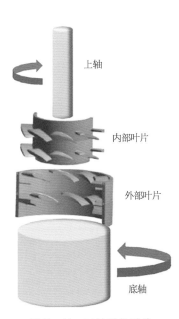

上轴

内部叶片

外部叶片

底轴

图 7-10　对转叶轮叶片

② 直接处理原工艺流体能力。

③ 处理 100％液相工况的能力。

④ 具备防喘振保护系统。

鉴于上述特点,水下对转轴流式压缩机不用配置入口分离器,可以像水下多相泵一样直接对井口采出液进行增压,其工艺流程如图 7-11 所示,实物如图 7-12 所示。

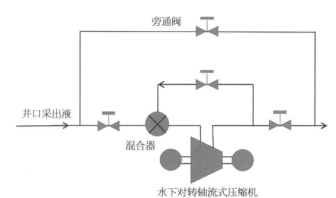

图 7-11　水下对转轴流式压缩机系统典型工艺

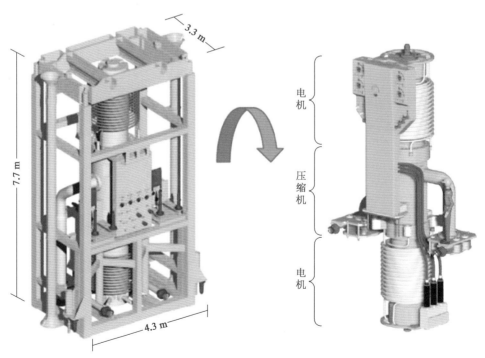

图 7-12　水下对转轴流式压缩机

7.2　水下分离技术

在深水油气田的油气混输管道中,因为其输送的生产井流自身为多相流组分,加之海底地势起伏以及平台控制运行操作等的影响,会带来诸如段塞流、析蜡、水化物、腐蚀、固体颗粒冲蚀等问题,从而对正常生产的海底输送管道甚至海底集输系统的安全造成严重威胁,因此,需要对油气井产出物进行海底处理。这类问题近几年来也成为开发、研制水下生产系统的核心问题。

水下分离技术作为水下集输处理技术的一种,对于水下生产系统的流动安全保障起着至关重要的作用。对油气田的生产流体进行气液分离,不仅能够减少乙二醇的用量,而且能够减小输送海底管道的管径,有利于降低开发成本。在油气田开发初期使用水下分离器,可以提高油气田的采收率达 20％以上;在油气田开发后期使用水下分离器,可以降低井口背压,解决生产后期压力降低的问题,提高油气田的采收率。因此,水下分离器的设计成为各大厂家争相研究的热点问题,如 FMC 公司的沉箱式分离器和三相海底分离系统、GE 公司的海底分离泵送系统等。目前,国内水下分离器的设计技术尚处于起步阶段。成熟的深海分离技术可以高效经济地开发深海中蕴藏的巨大油气资源,对我国海洋油气工业的发展具有重要的战略意义。

7.2.1　水下分离器的功能和安装位置

水下分离器是将油气田的产物进行分离的一种设备,可实现油气水砂等的分离,从而减少生产流体在输送过程中的流动安全问题。水下分离器一般安装在水下管汇的下游或者水下采油树的下游。图 7-13 所示为水下分离器安装位置示意图。由于水下分

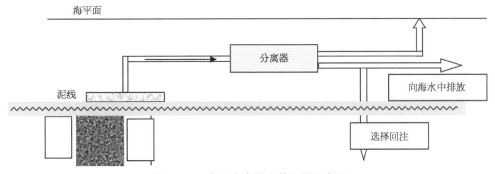

图 7-13　水下分离器安装位置示意图

离器使用环境的特殊性,即外部环境条件是低温、高压,内部生产流体特性是高温、高压,因此,其在设计时需要遵循相关的水下标准及专业标准。

水下分离器具有如下技术优势:

① 水下分离器设备位于海底,其生产、操作可以不受天气或气候的影响,从而减轻了海上平台的负担,不会由于海上平台的状况及海平面环境条件而影响油气处理的效果,可以有效降低投资和生产成本。

② 对于小储量油气田,或者受平台重量影响较大的油气田,或者受地理位置影响较大小型油气田等的开发来说,原先无法进行开采的油气田,现在由于水下分离技术的出现,可以使用水下分离器,从而实现油气田的开发。

③ 使用水下分离器可以有效减小井口背压,提高油气田的采收率。

④ 使用水下分离器可以有效解决流动安全问题,避免产生立管段塞流,从而减少产生气蚀等设备破坏问题。

⑤ 采用水下分离器,将油、气、水分离,可以减小生产井流三相混输时对输送管道造成的摩擦阻力,分离后的有用油气举升,分离后的水直接回注到海底,从而便于开采低压油层的深水油气田。

基于以上优点,水下分离技术变得越来越重要,并引起国内外各大石油公司的竞相开发和研究。由于多相流分离过程机理复杂,深水分离系统开发技术难度大,国内在该领域的研究和应用尚属空白。科技部在 2009 年就已将水下分离器的结构设计研究列入"重大技术装备自主创新指导目录"中,从国家战略需求的角度,高瞻远瞩地提供导向。

7.2.2 水下分离器的分类

近十几年来国外在水下分离技术领域进行了大量的技术开发和应用探索,并实现了一些新的技术方案。2001 年北海 Troll C 油田投用了世界上首台海底油水重力分离器,工作水深 340 m;2007 年 StatoilHydro 公司在 Tordis 油田投用一套海底水下分离系统,其分离系统为油气水三相分离器。针对 3 000 m 水深,Vetco Aibel 公司开发了内置静电聚结强化型重力沉降分离器,而 StatoilHydro 公司则提出了新的基于重力分离的管式分离器。虽然技术开发和应用取得不少进展,却鲜有关于深水多相分离器的基础理论和设计方法方面的研究报道。无论是基于重力沉降的多相分离器还是旋流分离器,其理论基础仍停留在单分散颗粒在连续相内沉降规律的分析和描述上,没有从多分散、多相颗粒耦合的角度去研究其在重力场、静电场和离心力场或组合场作用下的运动和分离规律,也未系统考虑特殊的颗粒如气泡、液滴等在连续相的沉降分离、聚并及分层规律等,这大大制约了深水多相分离器的开发和应用。

目前,国外各大石油公司已经研制出多种用于海底的分离器,例如 ABB 公司开发的世界上第一套海底分离泵送系统,以及巴西国家石油公司的分离和泵送系统等。

水下分离器可以按照应用分为多相流泵应用、增压应用及水下三相分离应用。根据分离的原理,水下分离器可以分为重力分离器、旋流分离器、在线分离器。根据安装的方式,水下分离器可以分为橇装水下分离器、沉箱式水下分离器。

7.2.2.1　按照应用分类

1)多相流泵应用

分离器设计在多相流泵的下游,从多相流泵下游分离出液相,并进入多相流泵的入口,此设计目的为当产生高含气率(gas volume fraction, GVF)(甚至100%GVF时)情况下保证多相流泵不至于烧毁,从而实现其长周期运行。

第一台水下柱状气液旋流(gas-liquid cylindrical cyclone, GLCC)分离器应用为多相流泵应用,位于巴西国家石油公司的坎波斯(Campos)海盆,用于多相流泵的除气,防止多相流泵干转,其工艺流程如图7-14所示。该高效分离器是橇装型高效分离器,安装在吸力桩基础上。水下GLCC分离器设备于2006年投用,至今运行正常,保证了多相流泵的正常运行。

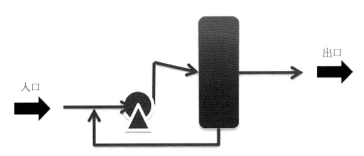

图7-14　多相流泵应用工艺流程示意图

2)增压应用

通过水下分离器实现气液分离,分离后的气相通过自身压力或湿气压缩机输送至中心平台,分离后的液相通过电潜泵输送至中心平台或陆地终端。

水下增压是水下分离器最重要的应用,通过采用水下分离器技术,可以大大降低很多边际油田的开发预算,使得很多边远区块油气田的开发成为可能,并能够显著提高这些油田的采收率。其工艺流程如图7-15所示。

3)水下三相分离、除砂、回注及水处理综合应用

2007年,改进的水下分离器系统在北海的Tordis油田(挪威)投入使用,该系统是第一套商业化的水下工艺系统,系统设计用于提高油流升压和污水排放的经济性。水下分离器系统包括气液固分离器、油水砂界位传感器、水力旋流器和在线入口除砂器等。水下分离、回注系统的工艺流程如图7-16所示。

水下分离器系统的工艺流程如下:

油井的生产流体进入分离器上部的GLCC分离器进行预分离,分离后的气相与最终的油相通过多相流泵增压输送至Gullfaks C平台,分离后的油水则在管式分离器内

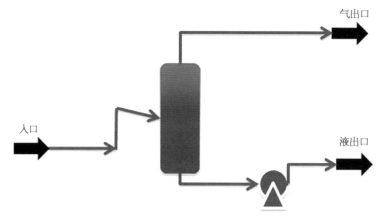

图 7‑15　水下增压应用工艺流程示意图

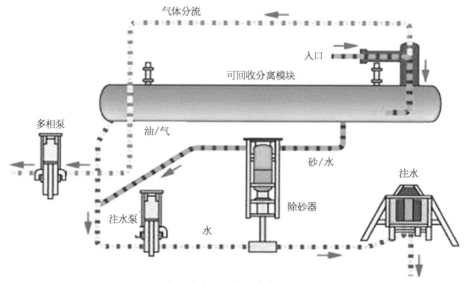

图 7‑16　水下分离、回注系统的工艺流程示意图

通过重力原理进行分离。

7.2.2.2　按照分离原理分类

水下分离器按照分离原理可以分为传统的重力分离器、水平管式新型重力式分离器、新型重力式海底分离器、GLCC 分离器、螺旋管分离器、静电聚结分离器、超音速管分离器等，现在水下应用成功的分离器大部分为重力分离器和旋流分离器。

1）重力式气液分离器

重力式气液分离器的设计完全遵照斯托克斯方程，通过设定沉降时间来设计分离器的尺寸。此种方法设计的分离器尺寸较大，并不适用于水下生产系统中。因此，这种分离器已经逐渐被旋流分离器和其他形式高效分离器所取代。重力分离器原理如图 7‑17 所示。

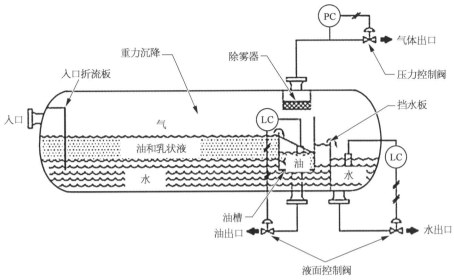

图 7 - 17　重力分离器原理示意图

2）水平管式新型重力式油水分离器

在设计常规重力分离器时，一般都须保证分离器内部的轴向平均流速低于 0.1 m/s，轴向平均流速若大于该值则会因湍流而产生分离问题，聚结后的水珠会重新分散在油水乳化液中。这个设计准则导致了卧式分离器的轴向长度较短而径向直径较粗。管式分离是一种新的重力分离概念，能够适应于在高流速流态范围内工作。通过减小分离器的直径，降低了水颗粒的沉降距离和相应所需的沉降时间；在同样的停留时间下，水相在管式分离器中通过的界面区域大于常规大直径分离器；通过增大油水乳化层上所受的剪切力，加速了油水乳化层的分解，使得管式分离器能分离更为稳定的乳化液。在同样的处理能力和效率下，若采用常规重力分离器，则设计出的水下分离器的质量约为 320 t；若采用管式分离器，则设计出的水下分离器的质量仅为 60 t。

FMC 公司已经设计出了管式分离器，如图 7 - 18 所示。

3）新型重力式海底分离器

挪威 Troll 地区的海底分离器是以重力分离为基础的深水海底分离器，由 ABB 公司和 Hydro 公司合作开发，它是一个带有水回注系统的油水分离器，如图 7 - 19 所示。

新型重力式海底分离器与传统重力式分离器不同之处在于，新型重力式海底分离器有一个入口气液分离器，这个入口气液分离器位于容器上方，在生产井流进入重力分离器之前，可以通过这个入口分离器将气体分离出来。在分离器的上部设计有专门的管线供气体流通，重力分离器的容积几乎全部用于油水分离，效率较高。因此，在处理能力相同的情况下，新型重力式海底分离器的重量、体积要小于传统重力式分离器，如图 7 - 20 所示。

图 7‑18　水平管式新型重力式油气水分离器

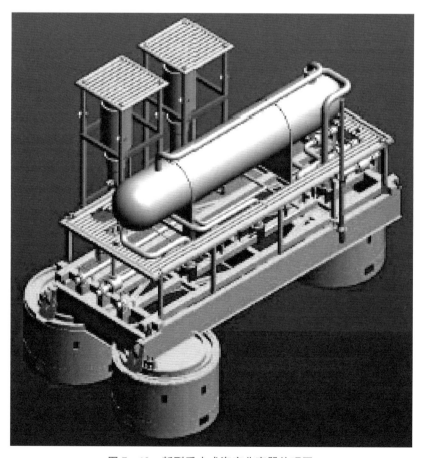

图 7‑19　新型重力式海底分离器外观图

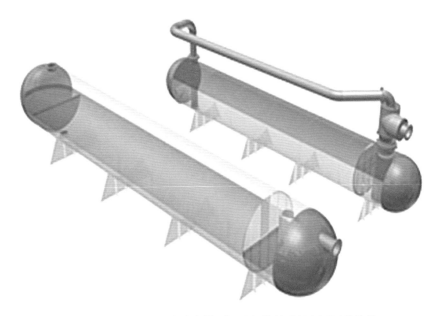

图 7 - 20　新型重力式分离器(右图)与传统设计(左图)的比较

4) GLCC 分离器

GLCC 分离器是一种高效的气液旋流分离器,依靠离心力原理进行旋流气液分离,其体积相比传统的重力分离器要小约 10 倍。

GLCC 分离器由入口分流区、液滴区、气泡区、气相和液相出口配管等部分组成,如图 7 - 21 所示。

GLCC 分离器的分离原理为:生产井流经过分离器的入口分流区初步分离后,进入分离器的主体结构中;生产井流在主体结构中进行旋转分离,分离后的气相携带部分液滴进入分离器上部的液滴区,其余的液相进入分离器下部的气泡区。在液滴区,由于分散粒子液滴的密度大于连续相气相密度,液滴被甩向器壁。到达器壁的液滴,在旋转气流的作用下,将在器壁上形成螺旋状薄层

图 7 - 21　GLCC 分离器示意图

液流沿器壁向下流动分出,从而完成气液分离。液滴能够从气相中分出的必要条件是,分离器中心处的液滴到达器壁的时间应少于液滴随旋转气流流出分离器的时间。

5) 垂直环形分离泵送系统

垂直环形分离泵送系统是一种新型的气液分离/泵送系统,最初是要安装在 30～

70 m 深井中的泥浆管线上方,且带有分离器头。由于该系统是在标准套管及井口部件的基础上发展而来的,因此安装及维护按照现有钻井和完井步骤即可完成。后来,垂直环形分离泵送系统应用于近海油气开采作业。

垂直环形分离泵送系统的工作原理为垂直环形分离泵送系统的气液分离系统与电动潜油离心泵联用,未经处理的油井产出物流从水下管汇进入垂直环形分离泵送系统中,通过螺旋型流道对气液混合物实施分离,分离后的气体依靠自身的能量通过管线举升到海上平台,而分离后的液相则由电潜泵增压输送至水面上。

Agip 公司、埃克森美孚公司和 Petrobras 公司等联合研制开发了 1 台垂直环形分离泵送系统,并安装在巴西近海的 Marimba 油田,用来分离来自 MA‐01 井的油井产出物,分离后的产物将输送到 P‐08 半潜式平台上。整个垂直环形分离泵送系统安装在 1 根埋进海底、与隔水管基础相邻的导管内,能够从导管中取出来进行修理和维护。垂直环形分离泵送系统可以有效降低井口压力、提高采收率,从而延长油田开采寿命。

垂直环形分离泵送系统底部是 1 台带有防护罩的电潜泵,顶部是常规水下采油树、套管和井口组件,还包括 1 个压力外套和螺旋接头,如图 7‐22 所示。垂直环形分离泵

图 7‐22　垂直环形分离泵送系统

送系统的监控系统包括1个液压动力装置、1个海底控制模块、1个主控模块、1个海底节流阀和2个液位传感器。电力系统包括与液体排出管相连的电潜泵、井下传感器、电缆、湿式电接头及位于P-08半潜式平台上的变速驱动。

6）静电聚结强化型重力分离器

在过去10多年里，国外在静电聚结原油脱水技术方面进行了大量的研究，成功推出了一些商业化产品，如紧凑型静电聚结器、在线静电聚结器、容器内置式静电聚结器、低含水量聚结器等。

1999年8月—2002年1月，Kvaerner Process Systems公司实施了名为"紧凑型静电聚结器海底化"的项目，并得到了DEMO 2000计划的支持。该项目为Norsk Hydro的GjCa油田研制开发了1套用于海底原油脱水的紧凑型静电聚结器装置。所设计的海底紧凑型静电聚结器模块尺寸为2.586 m×2.586 m×5.164 m（$L \times W \times H$），包括框架在内的模块总质量约20 t，可以安装在标准API导索架上并能独立回收。研制开发了海底紧凑型静电聚结器液位感应器，以探测内部的气液界面位置。继紧凑型静电聚结器装置在Statoil的Glitne油田成功进行了首次全尺寸近海平台运行之后，Kvaerner Process Systems公司于2003年11—12月又启动了名为"紧凑型静电聚结器技术自动电压控制系统资质认证"的DEMO 2000项目。

ABB Offshore Systems公司实施了名为"Nudeep"的项目，旨在开发适合水深3 000 m的海底处理系统设备，主要包括NuComp、NuFlow、NuTrols和NuProc 4个子项目，其中NuProc的目的就是开发第2代海底重力沉降分离设备。此项目所设计研制的静电聚结强化型重力分离设备为卧式细长圆柱状压力容器。2005年在Norsk Hydro研究中心的高压分离实验装置上安装了1台NuProc实验用分离器，用来处理17°API重油。实验结果表明，分离器出油口的含水率低于5%，分离效果非常令人满意。

静电聚结强化型重力分离器的工作原理为：根据重力沉降的斯托克斯公式可知，油水分离时水颗粒的沉降速度与其自身的粒径成正比，因此，若在常规重力沉降分离过程发生之前，设法通过静电聚结技术预先使得分散的小水颗粒聚结长大，那么就能显著减少所需的沉降时间，从而提高分离效率。

7）超音速管分离器

超音速气液分离技术的原理是采用低温冷凝法，超音速管分离器是核心部件。超音速管分离器沿着轴向可分为膨胀段、旋流分离段和压缩段三部分。超音速管分离器的工作原理为：气体混合物首先进入膨胀段末端的Laval喷嘴，在自身压力作用下加速到超音速，在该过程中气流混合物的温度和压力会急剧下降，从而导致其中的水蒸气和重烃冷凝形成微米级的细雾状液滴。然后，带有凝析液的气体进入中间的旋流分离段，液滴在强旋涡运动作用下向外离心运动，从而在内壁形成大约几毫米厚的薄液膜层，通过环形槽清除后流入后面的液液分离装置中。在此过程中，干气则继续前行进入压缩段，流速下降到亚音速，压力则上升恢复到原始压力的70%~80%，从而实现气液分离。

世界上第一个商业化运行的 Twister 超音速气液分离器(图 7-23)于 2001 年 12 月在 Petronas 和壳牌公司的 B11 P-A 开发中使用。这些气液分离器在荷兰加工制造,内部元件采用 Inconel 合金,目的是防止因处理气中 CO_2 和 H_2S 含量较高而引起腐蚀问题。

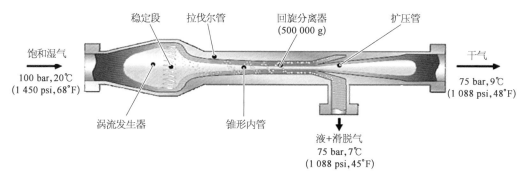

稳定段　拉伐尔管　回旋分离器(500 000 g)　扩压管

饱和湿气
100 bar,20℃
(1 450 psi,68°F)

干气
75 bar,9℃
(1 088 psi,48°F)

涡流发生器　锥形内管

液+滑脱气
75 bar,7℃
(1 088 psi,45°F)

图 7-23　Twister 超音速气液分离器原理示意图

由于 Twister 超音速气液分离器可以在非常低的环境温度下从气体中提取液体,因此完全可以将其直接应用于海底。Twister BV 公司和 FMC 公司已经完成了将 Twister 应用于海底的可行性研究,典型的 Twister 海底模块将 6 根 Twister 超音速气液分离器垂直安装在液体脱气罐上部周围。虽然有几个部件在海底安装和运行之前还需要做进一步研发和资质认证,但已经报批了一个由欧盟资助的 4 年研发计划,并于 2007 年完成了小规模海底天然气处理装置样机的设计制造和安装调试。

7.2.3　水下分离器的设计标准及分析

目前,国内尚未建立水下分离器设计、建造、测试、检查等的专门标准,仅有水下生产系统的相关一般性要求和标准,国际上包括国家标准化组织(ISO)、美国石油协会(API)、挪威船级社(DNV)和美国机械工程师协会(ASME)等均对水下系统有着严格的要求。另外,一些标准化组织如美国腐蚀工程师协会(NACE)等也在相关领域有过明确规定。

关于水下分离器结构设计,目前只有 DNV 有较为针对性的设计规定,即《海底分离器结构设计》(DNV RP F301)标准。该标准范围包括海底重力分离器(用于深水)的设计、制造、测试和认证过程的一般要求,主要适用于石油和天然气工业中安装在深水的海底分离器。DNV RP F301 标准是一种国际上可接受的标准,为海底分离器的结构整体性设计提供了指导,适用于主要受外部压力控制深水分离器的设计分析,而这些深水分离器的设计又是建立在《欧盟压力容器规范》(EN 13445)基础之上。相较而言,国内尚无明确的水下分离器设计相关标准和推荐做法。

关于水下分离器的材料选择,由于水下分离器位于高压低温的外部海水环境中,且内部流经油田产出物,因此对于材料强度和防腐的要求较高。目前,ISO 13628-1、

NACE MR 0175 及 DNV OS F101 等标准中均对油田使用的材料级别和类型做出明确规定。

7.2.3.1　水下分离器设计遵循标准

考虑水下分离器使用环境的特殊性,可以采用压力容器的设计方法进行水下分离器的设计,即需要遵循 GB 150 压力容器标准或者 ASME Ⅷ压力容器规范的要求。同时,水下分离器作为水下生产系统中的一个关键设备,其设计也应遵循相关的水下标准和规范,如 ISO 13628 系列、GB/T 21412 系列和 API 17 系列的水下标准,具体如下:

1) ISO 主要水下系统标准

① ISO 13628 - 1(2005 版):Petroleum and natural gas industries — Design and operation of subsea production systems — Part 1:General requirements and recommendations。

② ISO 13628 - 2(2000 版):Petroleum and natural gas industries — Design and operation of subsea production systems — Part 2:Flexible pipe systems for subsea and marine applications。

③ ISO 13628 - 3(2000 版):Petroleum and natural gas industries — Design and operation of subsea production systems — Part 3:Through flowline (TFL) systems。

④ ISO 13628 - 4(1999 版):Petroleum and natural gas industries — Design and operation of subsea production systems — Part 4:Subsea wellhead and tree equipment。

⑤ ISO 13628 - 5(2002 版):Petroleum and natural gas industries — Design and operation of subsea production systems — Part 5:Subsea umbilicals。

⑥ ISO 13628 - 6(2006 版):Petroleum and natural gas industries — Design and operation of subsea production systems — Part 6:Subsea production control systems。

⑦ ISO 13628 - 7(2005 版):Petroleum and natural gas industries — Design and operation of subsea production systems — Part 7:Completion/workover riser systems。

⑧ ISO 13628 - 8(2002 版):Petroleum and natural gas industries — Design and operation of subsea production systems — Part 8:Remotely operated vehicle (ROV) interfaces on subsea production systems。

⑨ ISO 13628 - 9(2000 版):Petroleum and natural gas industries — Design and operation of subsea production systems — Part 9:Remotely operated tool (ROT) intervention systems。

2) GB/T 21412 主要水下标准

① GB/T 21412.1—2010:石油天然气工业　水下生产系统的设计和操作　第 1

部分：一般要求和推荐做法。

② GB/T 21412.3—2009：石油天然气工业 水下生产系统的设计和操作 第 3 部分：过出油管(TFL)系统。

③ GB/T 21412.4—2013：石油天然气工业 水下生产系统的设计和操作 第 4 部分：水下井口装置和采油树设备。

④ GB/T 21412.5—2017：石油天然气工业 水下生产系统的设计和操作 第 5 部分：水下脐带缆。

⑤ GB/T 21412.6—2018：石油天然气工业 水下生产系统的设计和操作 第 6 部分：水下生产控制系统。

⑥ GB/T 21412.7—2018：石油天然气工业 水下生产系统的设计和操作 第 7 部分：完井或修井隔水管系统。

⑦ GB/T 21412.8—2010：石油天然气工业 水下生产系统的设计和操作 第 8 部分：水下生产系统的水下机器人(ROV)接口。

⑧ GB/T 21412.9—2009：石油天然气工业 水下生产系统的设计和操作 第 9 部分：遥控操作工具(ROT)维修系统。

⑨ GB/T 21445.2—2008：石油天然气工业 海底生产系统的设计和操作 第 2 部分：用于海底和海上的挠性管系统。

3）API 主要水下标准

① API RP 17A(2006 版)：Design and operation of subsea production systems — General requirements and recommendations。

② API SPEC 17D(1996 版)：Specification for subsea wellhead and christmas tree equipment。

③ API SPEC 17F（2007 版）：Specification for subsea production control systems。

4）DNV 水下系统标准

DNV 对水下生产设施的设计制定了详细的标准，其中包括 DNV RP F301 水下分离器标准、DNV OS F101 海底管道标准、DNV RP D101 钢管标准和 DNV RP F401 电力电缆水下标准等。

① DNV RP F112：Design of duplex stainless steel subsea equipment exposed to cathodic protection。

② DNV RP F113：Pipeline subsea repair。

③ DNV RP F301：Subsea separator structural design。

④ DNV RP F302：Selection and use of subsea leak detection systems。

⑤ DNV RP F401：Electrical power cables in subsea applications。

⑥ DNV RP H101：Risk management in marine and subsea operations。

⑦ DNV RP O401：Safety and reliability of subsea systems。

7.2.3.2　水下分离器设计标准分析

经研究,水下分离器的设计主要需要依据 DNV RP F301 水下分离器标准、GB 150 压力容器标准和 ASME Ⅷ压力容器规范三个标准、规范进行。下面分别从适用范围、许用应力规定两个方面对标准进行比较、分析。

1) 适用范围

(1) DNV RP F301 水下分离器标准

DNV RP F301 水下分离器标准主要适用于深水安装的水下油气生产分离器。标准重点关注了水下分离器的安全设计原则。为了保证深水水下分离器的完整性,其安全设计原则包含不同方面的内容,如设计原则和质量保证、建造要求和操作考虑、系统检查和安全目的。

(2) GB 150 压力容器标准

GB 150 压力容器标准基本上是按照压力容器类型及容器主体材料来分别相应制定的,如钢制压力容器、铝制压力容器、卧式容器、塔式容器、铝制焊接容器等。对于钢制容器来说,适用的设计压力不大于 35 MPa。

(3) ASME Ⅷ压力容器规范

ASME Ⅷ是有关压力容器的总体要求,为压力容器的设计、材料选择、制造、检查、监测、测试以及认证都提供了依据。ASME Ⅷ压力容器规范是根据不同的载荷规定引用不同的设计规范,如设计压力小于 20 MPa 的选用 ASME 规范第Ⅷ卷第一分册,设计压力小于 70 MPa 的选用 ASME 规范第Ⅷ卷第二分册,设计压力大于 70 MPa 的选用 ASME 规范第Ⅷ卷第三分册。

2) 许用应力规定

(1) GB 150 压力容器标准

GB 150 压力容器标准中规定材料的许用应力按表 7-1 的规定来选取。

表 7-1　GB 150 压力容器标准规定的许用应力

材　　料	许用应力取下列各值中的最小值
碳素钢、低合金钢	$\dfrac{R_{\mathrm{m}}}{2.7}, \dfrac{R_{\mathrm{s}}}{1.5}, \dfrac{R_{\mathrm{s}}^{t}}{1.5}, \dfrac{R_{\mathrm{D}}^{t}}{1.5}, \dfrac{R_{\mathrm{n}}^{t}}{1.0}$
高合金钢	$\dfrac{R_{\mathrm{m}}}{2.7}, \dfrac{R_{\mathrm{s}}}{1.5}$ 或 $\dfrac{R_{\mathrm{sl}}}{1.5}, \dfrac{R_{\mathrm{s}}^{t}}{1.5}$ 或 $\dfrac{R_{\mathrm{sl}}^{t}}{1.5}, \dfrac{R_{\mathrm{D}}^{t}}{1.5}, \dfrac{R_{\mathrm{n}}^{t}}{1.0}$
钛及钛合金	$\dfrac{R_{\mathrm{m}}}{2.7}, \dfrac{R_{\mathrm{sl}}}{1.5}, \dfrac{R_{\mathrm{sl}}^{t}}{1.5}, \dfrac{R_{\mathrm{D}}^{t}}{1.5}, \dfrac{R_{\mathrm{n}}^{t}}{1.0}$
镍及镍合金	$\dfrac{R_{\mathrm{m}}}{2.7}, \dfrac{R_{\mathrm{sl}}}{1.5}, \dfrac{R_{\mathrm{sl}}^{t}}{1.5}, \dfrac{R_{\mathrm{D}}^{t}}{1.5}, \dfrac{R_{\mathrm{n}}^{t}}{1.0}$

(续表)

材　　料	许用应力取下列各值中的最小值
铝及铝合金	$\dfrac{R_m}{3}$，$\dfrac{R_{sl}}{1.5}$，$\dfrac{R_{sl}^t}{1.5}$
铜及铜合金	$\dfrac{R_m}{3}$，$\dfrac{R_{sl}}{1.5}$，$\dfrac{R_{sl}^t}{1.5}$

注：① 对奥氏体高合金钢制受压元件，当设计温度低于蠕变范围且允许有微量的永久变形时，可适当提高许用应力至 $0.9R_{sl}^t$，但不超过 $\dfrac{R_{sl}}{1.5}$，此规定不适用于法兰或其他微量永久变形就产生泄露或故障的场合。

② 如果引用标准规定了 R_{s2} 或 R_{s2}^t，则可以选用该值计算其许用应力。

③ 根据设计使用年限选用 1.0×10^5 h、1.5×10^5 h、2.0×10^5 h 等持久强度极限值。

④ 各参数含义如下：

R_m—在测试压力下的最大许用应力（MPa）；

R_s（R_{sl}、R_{s2}）—标准室温下的屈服强度（或 0.2%、1% 非比例延伸强度）（MPa）；

R_s^t（R_{sl}^t、R_{s2}^t）—设计温度下的屈服强度（或 0.2%、1% 非比例延伸强度）（MPa）；

R_D^t—设计温度下经 10 万 h 断裂的持久强度的平均值；

R_n^t—设计温度下经 10 万 h 蠕变率为 1% 的蠕变极限平均值。

（2）ASME Ⅷ压力容器规范

ASME Ⅷ压力容器规范中规定，在蠕变/断裂温度范围以下，材料的许用应力取下列情况的最低值：

① 室温下规定的最小抗拉强度的 1/4。

② ASME 规定温度下抗拉强度的 1/4。

③ 室温下规定的最小屈服强度的 2/3。

④ ASME 规定温度下屈服强度的 2/3。

此外，对于奥氏体不锈钢、镍和镍合金，有两套许用应力值；对容许有稍大的变形之处，可采用较高值温度下屈服强度前的系数，且其可以从 2/3 增加到 0.9。

7.2.3.3　水下分离器设计其他注意事项

水下分离器结构非常复杂，在进行设计时，除须遵循通用规范外，针对具体的结构还应遵循相关的专业标准或规范。另外，还须特别考虑以下两个问题：

（1）材料选择

水下分离器在海底高压低温的环境中使用，其材料的选择要满足一定的强度和稳定性的要求，同时其内部还流经油井产出物，处于高压高温环境，因此，对于材料的要求更高。按照 DNV RP F301 要求，水下分离器的材料如选择碳钢时，则其最小屈服强度为 555 MPa 或者选用双向不锈钢（铁素体-奥氏体）22Cr 或 25Cr。

（2）防腐方法

水下分离器在设计时需要考虑的腐蚀因素主要有如下两类：一类是水下分离器筒体内滞留的流体的腐蚀；另一类是因海洋环境引起的腐蚀，比如外部流体、缝隙腐蚀等。

目前，NACE MR0175 对于金属材料的腐蚀防护方法有以下几种：使用耐蚀合金钢管材、使用涂镀层油管、注入缓蚀剂、阴极保护等。

7.2.4　水下分离器设计的影响因素

水下分离器设备安装在海底，其所处环境复杂多变，水下分离器的外部处于低温环境中，而水下分离器的内部因为流经生产流体而处于高温环境中，因此，水下分离器的设计需要考虑水深、油藏压力、油藏温度、油藏组分等因素的影响。

1）水深

水深因素影响着水下分离器设计的多个方面，比如水下分离器流动安全保障设计、防腐设计等，是影响水下分离器设计的重要参数之一。

① 水下分离器外部所处的温度环境和所承受的压力因为水深的不同而不同，随着水深加深，水温不断变低，在这个高压低温环境下，容易产生水合物，此时，需要考虑水下分离器的流动安全保障设计，避免进入输送管道中的油气产生水合物，造成输送管道的堵塞，从而影响分离以后输送管道的正常运行。随着水深的加深，水压也不断增大，水下分离器所须承受的外部压力也在不断增大，此时，需要考虑水下分离器的外压强度设计，进行相关的数值模拟。

② 水下分离器所处的海洋环境（风、浪、流等）因为水深的不同而不同，海水环境及海洋微生物对水下分离器所使用钢材结构的腐蚀速率也因此不同，这会影响水下分离器的外防腐设计。在设计的时候，需要考虑增加防腐涂层的厚度，需要考虑牺牲阳极块的数量以及位置。

2）油藏压力

水下分离器是将油气田的产物进行分离的一种设备，可实现油气水砂等的分离，因此，油藏的压力决定着水下分离器的设计压力，是水下分离器强度设计需要考虑的重要因素之一，也是水下分离器强度设计数值模拟和稳定性数值模拟的基础参数之一。

3）油藏温度

水下分离器内部流经生产流体，流体特性对于水下分离器的结构设计有重要影响。油藏温度是进行水下分离器设计的重要参数之一，它决定着水下分离器的设计温度。设计时，在处理量相同的情况下，水下分离器的设计压力和设计温度不同，所设计出的水下分离器的结构尺寸则不一样。另外，生产流体温度不同，油藏组分的体积、密度等物性参数均不同，从而影响水下分离器的结构尺寸设计。

4）油藏组分

水下分离器材料类型的选择与油藏组分息息相关。若油藏组分中含有酸性介质组分，水下分离器所选用的材料则须考虑耐腐蚀的要求，且在进行水下分离器壁厚设计时，应设计有充足的腐蚀余量。

根据油藏组分的构成，可以得到各组分的占比，从而得出油藏的气液比。根据已知的水下分离器所需处理的油气总量,可以计算得到水下分离器所需处理的气量和液量,从而进行具体的水下分离器的结构设计。此外,水下分离器类型的选择需要考虑油藏组分的影响。一般而言,对于只需要进行气液两相分离的油气田来说,常选用气液两相分离器;对于需要进行油气水三相分离或者油气水砂四相分离的油气田来说,常选用三相重力分离器或者水下分离器的组合形式。

7.2.5 水下分离器的应用工程案例

随着深水、超深水油气田的不断开发,浮式平台＋水下生产系统开发模式的应用越来越多。在这种开发模式下,由于海上平台处于多变的海洋环境中,规模有限,因此对平台设备的尺寸和重量都有严格的限制。为了减小宝贵的平台空间,水下增压技术、水下分离技术等创新技术逐渐应用到各大油气田中。目前,世界范围内仅有 9 个油气田应用水下分离器,见表 7-2。

表 7-2　水下分离器应用的工程实例

项目区块	国家	时间/年	水深/m	水 下 分 离 器	分离原理
Troll C	挪威	2001	350	水下分离与注水系统	重力分离
Marimba	巴西	2001	400	垂直环空泵送系统	离心力分离
Tordis	挪威	2007	200	油气水砂四相分离器	重力分离
BC-10	巴西	2009	1 780	沉箱式分离器和增压系统	离心力分离
Perdido	美国	2009	2 450	沉箱式分离器和增压系统	离心力分离
Pazflor	美国	2011	800~900	气液分离器	重力分离
Marlim	巴西	2011	896	三相海底分离系统	重力分离
Congro	巴西	2012	197	垂直环空泵送系统	离心力分离
Corvina	巴西	2012	280	垂直环空泵送系统	离心力分离

迄今为止,上述油气田的水下分离器相继投入实际运营。下面仅对 Tordis 油田的三相分离系统、Perdido 油田的沉箱分离与增压系统、Marlim 油田的三相分离系统做详细阐述。

1) Tordis 油田的四相分离系统

Tordis 油田位于挪威北海,于 2007 年投产,虽然水深仅有 200 m,但该工程是世界上第一个商业化运行的海底分离、增压和注水系统,如图 7-24 所示。Tordis 油田的产出水不断增加,Gullfaks C 平台已无法处理;同时,储层压力降低,需要通过注水开采来提高采收率。为此,在距离 Gullfaks C 平台 12 km 处设置海底分离、增压和注水系统。该系统包括基础结构、管汇、分离模块、除砂系统、注水泵、多相泵和其他组件,重约 1 200 t,基础结构采用 4 个吸力锚来进行定位和找水平。

图 7 - 24　Tordis 油田 SSBI 水下系统

　　海底分离、增压和注水系统的分离器包括一个入口柱状旋流器,可将大部分气体分离进入输气管,剩余的气、水、油和砂在分离罐中基于重力沉降原理进行分离,分离后的油和气重新混合后通过多相泵增压输送至 Gullfaks C 平台。分离罐内设置布液构件、整流构件、油气混合构件和冲砂系统。分离罐底部通过冲砂喷嘴定期冲洗滞留砂,并输送至除砂器进行处理(50～500 kg/d)。除砂器定期清空砂粒,将砂和回注水混合后经注水泵增压注入地层,也可以与油气混合输送至平台。

　　2) Perdido 油田的沉箱分离与增压系统

　　Perdido 油田位于美国弗里波特镇以南 320 km 的墨西哥湾,由 Great White、Silvertip 和 Tobago 三个区块组成,水深 2 377～2 926 m,包含 17 口生产井。Perdido 油田产量如下:油为 10 万 bbl/d$\left(1\text{ bbl}=1\text{ 桶}\approx\dfrac{1}{7}\text{t}\right)$,气为 566 万 m³/d;原油为 17～40° API、气液比 62.4～463.7。为了克服低储层压力和 2 000 psi 的井口背压,该油田采用海底沉箱分离与增压系统结合 SPAR 平台的方式进行开发,于 2009 年投产,是世界上第一个采用深水气液分离与举升系统开发的超深水油田。图 7 - 25 所示为 Perdido 海底生产系统示意图。

　　Perdido 油田包括 5 套 FMC 提供的海底沉箱分离与增压系统,水深 2 450 m,设计压力 4 500 psi。设计处理能力:油 2.5 万 bbl/d,气 156 万 m³/d。电潜泵参数:液相含气率<15%、流量 2.5 万 bbl/d、功率 1.2 MW、增压 2 200 psi。井口产出物通过海底沉箱分离器进行气液分离,气体通过预张力立管的环空自然举升至 SPAR 平台,液体通过

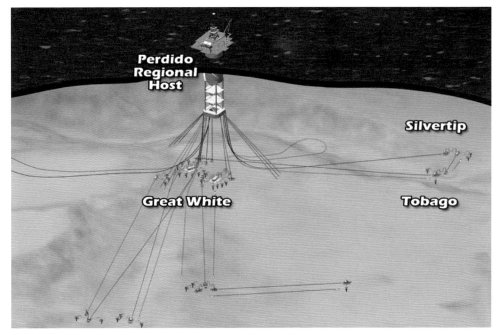

图 7－25　Perdido 海底生产系统示意图

图 7－26　Perdido 油田的分离器

电潜泵举升经预张力立管的内管输送至 SPAR 平台。图 7－26 所示为 Perdido 油田的分离器。

3）Marlim 油田的三相分离系统

Marlim 油田位于距巴西里约热内卢 110 km 的 Campos 盆地，水深 650～2 600 m。从 1991 年开发至今，已形成包括 102 口油井、50 口注入井、8 个浮式生产设施、80 km 刚性管和 400 km 柔性管的规模。经过 20 年的开发，储层压力不断降低，含水率不断增加。同时，砂对生产系统存在潜在的破坏。目前产量：油为 39 万 bbl/d，水为 25.2 万 bbl/d；油为 21～25°API 重油；注水量达到 70.5 万 bbl/d。Marlim 三相海底分离系统设计用来从多相井流中分离出水，并将水回注至地层中，可以减小井口的背压和增加储层压力提高产量，还可减轻浮式生产设施的水处理负荷。该系统水深 896 m，距生产井 341 m、距注水井 2 100 m，于 2011 年投产，是世界上第一个深海重油-水分离与净化水回注系统。

Marlim 油田三相分离系统包括管式分离模块、砂处理模块和水力旋流模块，如图 7－18 所示。三相分离系统尺寸约为长 29 m、宽 10.8 m、高 8.4 m,重达 392 t。液相处理能力为 2.2 万～2.5 万 bbl/d,含水率高达 67%。回注水指标:含油率<100×10^{-6}、砂含量<10×10^{-6}。为了减少砂在下游设备中的沉积量和减小冲砂操作的频率,油气水砂混合物首先进入多相除砂器,除去大部分砂;再进入气体筛,从液相中分离出游离气;液相经过管式分离器重力沉降后进入出口罐,水相从出口罐底部出来后进入净化水装置(包括除砂模块和两级水力旋流模块)进行除砂和除油,净化水通过注水泵增压回注到地层;出口罐中的水相液位通过注水泵的转速来控制。油、气、砂和剩余水通过 2.4 km 混输管道(包括立管和管线)输送至 P-37 浮式生产储载游轮。

7.3　水下气液旋流分离器缩尺样机研制

　　紧密结合我国深水油气田开发的实际需求,结合我国南海北部深水气田开发的需求,开展了水下气液旋流分离技术研究。以番禺 35-2 气田为目标气田,研制了一套最大工作水深 300 m 的水下气液旋流分离器缩尺样机。

7.3.1　水下气液旋流分离器总体技术要求

　　水下气液旋流分离器整体设计采用“橇装式设计”,所有的切断阀门、仪表均安装在橇之内,分离器一侧设置水下机器人操作面板,出入口设计为水下接头连接的管口,通过水下连接件与跨接线(jumper)连接,跨接线则与生产装置的出入口连接。

　　水下气液旋流分离器总体技术要求如下:

　　① 水下气液旋流分离器的设计寿命为 15 年,所有仪表和阀门均选用国外公司的产品。水下分离器的设计压力为关井压力,因此不必设计压力卸放装置和安全保护装置。

　　② 水下气液旋流分离器应进行结构应力分析,满足在外压、内压和内外压情况下的结构强度。为保证强度,分离器避免有大开口应力集中处。分离器入口采用整体锻造方式,来提高分离器的强度。

　　③ 水下气液旋流分离器必须为结构紧凑的高效分离器。配管和分离器采用高强度 X80 材质。如果介质腐蚀性较强,分离器可以采用复合板方式,采用复合板的材质应该计算腐蚀电流和进行防电化学腐蚀设计。

　　④ 水下气液旋流分离器的内部管路和仪表阀门的连接尽量选用焊接方式,在某些情况下也可以使用法兰连接。

⑤ 水下气液旋流分离器总体橇装应紧凑，尽量有效利用橇的三维空间。整橇设计可以整体在国内某研究所进行压力舱试验，需要整体尺寸控制在直径 3 m 的圆周之内，高度不得超过 8 m。

⑥ 水下气液旋流分离器内所有的仪表、切断阀通过干式接头与水下机器人面板的液压/电气组合接头连接，并通过脐带缆与用户的水下控制模块（SCM）连接。通过 SCM 控制分离器的紧急切断和旁通。

⑦ 水下切断阀、旁通阀设计为液压形式的切断阀，液压管线$\left(直径\frac{3}{8}\ in\right)$通过脐带缆将 SCM 的液压信号传输至橇内。

⑧ 水下气液旋流分离器框架结构应进行在位分析、防落物分析、沉降分析和吊装分析。水下的液相流量计、气相流量计均选用无内构件的原件，为免操作、免维护产品，能够长期稳定无故障运行。

7.3.2　水下气液旋流分离器设计参数

适应水深 300 m 的水下气液旋流分离器缩尺样机的设计参数如下：
① 最大处理能力：气相 1 420 000 Sm³/d；液相 810 m³/d。
② 液中含气≤5%。
③ 天然气中凝析液体积含量≤2%。
④ 可适应最大水深 300 m。
⑤ 体积小、重量轻、方便操作。
⑥ 气液分离效率达到 95% 以上。
⑦ 所制备样机外壳能够承受 300 m 水深外压，所提供的设计方法与高压舱试验结果误差小于 5%。
⑧ 分离器成橇设计方案便于实施，能够满足分离器工艺要求且具有普遍性。

7.3.3　水下气液旋流分离器系统组成

整个系统分为 5 个子系统：水下气液旋流分离部分、水下配管、水下仪表、水下仪表连接件以及水下框架，如图 7-27 所示。

7.3.4　工艺方案描述

水下气液旋流分离器的核心为 GLCC 分离器，设置旁路。气液多相介质进入分离器后，通过 GLCC 分离器进行气液分离，气体通过气路流量计进行计量，液相通过液路流量计进行计量，气液两相在出口处汇集，进入下游流程。为了保证 GLCC 分离器的高效分离，在液路设置控制阀，采用"优化控制"方案。水下气液旋流分离器进出口设置切断阀门。水下气液旋流分离器的 PFD 图如图 7-28 所示。

图 7-27　水下分离器橇 GLCC

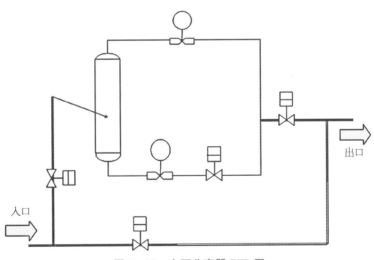

图 7-28　水下分离器 PFD 图

7.3.5　水下气液旋流分离器结构设计

1）水下结构在位分析

（1）依据的规范

① API RP 2A（21st）：Recommended practice for planning，designing，and constructing fixed offshore platforms — working stress design。

② DNV RP E303（2005）：Geotechnical design and installation of suction anchors in clay。

③ ISO 13628 - 1（2005）：Petroleum and natural gas industries — Design and operation of subsea production systems — Part 1：General requirements and recommendations。

④ 应力校核根据 API RP 2A - WSD 规范。

（2）分析结果

分别考虑不同的组合工况,在组合工况 E06 时,利用系数(utility coefficient,UC)值为 0.33,小于规范要求值 1。计算结果表明：在环境载荷及功能载荷的作用下,整个结构满足规范要求。

2）水下设备基础分析

据规范要求,土壤承载力的最小安全系数取 2.0,最小抗滑安全系数以及抗倾覆安全系数统一取 1.5。防尘板的最终下沉深度为 0.088 cm。防尘板的下沉深度可以忽略不计。

水下分离器结构的水下重量为 211.7 kN(包括配重),插板桩的最大抵抗力为 110.2 kN。结果表明,0.75 m 的插板桩可以插入泥面以下。

3）水下分离器防落物分析

（1）分析方法及结果

采用 ANSYS 中 LS - dyna 模块对碰撞过程进行时域分析,根据计算结果可以得出,在球与顶挡板发生碰撞的过程中,顶挡板产生最大的有效应力。其相关计算结果分别如图 7 - 29、图 7 - 30 所示。

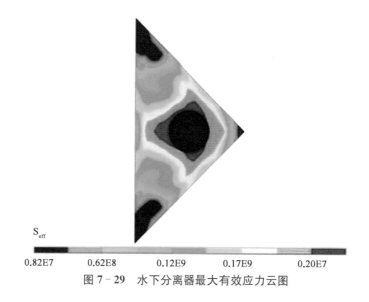

S_{eff}

0.82E7 0.62E8 0.12E9 0.17E9 0.20E7

图 7 - 29 水下分离器最大有效应力云图

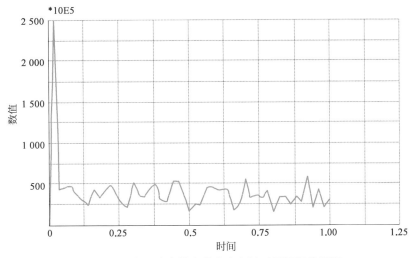

图 7 - 30　水下分离器有效应力点随时间历程曲线图

（2）分析结论

在碰撞发生的一瞬间,顶挡板最大有效应力为 250 MPa,大于顶挡板的屈服应力,发生塑性变形。顶挡板最大变形量约为 5.7 cm。发生碰撞之后顶挡板有效应力逐渐减小,最大有效应力未超过极限应力,因此顶挡板仅仅发生塑性变形,不会发生破坏。建议在选型格栅板时,格栅板的性能应大于或等于 6 mm 钢板(材料为 Q235)的抗弯和抗剪性能。

4）安装分析

环境载荷在入水过程中逐渐变大,直至结构完全没入水中,最大作用力为83.199 kN,且主要作用方向在平面内。

① 吊绳力会发生作用力集中现象,在空气中时,四根吊绳力较均匀分布,Lift2 工况下最大吊绳力为 115.03 kN,最小吊绳力为 102.66 kN;入水过程中,在环境载荷的影响下,其中两根吊绳的吊绳力逐渐变大,另外两根吊绳的吊绳力逐渐变小,Lift2 工况下最大吊绳力为 158.20 kN,最小吊绳力为 44.68 kN。

② 吊点反力在整个入水过程中逐渐变小,最大的吊点反力为 419.674 kN,最小吊绳力为 371.605 kN。

综合以上数据,建议吊机吊装最小吊装能力为 550 kN。

5）设备回收分析

① 设备回收需要考虑结构自身水下重量、插板桩的摩擦力,以及海床对结构的吸力。由于海床的土质主要为砂土,因此,海床对结构的吸力可以忽略不计。

② 根据底部稳定性分析计算结果,水下分离器结构的水下重量为 211.7 kN(包括配重),插板桩的最大抵抗力为 110.2 kN。由于结构在海床上处于比较稳定的状态,因此考虑 2.0 的安全系数。

综上所述,设备回收需要的垂直起吊力最小应为 643.8 kN。

7.3.6　水下气液旋流分离器控制系统设计

水下气液旋流分离器缩尺样机的控制系统采用液位控制的方法,通过液位反馈来调节水下调节阀的开度,从而达到调节液位的目的。

水下气液旋流分离器的控制系统设计总体要求如下:

① 水下仪表的设计和操作应考虑其外部的环境影响,如腐蚀、环境压力和温度、维护等。

② 水下仪表应符合 ISO 13628 - 6 第 5 章节的系统要求,要求尽可能简单,以便减少与 SCM 电气、液压的连接数量。

③ 水下仪表的故障不应反过来影响系统其他部分的操作。

④ 水下仪表要求至少提供两道可靠的密封形式将井液与周围环境隔离,以金属密封为主、橡胶密封为辅。对于直接暴露在生产液中的水下仪表,应考虑潜在的由砂、水合物和蜡引起的接口堵塞。

⑤ 水下仪表要有足够承受海水外压的强度,同时能适应介质内压的要求,适应不同水深压力变化对仪表内部结构和特性的要求。

⑥ 水下仪表的接口及接口形式要符合国际通用的深水接头设计。

⑦ 由于水下维护困难,要求水下仪表拥有良好的性能及使用寿命长的特性。

⑧ 水下仪表要求外部结构及加工工艺合理,能够耐海水和海洋生物的腐蚀等,满足在水下长时间工作的要求。

⑨ 水下脐带缆随海浪波动时,水下仪表信号传输不应受到影响。

⑩ 水下仪表具有故障报警功能。

水下分离器的控制方法、控制方案分别如图 7 - 31、图 7 - 32 所示。

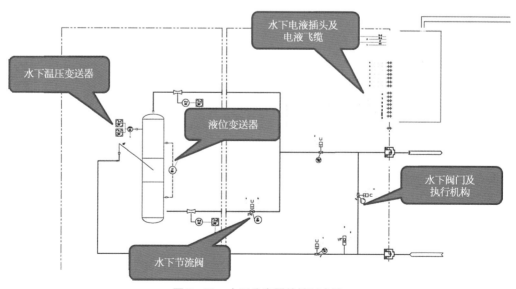

图 7 - 31　水下分离器的控制方法

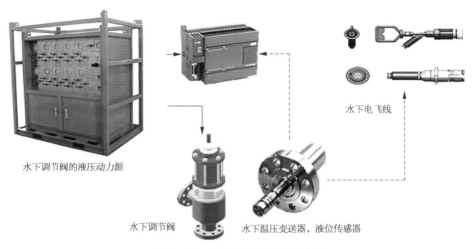

水下调节阀的液压动力源　　　　　　　　　　　　　　水下电飞线

水下调节阀　　　　水下温压变送器，液位传感器

图 7‑32　水下分离器的控制方案

7.3.7　水下气液旋流分离器防腐设计

水下气液旋流分离器的外部防腐保护采用防腐涂层和牺牲阳极系统相结合的方式。牺牲阳极安装位置如图 7‑33～图 7‑35 所示。

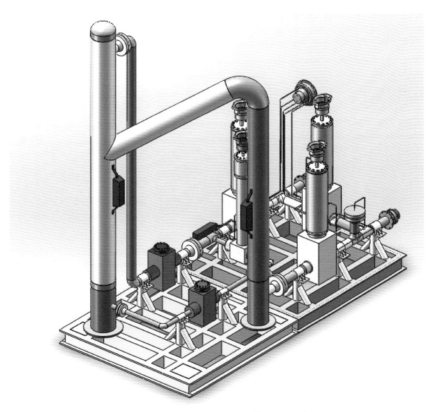

图 7‑33　牺牲阳极在容器及管道上安装位置

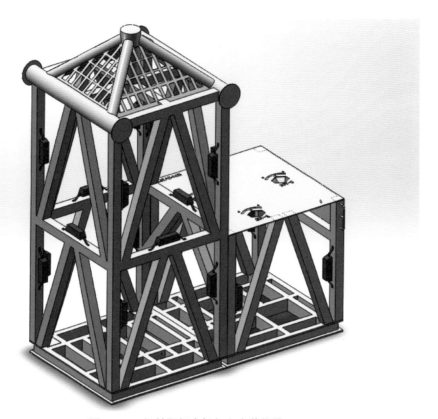

图 7 - 34 牺牲阳极在框架上安装位置

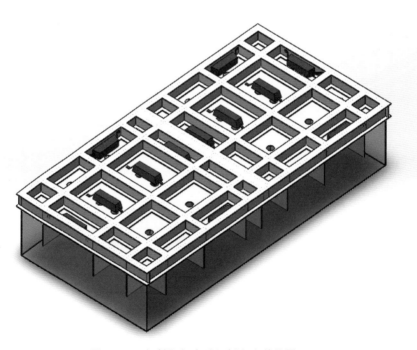

图 7 - 35 牺牲阳极在防沉板上安装位置

防腐涂层要求方面,水下分离器的容器、管道、框架、防沉板以及法兰和阀等涂层系统要求见表 7-3。

表 7-3　水下分离器涂层系统要求

组　件	涂 层 系 统	最小涂层	干膜总厚度(最小)/μm
容器	水下环氧涂层(玻璃鳞片)	2	450
管道	水下环氧涂层(玻璃鳞片)	2	450
框架	水下环氧涂层(玻璃鳞片)	2	450
防沉板	水下环氧涂层(玻璃鳞片)	2	450

7.3.8　水下气液旋流分离器缩尺样机的测试

水下分离器设备在建造完成后需要进行一系列的测试,大体上可以分为四个阶段进行:

第一个阶段为设备内外压的强度测试。内压测试可以按照 ASME 规定的水压测试方法进行,外压测试需要在压力舱中进行,试验方法和试验压力按照 ASME 推荐的测试方法进行。

第二个阶段为工厂验收测试(factory acceptance test,FAT)。强度试验结束后,需要进行系统的 FAT,在这个环节中,需要将分离器、水下控制模块、切断阀门、压力及液位传感器等安装到位,连上电源和相关的液压管路,对单个回路、系统数据传输、系统响应等进行相应测试。

第三个阶段为分离性能测试,这个测试依然在工厂进行。针对整合后的机电一体化系统,进行与现场工况相似的两相流分离测试,主要针对分离后的气相管路中液滴的夹带水平和液相管路中气泡的夹带水平进行量化的测试。

第四个阶段为模拟海洋环境的水池试验。

1) 内压强度试验

内压强度试验主要是检测所设计的水下分离器是否能承受 11 MPa 的内压,从而验证设计是否满足要求。

2) 外压强度试验

外压强度试验主要是验证分离器容器在静水外压环境下的结构强度、稳定性、密封性能,获得容器关键结构部位的应力、应变数据。水下气液旋流分离器主体结构的试验在中国船舶重工某研究所进行,如图 7-36、图 7-37 所示。

水下气液旋流分离器高压舱缩尺样机试验的最高压力为 4.0 MPa,试验在压力筒中进行。在外部水压载荷下,利用电阻应变片对模型各测点位置的应变进行测量,绘制应变-压力曲线,在弹性范围内计算结构主应力,根据主应力计算平面内最大剪应力。

图 7 - 36　压力舱测试现场

图 7 - 37　水下分离器压力舱测试

　　按照检测方法对水下气液旋流分离器高压舱缩尺样机进行静水外压试验。该试件承受住了 4.0 MPa 静水压力,试验结束后结构表面未见明显变形,法兰螺栓拆除后未见漏水。

　　3）工厂验收试验

　　检查水下分离器内的水下控制模块、电子变频器、增压泵、阀门、压力变送器、温度变送器、液位变送器、流量变送器是否通过各自的工厂验收试验。使用测试用电缆,对测试用主控站、测试用液压动力站和测试用电源通信单元,以及水下分离器内的水下控制模块、压力变送器、温度变送器、液位变送器、流量变送器电子变频器和增压泵进行连接并联调。联调至这些设备与仪器的相关读数均能正常显示于测试用主控站的电脑操作界面时,联调结束。检验所有的液压控制管线是否全部通过管线测试及渗透性测试。

　　4）水池试验

　　水池试验系统主要分为两部分:测试水池和监控部件。

　　整个测试水池组成如图 7 - 38 所示。

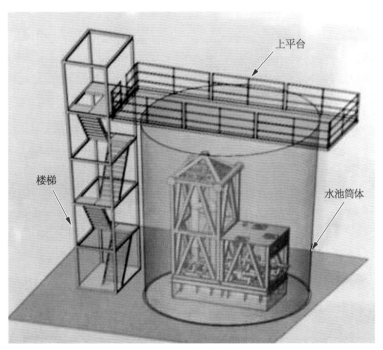

图 7 - 38　水池组成图

　　各部件的主要参数如下:水池材质为 Q235B,净质量 18.5 t,充水后达 325.5 t,直径 7 m,高度 8 m,在高度方向上每隔 2 m 设有一圈尺寸为 L100×5 的扁钢作为加强圈;水池底板采用厚度为 12 mm 的钢板,水池壁板采用厚度为 10 mm 的钢板。

　　整个监控部件组成拓扑关系如图 7 - 39 所示。

　　整个水下监控部件主要由水下灯具、高清摄像头、压力容器视镜及其相关配件组

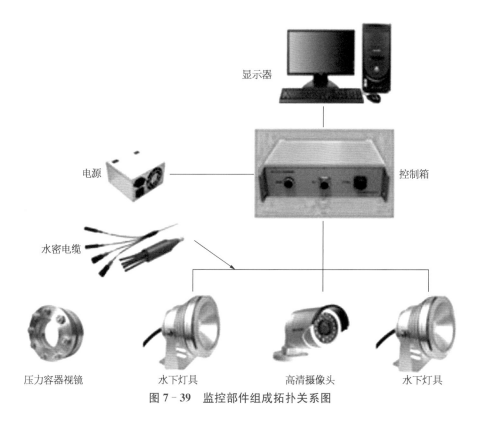

图 7-39 监控部件组成拓扑关系图

成。分别对系统进行设计处理量的 10%、25%、50%、75%、100% 和 120% 等多个点测试,以模拟现场复杂工况下系统能否正常运行、系统液位波动能否控制在小于等于设定值±30% 以内。经测试,本设备完全能满足设计要求。

第8章　海底管道多相流腐蚀与控制研究进展

深水油气田开发过程中,腐蚀控制问题是长距离海底管道和立管服役安全的重要基础。介质流动过程中引起的附加腐蚀问题,一方面给海底管道工艺和结构设计带来难题,另一方面也限制了流动保障工艺的实施。

据统计,陆地油气田输送管网总长度的 70% 为油气水混相输送管道,而近海和海洋石油资源的大规模开发,则必须采用长距离油气水多相流混输技术。深水海底管道多相油气输送过程中,多相流流型对腐蚀、药剂有效性等产生不同影响,从而影响了海底管道流动保障需求和相关设计参数的确定。特别是在处理段塞流、高流速等特殊流动工况时,仍无法满足设计具体要求。通过深水油气田多相流动条件下的腐蚀机理研究,形成科学的评价技术和控制对策,是保障深水海底管道输送安全的基础。

8.1　深水油气管道的主要多相流腐蚀类型

8.1.1　湿气冷凝造成的管道顶部腐蚀

8.1.1.1　天然气管道顶部冷凝腐蚀失效案例调研

深水油气田开发主要采用多相混输、集中处理的工艺,采出的天然气不能完全脱水处理而直接进入输气管道。深水气田海底温度很低,1 500 m 水深海域海水温度低于3℃,海底管道所输送的物流往往温度较高,与环境之间的温差使湿天然气中的水蒸气在管道内壁上形成冷凝液,一部分由于重力作用向管道底部滑落,另一部分则在管道顶部形成冷凝液膜。天然气中包含的 CO_2、H_2S,有机酸等腐蚀性气体溶解于冷凝水,导致碳钢管道内壁腐蚀。缓蚀剂可以抑制管道底部积液处腐蚀,但受限于其挥发性,难以作用于管道顶部冷凝液膜,造成管道在顶部出现显著腐蚀,即管道顶部腐蚀。顶部腐蚀案例于 1959 年在法国 LACQ 酸性气田的一条集输管道首次发现,此后,加拿大、印度尼西亚、美国、泰国曾相继发生了天然气管道顶部腐蚀的案例。

1985 年,位于加拿大卡尔加里的 Crossfield 气田的一条集输管线发生严重的顶部腐蚀,其天然气含有 5.9% CO_2、0.3% H_2S,研究认为,其气体流速低,流体呈层流流动,缓蚀剂无法作用到管道顶部是造成顶部腐蚀的主要原因。印度尼西亚 Tunu 气田的湿气集输管线中,两条采取连续添加水溶性缓蚀剂的管道在投产 6 年后出现了 3 处严重的顶部腐蚀。美国北达科他气田含 2.6% CO_2 和 16.4% H_2S,1994 年、1998 年先后出现两起天然气管道顶部腐蚀案例,管线均连续加注缓蚀剂,且加注大量甲醇,腐蚀均发生在节流阀后气体快速冷却段。位于泰国湾的 Bongkot 海上气田($CO_2 > 20%$)自

1992 年投产以来一直遭受顶部腐蚀困扰,1999 年海底管道内检测发现顶部腐蚀后便采取了多种防腐措施,2008 年仍发生了两起顶部腐蚀泄漏事件,均位于冷凝速率很高的"冷点"区域。总结多起案例表明,天然气管道顶部腐蚀往往集中在缓蚀剂无法到达的管道顶部或特殊冷凝位置。

8.1.1.2 顶部冷凝腐蚀的影响因素

针对深水天然气湿气管道的顶部冷凝腐蚀,美国俄亥俄大学等机构对湿气顶部腐蚀的影响因素进行了大量研究。国内对湿气顶部腐蚀研究则起步较晚。目前对于顶部冷凝腐蚀,国内外一般采用冷凝釜、湿气环路等装置进行研究。研究结果表明,顶部冷凝腐蚀受冷凝率、流型流态、H_2S/CO_2 分压、有机酸含量、管线坡度、湿气温度、压力等的影响,其中,冷凝率被认为是影响天然气管道顶部腐蚀最直接、最重要的因素。

冷凝率是指湿气输送管道中水蒸气在单位时间内因热交换作用而在管道内壁每平方米表面上产生的凝析水的体积。冷凝率的大小主要受管道的内外温差、气体流速/流态等因素控制。内外温差和湿气流速增大时,冷凝率随之增大。一般离井口 1~3 km 范围内气体温降幅度最大,水的冷凝率较高,是顶部腐蚀的高风险区域。在湿气环境下,湿气温度、液膜温度、管道内壁温度和管道外环境温度等不同温度参数以及这些温度之间的差异,显著影响着液膜形成的冷凝与状态。因此,在分析湿气腐蚀时,须分别讨论各相温度的影响。

许立宁等利用高温高压冷凝釜模拟湿天然气 CO_2 腐蚀环境,研究不同温度对管线钢的腐蚀规律。结果表明,相同管壁温度(5℃)下,腐蚀速率随湿气温度升高而增加;相同湿气温度(25℃和45℃)下,管线钢的腐蚀速率随管壁温度升高略有下降;在 20~45℃范围内,腐蚀产物膜与基体的结合较差,腐蚀形态均为全面腐蚀。

张雷等研究了环境温度、湿气温度及冷凝液膜状态对管线钢湿气 CO_2 腐蚀的影响。结果表明,腐蚀速率和湿气温度呈正相关关系,且冷凝液的厚度、速率和温度与湿气温度、环境温度和气体流速有关。当湿气温度较低时,降低腐蚀电化学活化控制,腐蚀速率较低;当湿气温度较高时,增加液膜厚度、冷凝速率和液膜温度,腐蚀速率也随之升高。当继续增加湿气温度时,管道表面生成致密腐蚀产物膜,腐蚀速率下降。

温度主要通过以下几个方面影响顶部腐蚀:a. 湿气温度和管壁温度的温差大小,是冷凝过程中传热和传质过程的驱动力,因此,温差的增加会显著增加冷凝速率,从而显著增大顶部腐蚀速率;b. 温度会影响腐蚀产物膜的形成机制,腐蚀产物膜的致密度或保护性会显著影响腐蚀速率;c. 温度通过影响 CO_2 等酸性气体在冷凝液中的溶解度、影响化学和电化学反应速率来影响腐蚀速率。整体上,顶部腐蚀速率随温差增大而增大,但温差并不是影响顶部腐蚀的唯一因素,还与湿气温度和环境温度有关。当湿气温度高于 60℃时,顶部腐蚀速率较大(>0.4 mm/年),顶部腐蚀风险升高。

8.1.1.3 顶部冷凝腐蚀的预测与预防

管道中气体和液体的流速都会对腐蚀产生影响,气体流速对天然气管道顶部腐蚀不直接起作用,而是通过冷凝速率、流态、冷凝液膜更新等因素间接影响顶部腐蚀。顶部腐蚀仅发生于低流速情况下的气液两相层状流。当流速升高使得流态变为环状流时,管道顶部如同底部一样被管内液体完全覆盖,此时缓蚀剂能够随着液相作用于管道顶部,顶部腐蚀可能受到抑制。在层状流下,湿气流速可以通过影响冷凝液滴的流动和液滴最大尺寸来影响冷凝速率。随着湿气流速的增加,管道顶部的冷凝液滴会从静止状态逐渐向沿管道滑行的状态转变。一般认为,冷凝速率随气体流速增加而增大,从而加速顶部腐蚀。

国外学者利用多相流环路实验,测定了不同气液流速下管道顶部和底部的腐蚀速率。结果显示,随着气体流速的增加,管道顶部的腐蚀速率增加,在气体温度为 90℃、CO_2 分压为 0.45 MPa 时,气相流速由 15 m/s 增加为 20 m/s,腐蚀速率由原来的 0.55 mm/年增大为 0.7 mm/年,并且腐蚀产物膜在试样上的分布变得更加不均匀。通常认为 3 m/s 是发生顶部腐蚀的临界流速,低于 3 m/s 可能发生顶部腐蚀,而高于 3 m/s 时认为管道顶部的冷凝液会被气体带走,不发生顶部腐蚀。但在 Tunu 气田的案例分析中,气体流速为 3～12 m/s 时仍然发生了顶部腐蚀,分析原因认为顶部腐蚀的发生与流态有关。

流体流速对腐蚀的影响主要表现为两个方面:一是流动会加速离子传质,从而使腐蚀速率增大;二是流动会破坏腐蚀产物膜的完整性,导致腐蚀速率增大。另外,当流速增加,对冷凝液滴的壁面剪切力带动液滴在管道表面铺展,冷凝形态可能会从原来的液滴状转变为液膜状,从而影响介质的传输效应或腐蚀产物膜的沉积过程。

国内的实验研究也表明,流速增大,顶部腐蚀速率增加。湿气温度 60℃、温差 20℃、不同流速条件下的顶部腐蚀微观形貌观察发现,湿气流速 1 m/s 时,基体表面形成的腐蚀产物膜相对完整;湿气流速增加、腐蚀速率增加的同时,影响了腐蚀产物膜的形成及在基体表面的分布状态,产物膜分布不连续,且具有方向性,局部腐蚀风险增加。

总的来说,天然气管道顶部腐蚀的影响因素,主要包括冷凝速率、内外温差、气体流速、挥发性腐蚀介质、管道路由等。冷凝速率被认为是影响天然气管道顶部腐蚀最主要、最直接的影响因素,冷凝速率的大小受内外温差、湿气流速/流态等因素控制。当环境温度相同时,内外温差增大,冷凝速率增加,碳钢管道顶部的平均腐蚀速率和局部腐蚀倾向增大。深水天然气管道内外温差应控制在一定温度范围内如 20℃,否则应考虑顶部腐蚀风险。湿气流速升高,冷凝速率增大的同时,离子传质加速,腐蚀产物膜的完整性破坏,顶部腐蚀风险升高。继续增大湿气流速,改变管道顶部的润湿状态,结合缓蚀剂加注,可降低顶部腐蚀风险。CO_2 分压的增大,对冷凝速率的影响不大,冷凝液膜中溶解 CO_2 的量增多,液膜中的 pH 值降低,腐蚀速率随之增大,局部腐蚀风险升高。天然气中有机酸的存在,会降低冷凝液膜的 pH 值,增大顶部腐蚀风险,局部腐蚀倾向明显增加。当深水天然气管道输送流体中含有机酸时,必须考虑顶部腐蚀风险。实验研究也表明,管道底部添加 50 wt% 的乙二醇对管道顶部 CO_2 腐蚀几乎没有缓解作用,而添加 90 wt%乙二醇,可以显著降低 CO_2 顶部腐蚀速率,并避免局部腐蚀出现。

Gunaltun 等通过研究顶部腐蚀的失效案例提出了临界冷凝速率的概念,认为在含 CO_2 多相流管道中,当水蒸气的冷凝速率低于 0.15 ml/($m^2 \cdot$ s)(按管道顶部面积的 84%～93%计算)或 0.25 ml/($m^2 \cdot$ s)(按管道顶部面积的 50%计算)时,几乎观察不到顶部腐蚀现象。只有当管道内的水蒸气在管道内壁的冷凝速率大于该临界值时,顶部腐蚀才可能发生,并且腐蚀速率随冷凝速率的增大而增大。

在顶部腐蚀预测模型方面,不同学者利用统计学原理,提出了滴状冷凝液滴分布函数,或根据冷凝过程中的热通量守恒、水的质量守恒,建立吻合度较高的冷凝率预测模型。有学者基于对顶部腐蚀过程中的 CO_2 腐蚀、滴状冷凝和冷凝液化学反应的认识,结合乙二醇对 CO_2 腐蚀的影响,改进建立了具有明确物理意义的碳钢 CO_2 顶部腐蚀速率预测模型。

为了有效预防深水天然气管道的顶部腐蚀问题,在内外温差、冷凝速率控制及药剂的筛选和加注要求等方面,需要制定一系列具有针对性的腐蚀防控措施。目前控制顶部腐蚀的方法,除了在高风险位置选用耐蚀合金作为管道内壁材料外,还有湿气脱水、增加管道保温、使用 pH 稳定剂和使用气相缓蚀剂等。尽管采用不锈钢或耐蚀合金双金属复合管作为海底管道是有效的防腐手段,但对于长距离海底管道,由于施工难度和成本原因,仍以碳钢或低合金钢管材为主,或根据冷凝率等判据仅在顶部腐蚀高风险管段使用耐蚀管材。湿气脱水并不能保证水分完全脱离,残余的水蒸气在冷凝之后,仍有很大的顶部腐蚀风险。利用防腐层增厚、保温垫等方式增加保温,避免冷凝可以控制腐蚀发生的环境,但由于海底环境复杂,铺设难度大,通常并不作为常用控制手段。pH 稳定剂通常与乙二醇复配加注至湿气管道,可以中和湿气中的酸性气体,减缓顶部腐蚀。但由于 pH 稳定剂调高了体系的 pH 值,一旦气井地层水出现,则会增加管道结垢风险,影响流动保障,因此其应用技术要求较高。利用批处理预膜加注缓蚀剂或连续施加挥发性的气相缓蚀剂,是使用相对较为广泛的防腐手段。由于顶部冷凝腐蚀工况的特殊性,需要利用缓蚀剂挥发能力自行到达管道顶部,或利用清管预膜方式将缓蚀剂涂布或分散到管道顶部。

8.1.2 高气相流速下的腐蚀与缓蚀剂有效性

随着深水天然气田的不断开发,为了维持天然气产量,提高流速已成为必然的趋势,但是高流速所产生的高壁面剪切力,会严重影响缓蚀剂的吸附和成膜,将会给管道带来冲蚀风险。在开发过程中,海底管道输送的工艺设计在满足流动保障的同时,经济性流速的确定方法缺乏足够的科学支撑,难以与国际先进的设计理念相匹配,并制约管径优化和改善持液率等措施的实施。

对于深水天然气管道,由于气相流速较高,环状流是管道中气液两相最为常见的一种流动形式。环状流中的高速流体将会对管壁造成极大的剪切应力。通常认为,高壁面剪切力将会对管道内壁腐蚀产物膜的沉积与生长以及缓蚀剂的吸脱附行为造成巨大的影响,从而加剧腐蚀进程,严重的将会导致管道发生腐蚀失效穿孔。

　　流体流态对腐蚀具有十分重要的影响,主要通过以下两方面起作用：一方面,由于很多电化学腐蚀过程是扩散控制或混合控制体系,因而反应物向材料表面的传输以及腐蚀产物向溶液本体的传输过程会受流体流态影响；另一方面,不同流体流态(层流或紊流)下所引起的流体力学损伤形式和效果也不相同。层流和湍流的流动规律有很大的差别,所以冲刷腐蚀的规律也明显不一样,当流体为层流时,能形成保护膜,流体对材料表面的剪切应力小,不能破坏保护膜。此时,冲刷腐蚀比较轻微。而湍流不仅会加速腐蚀介质的供应和腐蚀产物的转移,而且还增加了流体对材料表面的剪切应力,这种应力足以将材料表面的腐蚀产物膜从材料基体上撕开,然后随流体冲走；还有流体中的固相颗粒,在湍流条件下剧烈地碰撞材料表面,从而加速了冲刷磨损。

　　流速对 CO_2 腐蚀的影响非常复杂。高的流速加速反应物的传输过程,而且介质的切向作用力(壁面剪切力)会阻碍腐蚀产物膜的形成或对已形成的保护膜有破坏作用,导致严重的局部腐蚀。当流速提高到一定程度时,介质呈现湍流状态,形成空蚀、冲刷腐蚀等加速基体的腐蚀。腐蚀产物膜在流体的冲刷破坏作用下可发生流动诱导局部腐蚀(flow induced localized corrosion,FILC)。首先由于 CO_2 腐蚀所形成的粗糙腐蚀产物膜导致介质中产生微小紊流区,这些微小紊流区可使膜薄弱的地方破裂,裸露出金属基体,成为局部的阳极溶解区,在大阴极小阳极电偶腐蚀电池作用下,腐蚀速率加快。与此同时,在水动力的阻碍作用下,$FeCO_3$ 难以在阳极区沉积成膜,使得局部的阳极区不断向纵深腐蚀破坏。

　　管道在高气相流速的气液两相流工况下面临着严重的冲刷腐蚀风险。冲刷腐蚀(erosion corrosion)简称冲蚀,是指金属表面与腐蚀流体之间由于高速相对运动而引起的金属损坏现象,是材料受力学冲刷和电化学腐蚀协同作用的结果。CO_2 冲刷腐蚀属于流体力学化学腐蚀,流体力学加速腐蚀产物 $FeCO_3$ 膜破坏导致局部腐蚀加剧。流体造成的壁面剪切力,可以通过减薄并破裂腐蚀产物膜,造成金属基体局部裸露,在大阴极小阳极电化学电偶作用下形成点蚀。国内外学者利用多种实验装置对多相流冲刷腐蚀机理进行了大量研究,并取得了有价值的研究成果。目前认为冲刷腐蚀所造成的总的金属材料损失量,不仅仅是单纯腐蚀及纯冲刷失重的简单叠加,而是腐蚀电化学与冲刷力学因素相互影响产生交互作用所致。

　　随着对流动腐蚀研究的逐渐深入,如何更准确地模拟管道高流速工况成为腐蚀领域研究的一个热点。对于实际生产工况,特别是天然气输送管道,往往气相流速较高的同时,压力也较大,因此,实验室很难完全模拟此类工况。如何更加准确地对此类工况进行模拟,快速准确地得到此类工况下的腐蚀规律,是腐蚀研究领域的一个挑战。目前,较为普遍的做法是利用壁面剪切力及传质速率对实际生产工况与实验室模拟工况进行等效。流体对 CO_2 腐蚀的影响可以使用壁面剪切力及传质速率进行定量,这两个参数可以用来描述流体与管壁之间的相互作用。

天然气的气液比等参数也是影响高气相流速腐蚀的关键。研究表明,当含水率为 0 时,即使气速很高(无固相颗粒),碳钢仍不存在冲蚀-腐蚀风险;冲蚀速率随着含水率上升迅速上升,含水率高于 0.000 235%(每 1 万 m³ 气产水超过 23.5 L)时,腐蚀速率明显上升,腐蚀产物膜破坏严重。随着壁面剪切力升高,冲蚀速率急剧上升,高剪切力下碳钢难以生成完整腐蚀产物膜。获取碳钢的临界剪切力为 70 Pa;超过 70 Pa,冲蚀速率急剧上升。温度区域(60～80℃)为碳钢发生严重冲蚀的敏感温度,需要特别关注该温度段内碳钢的冲蚀性能。

在天然气管道设计环节,临界冲蚀流量的确定非常重要。对于气液两相流工况,设计人员常使用 API RP 14E 中给出的推荐公式进行临界冲蚀流量的计算:

$$V_e = \frac{C}{\sqrt{\rho_m}}$$

式中　V_e——临界冲蚀流速(m/s);

　　　C——材料的冲蚀系数(无量纲);

　　　ρ_m——流体密度(kg/m³)。

上式的关键在于 C 值的确定。C 值是与材料、工况等有关的经验常数,C 值选取得准确与否决定了海底管道流速设计是否合理。

在考虑 API RP 14E 等相关冲蚀标准的基础上,缓蚀剂成膜性是影响流速设计上限的重要依据,但如何进行测试及确定工况参数的影响程度,目前仍缺乏相关基础工作和数据支撑。国内外对高气相流速下缓蚀剂作用效果的研究并不完备。通常做法如下:首先通过常规手段(常压玻璃容器下)对缓蚀剂进行初步评价筛选,然后利用高剪切力下评价手段(旋转笼、旋转圆柱电极、冲击溅射、大型环路等)进行进一步的评价。

有学者认为,每种缓蚀剂在某个给定的加注浓度下,存在一个临界流动速度,当实际流速高于临界流速时,缓蚀剂膜的稳定性将会明显下降。API RP 14E 规定,对于气液两相流,如果体系添加了缓蚀剂,则冲蚀常数取值 150～200。国际石油公司在冲蚀手册上规定:针对气液两相流,含腐蚀性流体时,如果不加缓蚀剂,那么没有避免冲蚀的流速限制;如果体系加入缓蚀剂,则冲蚀常数 C 须取值 200 或者流速须低于 20 m/s。

缓蚀剂加注及其稳定性是抑制高气相流速管道内腐蚀的关键。高壁面剪切力对于管道内壁缓蚀剂的吸附破坏巨大。尤其在湿气输送的过程中,高气速大大增加了管道内冲蚀腐蚀的风险。研究表明,对于某些缓蚀剂,当壁面剪切力大于临界值时,缓蚀剂膜将会被流体破坏。一些学者认为,当流体流速超过临界值,缓蚀剂将不再起作用。对于不同种缓蚀剂,其临界流速各不相同;对于同一种缓蚀剂,不同缓蚀剂浓度下的临界流速也不相同;对于不同的流速,需要通过实验以确定其最佳加注浓度。但也有一部分学者认为,即使在高流速的环境下,只要适当提高缓蚀剂浓度,仍然能达到相同的缓蚀效果。流速对缓蚀剂的作用需要一分为二分析,一方面加速了缓蚀剂的传质,而另一方面又加速了缓蚀剂的脱附。

目前,文献中对于壁面剪切力或者流速对缓蚀剂吸附的影响的研究一般都使用旋转电极装置进行,但使用旋转电极装置并不能很好地模拟实际工况。特别是以气相为主的高气相流速湿气工况,无法使用旋转电极装置进行很好的模拟。而使用高速湿气环路却能很好地解决这个问题,但是由于条件所限,目前国内外高速湿气环路装置仍然比较少见。国内近些年利用高压高速湿气环路装置,对缓蚀剂在不同壁面剪切力下缓蚀剂的吸附脱附规律及机理进行了研究,为缓蚀剂在高气速湿气工况下的应用与筛选提供了理论支持。

对于高气相流速、低含水率工况,可能会由于缓蚀剂起泡等原因,造成缓蚀剂作用效果可能会低于在全水相中的作用效果,但壁面剪切力的升高并不会对缓蚀剂的缓蚀效率造成负面影响。当壁面剪切力并不是很高时,可通过提高缓蚀剂加注量以达到理想的缓蚀效果;而在壁面剪切力较高的体系中,若选择碳钢管材,由于其空白腐蚀速率很高,加注缓蚀剂可能无法达到理想的效果。需要注意的是,在实验室缓蚀剂筛选评价时,只使用旋转笼等全水相模拟装置,可能无法得到准确的结果,而环路对于现场实际工况的模拟则较为真实。因此,对于此类工况的缓蚀剂筛选,推荐先进行旋转笼初评,在其结果基础上再配合湿气环路以得到更为准确的评价结果。

气相流动加剧,导致壁面剪切力提高、缓蚀剂作用效果下降。壁面剪切力越高,达到相同缓蚀效果所须加注的缓蚀剂浓度越高;如果壁面剪切力过大,即使提高缓蚀剂加注浓度,腐蚀速率可能也无法降低至预期值。在壁面剪切力高的工况下,由于介质流动速度快,从而导致试样表面介质的传质作用加快,缓蚀剂分子传质加快,需要增加缓蚀剂浓度以维持吸附率。另外发现,当壁面剪切力超过 100 Pa 时,缓蚀效率上下波动要远比较低剪切力时剧烈,表明壁面剪切力越大,缓蚀剂膜越不稳定,越容易使其受到破坏。即使加注的缓蚀剂浓度提高至 $1\,000 \times 10^{-6}$ 后,高壁面剪切力下的腐蚀速率依然较高,无法满足实际使用需求。

试验研究表明,高速流动的流体对于已经吸附在试样表面的缓蚀剂膜具有极大的破坏作用。同时,壁面剪切力越大,腐蚀速率上升得越多,说明缓蚀剂膜的稳定性与壁面剪切力密切相关;壁面剪切力越大,流体越容易破坏原来已经吸附在试样表面的缓蚀剂膜,缓蚀剂膜的持久性就越差。

当加注缓蚀剂后,壁面剪切力的提高,一方面会促进缓蚀剂液滴溶解于水中,缓蚀剂分子胶团分散成缓蚀剂小分子,并加速缓蚀剂分子的传质速率,使得有更多的缓蚀剂分子更快地到达金属表面;而另一方面,高壁面剪切力不利于缓蚀剂分子在金属表面的吸附,同时会促进已经吸附于金属表面的缓蚀剂分子脱附。因此,判断壁面剪切力对缓蚀剂作用效果的影响需要综合考虑这两方面。

综上所述,当壁面剪切力并不是很大时,可通过提高缓蚀剂加注量以达到理想的缓蚀效果;而如果在壁面剪切力较大的体系中,若选择碳钢管材,由于其空白腐蚀速率就很高,即使缓蚀剂能够较好地吸附于金属表面,缓蚀效率很高,但是最终腐蚀速率依然可能很高,无法达到理想的效果。此时就需要选择更为耐蚀的管材并配合缓蚀剂。结果表明,在批处理加注工艺下,高速流体剪切力越大,破坏速度越快,要求批处理间隔缩短;在高气相流速工况下,缓蚀剂宜采用雾化连续加注或批处理+雾化连续加注的缓蚀剂加注工艺。

8.1.3 油水两相层流工况下的腐蚀与缓蚀剂有效性

混输海底管道投产后,输送流体的含水量逐渐提高,不断变化的油水比例对管壁腐蚀产生不同的影响。输油管道油水界面近壁处相分布及其流体力学分布差异导致化学信息的差异性,使得油水两相的腐蚀行为复杂多变。各相分布不均匀使得管道多呈局部腐蚀,严重者造成腐蚀穿孔,增加腐蚀失效风险。国内外研究表明,随着含水率的升高,原本分散在油相中的水滴聚合,管壁由油润湿状态向水润湿方向转变,腐蚀风险增加;层流工况下,管道底部水相积聚,6点钟方向腐蚀风险最高。也有学者通过挂片上下移动模拟油水界面上下起伏,得知管道4~5点钟及7~8点钟点蚀倾向增加。

处于油相的金属材料几乎不发生腐蚀,而水溶液中因溶解有各类离子,会在金属表面产生不同程度的腐蚀,比如 Cl^-、HCO_3^-、Ca^{2+} 等离子会影响钢材表面腐蚀产物膜的形成过程和结构特性。Cl^- 影响复杂,会诱发局部腐蚀。当油水两相在界面处乳化时,油相中的水滴吸附在金属表面发生局部腐蚀。其中,油相对金属基体的保护作用主要表现在两方面:一方面,油相在金属表面形成几何覆盖效应,在低流速下油相能形成油膜覆盖于钢材表面,减少了电化学腐蚀反应活性点,抑制了阳极反应过程,降低了腐蚀速率;另一方面,油相中如果存在有缓蚀作用的化合物,则其参与腐蚀产物膜的形成,有利于生成致密的腐蚀产物膜,阻碍腐蚀性介质与腐蚀产物的传质过程,降低了腐蚀速率。

目前,对于输油管道油水两相工况下的腐蚀认识尚不充分,尤其在不同油水比例及流速对腐蚀的影响及判据方面;对于油水两相界面处的腐蚀问题研究不足,突出问题是无法将油水交替润湿做到定量表征。为获取与现场更为接近的数据,国内外众多学者均通过自主设计油水两相环路试验装置,来探究油水两相比例、流速等因素对多相流、腐蚀的影响。

此外,缓蚀剂在两相中的分配仍有许多问题需要解决。在缓蚀剂使用过程中,缓蚀剂加注剂量一般应对应于管道实际含水率,保证加注浓度符合预期要求。由于缓蚀剂往往具有一定的油水分配比,有效作用于水相并保护与水相接触管壁的缓蚀剂浓度与含水率密切相关。当缓蚀剂添加到多相流系统,在缓蚀剂混合物分布中多相活性在油相和水相之间占不同的比例。缓蚀剂在油相和水相中的分散性必须被评估,以确定现场缓蚀剂的注入速度,达到实验室试验的观察效果。

8.2　深水油气管道多相流腐蚀研究方法

8.2.1　多相流管道腐蚀监测方法

目前常见的油气田多相流混输管道中的泄漏检测方法可以大致分为三类：基于信号处理的方法、基于状态估计的方法和基于知识的方法。基于信号处理的方法涉及分析从不同传感器收集的不同类型的测量。基于状态估计的方法通常利用动态管道模型来计算和监视不同的状态（例如流量和压力），以确定是否发生泄漏。基于知识的方法利用从众多传感器收集的大量数据来区分正常（无泄漏）状况与各种故障（泄漏）状况。

8.2.2　实验室多相流腐蚀模拟方法

多相流腐蚀的实验室模拟一直以来是个难题。传统的腐蚀模拟方法如旋转笼、高温高压反应釜、旋转圆柱电极等均无法很好地还原管道内多相混输下的复杂腐蚀工况，特别是流型流态的模拟通过常规实验室方法很难实现。目前，较好的解决方法是采用流动环路进行模拟；同时，也可以采用壁面剪切力、传质速率等流体力学参数进行等效，配合传统的腐蚀模拟方法进行多相流腐蚀的研究。

1) 流动环路

腐蚀环路能很好地模拟多相流管道的实际工况条件，实验结果有很强的使用价值，可以精确控制流速，有良好的流体力学模型（图 8 - 1）。但整个实验系统占据空间比较大，实验所需的溶液量较大，实验周期较长，循环泵需要持续运转，对设备的性能要求较

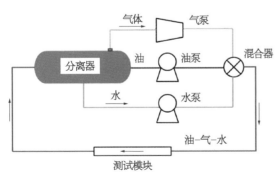

图 8 - 1　国外大型湿气环路装置示意图

高,整个实验系统的费用和操作费用都很高,因此,目前国内外的腐蚀环路装置仍比较稀缺。

2)旋转笼或旋转挂片法

旋转笼是一种能模拟出苛刻腐蚀工况的实验方法,可模拟出局部腐蚀和点蚀。一个典型的旋转笼装置可同时安装8~10个金属试片,试片被固定在两个圆盘之间,两个圆盘通过中心孔安装在搅拌柱上(图8-2)。旋转笼中腐蚀介质的流动状态通过转速控制,根据转速的不同,腐蚀介质的流动状态可分为四个类型:均相区、顶部影响区、湍流区和侧壁影响区。

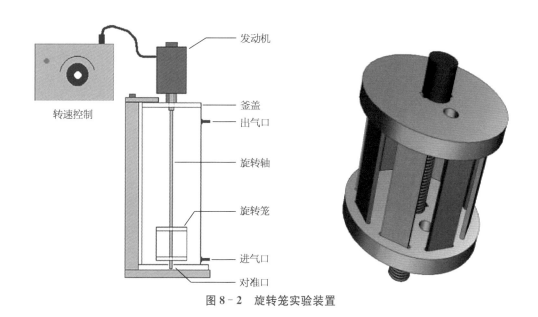

图 8-2 旋转笼实验装置

3)旋转圆柱电极

旋转圆柱电极法是一种较为简便的采用电化学方法进行腐蚀模拟测试的装置(图8-3)。该方法能在介质用量较少情况下获得稳定的流动状态,也能在雷诺数范围较宽的湍流条件下进行腐蚀评价。

4)喷射冲击装置

喷射冲击装置能很好地模拟高温、高压、高湍流腐蚀工况,需要的测试液体相对较少,而且操作简单,可快速进行材料的电化学性能测试(图8-4)。喷射冲击法的局限性在于其仪器的精确度较差,样品尺寸较小,失重测试不大稳定。

8.2.3 多相流腐蚀关键参数监测方法

多相流腐蚀的实验室模拟需要用到壁面剪切力进行等效(图8-5)。目前已有专业的壁面剪切力(WSS)探头可对壁面剪切力进行直接测量,其测试结果与计算所得壁面

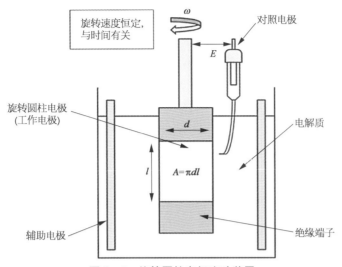

图 8 - 3　旋转圆柱电极实验装置

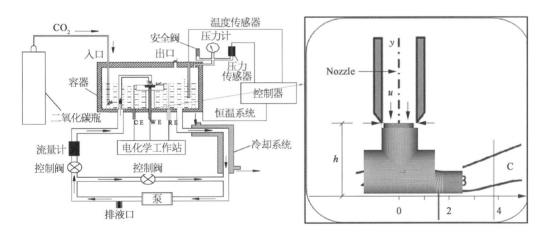

图 8 - 4　喷射冲击实验装置

剪切力结果具有较高吻合度。

8.2.4　流体力学模拟

目前,较为普遍的做法是利用壁面剪切力或传质速率对实际生产工况与实验室模拟工况进行等效。流体对 CO_2 腐蚀的影响可以使用壁面剪切力及传质速率进行定量,这两个参数可以用来描述流体与管壁之间的相互作用。壁面剪切力被定义为在等温条件下由于流体与固定壁面存在摩擦作用,随着流体运动距离增加而导致的压力损失。壁面剪切力来自管道流体,是湍流边界层内黏性能量损失的直接测量,与作用于壁面流体的湍流强度相关。

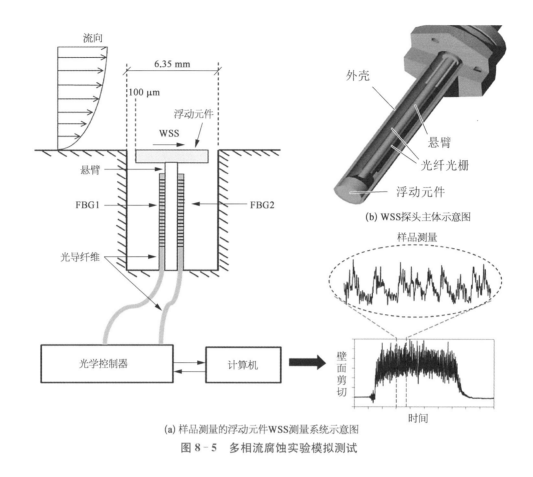

(a) 样品测量的浮动元件WSS测量系统示意图

图 8 - 5　多相流腐蚀实验模拟测试

8.3　深水海底管道多相流腐蚀规律研究进展

8.3.1　流态的影响

多相混输管道内,在不同气液相流速和管路条件下,管截面上的相分布会呈现不同的形式,即流型。管道内流体的流动状态可分为层流与湍流两种。流态不仅取决于流体的流速,还与流体的性质(如黏度、密度等)和管道的几何形状、尺寸及位置等因素有关。不同的流动状态对管壁的作用力也不同,对管内流动腐蚀的影响也不一样。

层流条件下,液体流速较低,流体对金属的剪切应力小,不能破坏保护膜。流体对管壁的剪切力较小,基体表面可以形成保护膜,管道的内腐蚀速率比较缓慢。但因为流速较低,层流也会带来各种腐蚀问题:一方面,层流时传统缓蚀剂无法达到管道顶部,导致管道顶部发生冷凝腐蚀;另一方面,层流携砂携液能力较弱,可能导致管道局部区域发生积液积砂,导致垢下腐蚀的发生。

湍流条件下,管道内壁与管内腐蚀性介质的接触更加频繁,促进了 CO_2 等去极化剂的扩散和腐蚀产物的转移,加速了管线钢的腐蚀,而且湍流下流体和其中的固相颗粒与壁面的表面切应力也较大,这种切应力不可避免地会破坏管道内壁的腐蚀产物膜,暴露出更多的新鲜表面,促进管道内壁基体的腐蚀。

环状流是指由气体和液体组成的两相流的一种流型,其特点为沿管的内壁有液膜,大部分液体成膜状沿管壁运动,而气体则在管的中心区夹带雾沫高速流过。产生这种流型的条件是气体速度大于液相速度。它经常出现在石油工业的油气运输中,流体流速很高,并且在水平和垂直管道内均可发生。环状流中的高速气流会形成很大的剪切速度,导致壁面剪切力较大。因此在该流速下,管壁可能存在较高的冲刷腐蚀问题。

8.3.2　流速及壁面剪切力的影响

介质的流动对管道多相流腐蚀主要体现在冲刷腐蚀上,具体包括两种作用:质量传递效应和表面剪切应力效应。因此流体流速及产生的壁面剪切力在多相流冲刷腐蚀过程中起着重要的作用,并直接影响多相流冲刷腐蚀的机制。通常管道内壁金属腐蚀速度随管内流体流速及壁面剪切力的增大而增大。这是因为随着流速增大,一方面有利于腐蚀性物质传递,另一方面会破坏腐蚀产物膜或者阻碍腐蚀产物膜的形成。研究表明,当流速大于 10 m/s 或壁面剪切力大于 70 Pa 时,由于在高速流动时,介质冲刷作用会破坏腐蚀产物膜或者阻碍腐蚀产物膜的形成,钢表面没有形成保护性的腐蚀产物膜,相当于钢表面直接和腐蚀介质接触。所以,随着流速增加,腐蚀速率也逐步增加。但在过低的流速状态时,容易导致点蚀,使局部腐蚀增加(图 8 - 6)。

8.3.3　油水比或含水率的影响

在多相流输送中管道腐蚀穿孔的直接原因是原油中含有一定矿化度的水,这部分水在原油输送过程中逐渐沉积在线路低洼处的管道底部,从而使腐蚀反应成为可能。

油水比或者含水率的影响表现为:当含油比较高时,形成油包水,油湿润管壁,阻碍水与管壁接触从而降低了水对管道的侵蚀,此时腐蚀速率随含油比的升高而下降;当含油比达到临界值,即流体从持续的水相转变为持续的油相时,此时油膜较厚且稳定,很好地阻碍了水的侵蚀;当含油比超过临界值时,油为连续相,油膜十分稳固(图 8 - 7)。临界值由流体的剪切力及烃的黏度来决定。当高速流下时,因为边界层变薄使得油膜也变薄,水的流动性也提高,所以此时需要含油比的值较高来形成有保护作用的油膜。关于在油水两相中管线钢的腐蚀已有大量研究,研究结果表明:原油含水率为集输管线钢 CO_2 腐蚀的主控因素,对碳钢腐蚀速率的影响显著。随着含水率的增加,腐蚀会进一

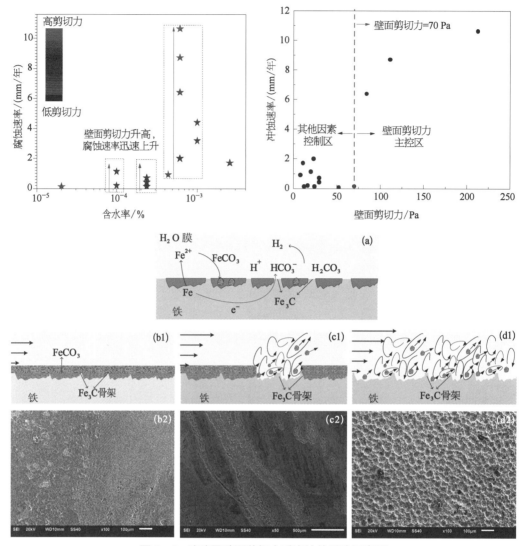

图 8 - 6 流速及壁面剪切力对腐蚀的影响示意图

步加剧。油水两相中原油吸附的不均匀性也会引起局部点蚀,在油水两相界面处发生局部腐蚀。在含水率较低时,腐蚀产物膜晶粒呈胞状颗粒堆积,堆积不紧密且存在空隙,与基体结合松散,对基体保护作用弱;当含水率增加,油相对钢表面的屏障作用减弱,生成的产物膜厚而疏松。原油的存在可改变腐蚀产物晶体颗粒大小、堆垛方式、产物膜结构及化学成分,从而起到一定的缓蚀作用;随着腐蚀环境中原油量的减少,其缓蚀作用逐渐减弱。而对于 3Cr 钢在油水分层工况下,其腐蚀产物膜为明显的双层膜结构,其内层腐蚀产物膜为结构致密的富 Cr 层,表现出良好的抗 CO_2 腐蚀性能。

综上所述,当含油比低于临界值时,腐蚀速度随含油比的增大而减小;当含油比高于临界值时,腐蚀速率会迅速降低。

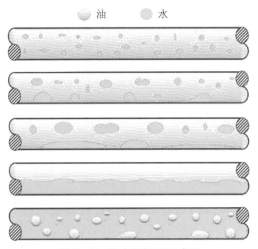

○ 油　● 水

图 8-7　油水两相流示意图

8.3.4　湿气冷凝的影响

湿气顶部腐蚀通常发生于湿气集输管线,且管道底部液相和顶部气相两相流为层流的情况下。在湿气传输过程中,由于管外环境温度低于管内湿气温度,湿气中含有的饱和水蒸气在管道顶部内壁发生冷凝。与此同时,湿气中的酸性气体(如 CO_2、H_2S 和有机酸等)溶解于管道顶部冷凝水中,便会导致管道顶部的腐蚀发生(图 8-8)。可见,顶部腐蚀涉及三个同时进行的过程:冷凝过程、冷凝水中的化学反应和腐蚀过程。冷凝水中的化学反应和腐蚀过程的反应机理,跟管道底部溶液中的 CO_2 腐蚀和 CO_2-H_2S 腐蚀原理并无区别。实际上,顶部腐蚀与底部腐蚀的最本质区别在于冷凝过程中冷凝物(包括水蒸气、乙二醇蒸气和可冷凝天然气等)的不断冷凝对冷凝液化学成分的持续更替作用,导致管道顶部冷凝液的水化学成分不同于管道底部溶液成分。因此,冷凝速率和冷凝液成分的预测对理解顶部腐蚀机理至关重要。

图 8-8　管道顶部腐蚀

为了更好地理解顶部腐蚀和预测顶部腐蚀速率,首先要理解其冷凝过程并建立模型。目前冷凝模型主要有膜状冷凝和滴状冷凝两种。膜状冷凝是指管道顶部完全被冷凝液润湿,冷凝液在管内壁形成薄层的膜状结构。

假设冷凝液膜内温度递减呈线性变化,Chato 基于动量和能量守恒关系,计算了液膜的平均热传递系数,并得到气体为单纯水蒸气下的冷凝速率。对于含有非冷凝气(如CO_2)的膜状冷凝,Minkowycz 等提出在液膜层外应该有另外一层边界层,在此边界层内气体中的可冷凝气体(如水蒸气)由于温度递减而逐渐在液膜界面析出冷凝水。根据其模型预测显示,系统中少量非冷凝气体的存在会显著降低热传递通量,从而影响冷凝速率。Slegers 等通过实验对 Minkowycz 等的理论进行了验证发现,在非冷凝气边界层内的温降可以高达从气体本体层到金属表面整个温降的 90%。2002 年,Vitse 等首次利用 Minkowycz 膜状冷凝模型来预测湿气管线顶部冷凝速率。

通过对液滴分布函数和通过单个液滴的热量进行积分处理,可以得到单位面积上通过所有液滴的热通量,这个热通量和通过气体边界层的热通量是相等的(图 8-9)。

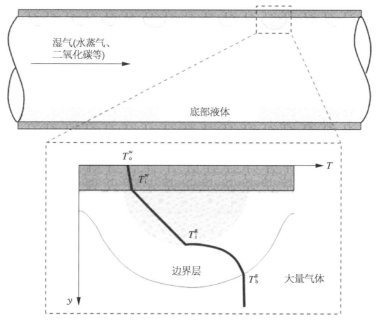

T_o^w—管外壁温度;T_i^w—管内壁温度;T_i^g—液滴和气体界面温度;T_b^g—气体本体温度

图 8-9 管道顶部液滴分布和单个液滴中温度变化示意图

Zhang 等利用管道顶部液滴滴状冷凝过程的热通量守恒,并考虑液滴在冷凝过程中水的质量守恒原则,建立了管道顶部滴状冷凝速率预测模型来预测冷凝速率,并通过湿气环路模拟实验验证取得了良好的吻合结果。

另外,对于湿气管道中天然气的冷凝,Pojtanabuntoeng 等研究了天然气中可冷凝的碳氢化合物(如正庚烷等)对湿气管线顶部腐蚀的影响。由于水和碳氢化合物不相溶,因此管道顶部会分别冷凝形成水滴和油滴,而油滴并不会导致腐蚀,但是碳氢化合物会影响水的冷凝速率,从而影响顶部腐蚀速率。

8.3.5　固相颗粒的影响

固相颗粒性质对液固双相流流动腐蚀的影响很大。颗粒的加入会加速材料的冲刷腐蚀,这主要是由于颗粒会对材料表面产生冲击作用。去除材料表面的腐蚀产物,对流体的搅拌作用也会加速传质过程。一般条件下,固相粒子的硬度越高,颗粒浓度越大,冲刷腐蚀越严重。颗粒粗糙度越大,冲刷腐蚀也会更大。但由于高浓度条件下固相离子之间的相互影响,所引起的"屏蔽效应"使得其对管壁的冲击效应降低,使得流动腐蚀速率不再增大;固相粒子的半径越大,流动腐蚀速率也越大,而固相粒子半径的进一步增大会使得流动腐蚀的机理发生改变。

低流速下容易引起固相颗粒的沉积或形成结垢,则易引起垢下腐蚀或沉积物下腐蚀(图 8-10)。固体颗粒沉积主要影响物质的传输和在管壁上累积、表面溶液化学反应、电化学反应动力学。固体颗粒沉积导致垢下局部腐蚀的原因,目前研究认为主要有以下两个方面:一是改变局部的腐蚀环境,固体颗粒沉积处易产生闭塞腐蚀电池作用、局部环境酸化,还有可能导致与其他部位存在电位差,在大阴极小阳极的作用下加速颗粒沉积处的局部垢下腐蚀;二是改变局部的缓蚀效率,当沉积的固体颗粒表面积较大时,会吸附带走(或消耗)一定数量的缓蚀剂,使缓蚀剂达不到有效浓度,降低缓蚀效果。此外,固体颗粒沉积可能会降低缓蚀剂的活性,未能发挥缓蚀作用,从而加速颗粒沉积处的局部垢下腐蚀。

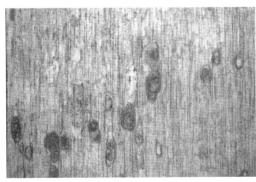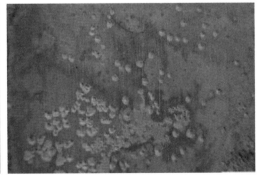

图 8-10　固体颗粒沉积导致碳钢点蚀形貌

影响多相流腐蚀的因素还有很多,如温度、CO_2 分压、H_2S 分压、原位 pH 值、介质的水化学特点、微生物(如硫酸盐还原菌等),甚至可能侵入海底管道的海水及溶解氧,或天然气中可能存在的有机酸等,都会从局部腐蚀环境上影响多相流腐蚀规律,这里不再赘述。

8.4 海底管道多相流腐蚀工况下的缓蚀剂应用

综合考虑流态、流速和壁面剪切力等参数如何影响缓蚀剂的有效性，一般情况下，流速增加将降低缓蚀剂的缓蚀效率，但另一方面，流速过低时由于砂沉积和流态变化也会影响缓蚀剂应用效果。流速从两方面影响缓蚀剂缓蚀效果：一是流速直接影响缓蚀剂的传质过程，当流速过低时，流体与管壁的边界层厚度较大，缓蚀剂难以传输到管壁，影响缓蚀剂膜的形成，缓蚀剂必须在高于一定临界流速的条件下才有较好的缓蚀效率；二是流动产生的剪切力对缓蚀剂膜的冲击作用，可能导致膜的破裂剥落，缩短缓蚀剂膜寿命，甚至造成缓蚀剂膜在金属表面难以形成。因而，缓蚀剂只有在特定的流速范围内使用，才能获得最佳的缓蚀效果，流速范围会因缓蚀剂不同而各异。

在某些管道中，产生的壁面剪切力能达到 300 Pa，而在多相流中，特别是存在弹状流时，由于气泡的作用，瞬间的壁面剪切力甚至能达到 3 000 Pa。在凝析气田管道中，其管道内局部区域剪切力可以达到 320 Pa。提高流速，会提高壁面剪切力，从而提高腐蚀速率，降低缓蚀剂的作用效果。高流速导致的高壁面剪切力不利于缓蚀剂在表面成膜。某些缓蚀剂吸附在金属表面的膜层在高壁面剪切力作用下会被破坏，存在一个极限流速；高于这个速度，缓蚀剂膜就会从金属表面被剥离，从而导致较低的缓蚀效率。

在添加缓蚀剂条件下，存在临界壁面剪切力。当壁面剪切力小于临界壁面剪切力时，缓蚀剂的缓蚀效率随着壁面剪切力的增加基本不变；而当超过临界壁面剪切力时，随着壁面剪切力的增加，缓蚀效率降低。缓蚀剂有效作用的临界壁面剪切力和缓蚀剂的浓度密切相关。当缓蚀剂浓度不够时，临界壁面剪切力较低，且超过临界壁面剪切力后，缓蚀剂的缓蚀效率随着壁面剪切力的增加而急剧降低。而当缓蚀剂浓度足够时，临界壁面剪切力则比较高，且超过该壁面剪切力后缓蚀效率降低也不明显。同时，随着壁面剪切力的增大，腐蚀产物膜的厚度逐渐减薄，腐蚀产物膜晶粒逐渐变细，腐蚀产物膜的开裂面积急剧增加，且高剪切力下表面才会出现明显的点蚀坑。

多数学者认为，高于临界速度的时候，缓蚀剂是起不到应有的缓蚀效果的。但是，有研究发现，在多相流中存在一个临界流动强度，当腐蚀介质的流动强度高于临界流动强度时,缓蚀剂迅速失效,腐蚀速率开始急剧增加。不同缓蚀剂种类以及不同的缓蚀剂加注浓度,其临界流动强度不同,所以,只要根据流动速度相应提高缓蚀剂加注浓度,在高流速下缓蚀剂仍然可以发挥作用。不同缓蚀剂、不同浓度下缓蚀剂有效作用的临界流速示意图如图 8-11 所示。

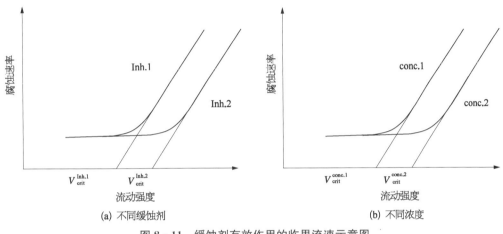

图 8-11　缓蚀剂有效作用的临界流速示意图

缓蚀剂在油水两相中的油水分配性会受温度、含盐量、浓度大小等因素的影响。温度会导致缓蚀剂在两相中迁移自由能变大,促使缓蚀剂在油相中的浓度减小、水相中的浓度增加。另外,水相中含盐量的增加将会增大缓蚀剂向水相中迁移的阻力。由于水相矿化度高,离子效应使得缓蚀剂在水相中极易受到排斥,导致其溶解度变小。原油的组分对碳钢腐蚀行为具有一定的缓蚀作用,其缓蚀作用机理主要是几何覆盖效应。原油中具有缓蚀作用的化合物吸附在金属表面,有利于生成更致密的腐蚀产物膜,抑制表面腐蚀反应活性点的同时阻碍了腐蚀性物质与腐蚀产物的传输,从而降低了碳钢的腐蚀速率。原油中起缓蚀作用的物质主要是长链羟基、羰基、醚基、苯基结构的杂原子(N、S、O、P)化合物和长链卤代化合物。

当管内流体中存在固相颗粒时,固相颗粒对缓蚀剂的有效性也存在一定影响。固相颗粒沉积会导致管线钢的腐蚀加重,另外缓蚀剂会在固相颗粒表面吸附,使得缓蚀剂有效作用浓度下降、缓蚀效率降低。

对于多相混输管道,往往在投产后,输送流体的含水率显著提高。在缓蚀剂使用过程中,缓蚀剂加注剂量一般应对应于管道实际含水率,保证加注浓度符合预期要求。由于缓蚀剂往往具有一定的油水分配比,有效作用于水相并保护与水相接触管壁的缓蚀剂浓度与含水率密切相关。除上述因素外,缓蚀剂与金属间的配伍性、缓蚀剂中是否加入表面活性剂或分散剂等,也会影响缓蚀性能。

8.5 国内海底管道多相流腐蚀与控制研究进展

近年来,国内相关机构围绕深水油气田开发过程典型多相流动特点,研究了介质流动状态对腐蚀行为和缓蚀剂效果的影响机制和临界判据,建立了深水油气田管道典型多相流流型腐蚀模型和风险评价方法,提出多相动态腐蚀工况下缓蚀剂有效性评价方法和规范。

针对深水天然气管道层流工况,明确了顶部冷凝腐蚀的关键判据和评价方法。针对深水天然气管道气液两相流腐蚀工况,国内建立了一套能够实现 30 m/s 以上气相流速的高压湿气腐蚀实验环路,支撑了深水流动保障中关于管径、临界流速、冲蚀系数等关键参数的设计,成果应用于我国深水海洋油气开发中的管道腐蚀控制和缓蚀剂评价。针对深水输油管道油水两相层流工况,澄清了层流底部水相和油水界面交替润湿工况下的腐蚀机制和缓蚀剂评价方法及装置,提出了缓蚀剂油水分配性测试的要求。针对固体颗粒沉积工况,明确了固相颗粒沉积工况下砂垢对碳钢腐蚀行为的影响规律和机制,建立了固相颗粒沉积对缓蚀剂的筛选及评价方法。

第 9 章 深水流动安全监测技术

随着海洋石油工业的发展,水下生产系统的开发方式得到了更加广泛的应用,成为深水油气田开发的一个发展趋势,目前其最大应用水深接近 3 000 m,最长回接距离近 150 km。在国内,水下生产系统的开发方式已经在荔湾 3 - 1 气田等 10 个油气田成功实施,并且在南海深水开发中将扮演更加重要的角色。在全球石油行业数字化的背景下,如何对水下生产系统的生产和流动安全进行有效的管理,成为一个重要的问题,尤其对于深水气田,管道的地形起伏、高温、高压等一系列外界条件带来的水下计量困难,还有水合物、段塞流、冲蚀、腐蚀等问题为回接管道的流动安全带来了很大的风险。为实现更好的流动管理效果,海洋石油行业的工程师基于多相流计算原理,研发了深水回接系统流动安全监测系统。

流动安全监测系统主要根据气田水下设施特性及参数建模,及时从监测对象(井筒、管线、段塞流捕集器等)处的传感器及仪表获取数据(压力、温度、阀门开度等),接着将采集到的数据传递到系统内开展计算,计算出海底管道等水下设施相关流动参数,监测管道流动状态,并在此基础上判断和预测流动安全风险,从而为生产作业人员提供操作建议。该技术已经在北海、亚太、墨西哥湾以及西非等多处水下油气田生产中得到应用,在国内外石油公司得到了广泛认可。本章主要对流动监测技术的原理及功能进行总结和介绍,并重点介绍流量监测虚拟计量技术、泄漏监测技术、堵塞监测技术等内容。

9.1　流动监测技术简介

在传统的石油天然气工业中,为了简单高效地实时测量油井的产油、产气量和含水量,通常的做法是,采用选井计量或者在每口井上安装一台多相流量计,为了监控管道的流动参数,需要在管道上加装各种仪器仪表。当水下生产工艺诞生之后,传统的技术手段面临诸多新的问题。如果继续选择在水下的生产系统中安装传统的多相流量计进行计量,且不论水下多相流量计的高额费用,仅其日常的标定及维护就很难在深海条件下实现。此外,在深水高压、低温的复杂环境里,水合物、严重段塞流构成海底集输管线和生产系统流动安全及正常运行的主要风险。尽管如此,这些方面已有不少研究和应用技术,为海底管道的设计和管理提供了有力的技术支持。鉴于油气生产具有一定的不可预见性,海底管道的运行和维护又具有长期性这一特点,油气田的作业者更希望能有一套即时在线的装置,能够实时提供流动信息,为油气的生产和集输提供不间断的技术保障。

    国外有关技术公司已经开发出了多种适用于深水油气田流动安全保障在线监测与管理系统,并在北海、墨西哥湾及西非等地区的一些深水油气田上得到成功使用,取得了良好的结果。目前国际上比较著名的主要是 OLGA Online 和 DIGITAL TWIN 等系统。以 OLGA 为内核的 OLGA Online 解决方案已成为数字化油田的重要选项,在 Ormen Lange、Scarab/Saffron、Corrib、Goldeneye、Canyon Express、Snøhvit 和 Shtokman 等油气田的开发过程中,由 OLGA Online 辅助的远程作业提供了重要的支持,在我国荔湾 3-1 气田也正在使用。DIGITAL TWIN 数字孪生系统采用的是 LedaFlow+K-Spice 的模式,其特点是利用 LedaFlow 实现水下管道的流动模拟,K-Spice 实现平台上部工艺的模拟,并实现连接,从而模拟整个生产系统的工况。此外,FLOW MANAGER、VIRTUOSO 等流动管理监测系统也有较多的应用。在国内,气田流动管理技术的应用首先从实现水下虚拟计量功能开始突破,2013 年在流花 19-5 气田首次实现了水下虚拟计量技术的国内应用,并于 2019 年在文昌 10-3 气田安装了初步的流动管理系统,实现了海底管道监测和水合物风险监测等功能。

    流动监测技术实质上是依托于多相流模拟技术的软件系统,该系统通过采集油气田的常规工艺参数(组分、井深结构、导热系数、试井数据等),以及常规生产所收集的即时生产数据(各个位置的温度压力),通过计算机及相应的软件实时计算所需的流动信息,提供相应的油气田管理对策。该系统通常由两个子系统组成:

    (1)流量监测系统(即虚拟流量计系统)

    该系统基于计算机系统的数字化测量测试仪器,利用数据采集模块来完成一般计量仪器的数据采集功能,再利用计算机系统完成一般计量仪器的数据分析和输出显示,无需任何流量计量仪表,通过安装在井下及油嘴前后温度、压力及压差传感器获得的基本信号以及油嘴开度信号,对多相流模型进行实时计算分析,得到单井流量。

    (2)海底管道的在线模拟及监测系统

    该系统利用虚拟计量所得流量信息或者现场实测流量信息、海底管道进出口压力温度数据,实时计算海底管道的压力、温度、持液率等流动参数分布,为水合物预防和化学药剂注入提供数据支持,同时可以实现堵塞、泄漏等多种监测功能。

    随着我国海上油气开发进入深海,流动安全保障已成为制定深水油气田最优开发方案和确保现有海洋油气田稳产的核心技术。深水油气田采用在线监测技术是海底集输管线及保障生产系统流动安全的一个行之有效的手段,也是近年来国际上新兴的技术方案,将对强化我国海洋石油水下生产系统的安全运行和提高海洋油气开发的经济效益具有十分重要的现实意义。

9.2 流量监测虚拟计量技术

流量监测技术即虚拟计量技术,是一套以油气田实时生产数据为依据的、可用于反映生产流动过程的计算分析系统。基于这个设计理念,流动监测系统可用于水下气井井口流量测量及海底管流动在线模拟。

1) 流量监测(水下虚拟计量)系统构架

典型水下虚拟计量系统由软件系统和硬件系统两部分构成,如图9-1所示。其中硬件系统主要承担与现场中控系统(DCS)的数据通信,并作为该系统的运行平台。软件部分主要包括组态软件、数据库软件及核心计算软件。数据库软件用于管理该系统工作所需的各种参数,包括气藏、井筒、油嘴、海底管道、组分、计算参数等。同时数据库也保存了所有的流量计算结果,以便用于数据的分析和维护。组态软件提供了过程控制的连接和嵌入(OLE for process control,OPC)服务器和人机界面功能,使整个软件

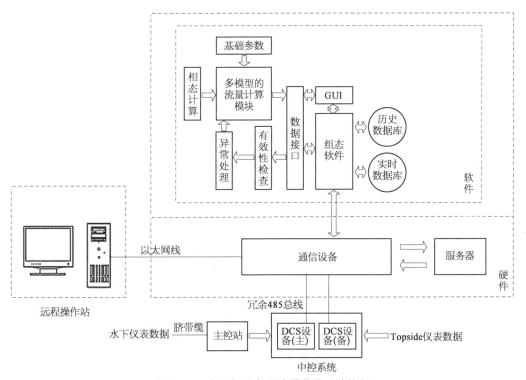

图 9-1 水下气田虚拟计量装置系统构架

系统成为一个整体运行。工作于后台的核心计算软件则完成流量的计算及其他各种分析运算,它包括了所有流量算法及数据处理过程,为适应同时计量多口生产井的要求,采用了多线程的程序开发技术。核心计算模块采用了多模型同时计算的方式,所以,即使个别井的井底或井口喷嘴前、后压力和温度传感器失效,系统依然能够正常工作。

2)输入及输出的数据

为了完成实时井口流量及海底管道流动的计算,需要的参数分为两类:水下生产系统基础参数、实时生产数据。水下生产系统基础参数主要是指井流的组分数据、气藏特性、井筒的轨迹和结构、地层温度分布、油嘴特性、海底管道参数等。实时生产数据来自仪表的测量值,包括井筒底部的压力及温度、井口压力及温度、油嘴后压力及温度、油嘴的开度、阀门状态、段塞流捕集器的仪表数据等。通过虚拟计量系统的分析计算,可以获得的输出数据包括:单井的总质量流量,气、油、水三相的体积流量(标况),以及气田生产井的总流量。另外,结合海底管道的多相流计算,还可提供海底管道沿程的压力、温度分布等数据。

3)计算模型和方法

按照一般的气田水下生产系统开发流程,从井底至采油平台的流动存在四种流动形式:油藏中的渗流、井筒中的垂直管流、过油嘴的流动及海底管道中的多相流动。虚拟计量系统利用这四种流动的特点及形式,建立相应的模型及算法,实现虚拟计量及海底管道的在线模拟,这些算法包括油藏模型、井筒模型、油嘴模型和海底管道多相流模型等。

(1)油藏模型

油藏中的渗流可以通过产量与流压关系(inflow performance relationship,IPR)曲线来进行估算,或者由油气田作业方提供相关的试井或生产数据,通过流压计算流量,或通过配产表等方法获得总流量的估计值作为其他流量计算模型的初始值。

(2)井筒模型

通过气井上下部的温度和压力传感器的数据,使用井筒模型计算井筒内的总流量。井筒的计算模型有 Beggs-Brill 模型、Mukherjee-Brill 模型、Duns-Ros 模型、Gray 模型等。

(3)油嘴模型

包括 Sachdeva 模型、Perkins 模型、Sachdeva 改进模型等。通过油嘴前后的温度和压力传感器的数据,使用油嘴模型计算总流量。不同厂家提供的油嘴类型可能会不同,其流动特性也不同,需要根据实际的生产情况进行比选确定。

(4)海底管道多相流模型

该模型更为丰富,应该根据管道的路由特点、倾角、尺寸以及所输送物流的特点来进行选取,可以选用的模型包括 Beggs-Bril 模型、Oliemans 模型、Xiao-Brill 模型等。

此外,为了准确获得井流在不同工况下的物性以及计算分相流量,需要获得准确的井流物的组分数据,并根据相平衡计算获得相应的物性参数。相态计算常用方法有BWRS、SRK、PR 等,可以采用自编软件或者相态计算商业软件来计算。如果要设置水合物风险分析功能,还需要增加水合物计算的模型。

典型的水下气田虚拟计量装置计算程序框图如图 9-2 所示。

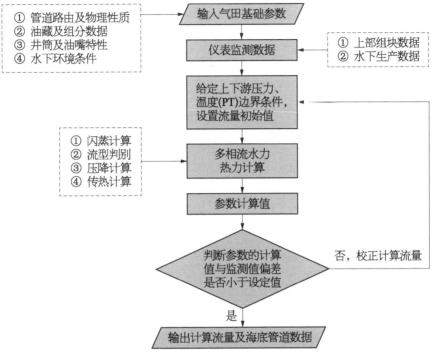

图 9-2　典型的水下气田虚拟计量装置计算程序框图

4) 流量监测效果

随着 2012 年水下气田虚拟计量装置首次在我国南海崖城 13-4 气田应用,以及在流花 19-5 气田的首次国产化应用,虚拟计量装置在我国水下气田的开发中发挥起重要的作用,也得到了越来越多的认可。从南海已投产的项目情况看,水下气田虚拟计量装置能有效服务水下气田生产。

在油气生产中,单井产量数据是进行油气藏动态预测与生产管理的关键信息。对于水下生产系统,以前通常需要为每口生产井单独安装一台多相流量计。但水下多相流量计多为国外技术垄断、价格昂贵,同时多相流量计的测试、校准及安装维护都存在一定问题。采用水下虚拟计量装置,可以有效地补充水下流量计的一些不足之处,在边际气田甚至可以替代水下流量计使用。水下虚拟计量装置的灵活性和可靠性保证了其可以作为现有气田的新增设施接入系统中,可以作为边际气田节省开发成本的利器,还可以作为多井口大型气田的"产量管家"。

已经投用的水下气田虚拟流量装置在计量精度方面实现了较好的应用效果。对于可获得各测点压力和温度的油气井,虚拟计量系统的气相测量误差一般为 2%～5%。当个别油气井的井筒或水下采油树油嘴前、后压力和温度传感器失效时,虚拟计量系统也能通过对整个生产系统运行参数的分析,通过总流量递减其他井的产量,较为精确地计算出该油气井的产量。从目前各大气田应用的效果来看,气田虚拟计量系统在校准后通常可以达到单井气相流量误差控制在 5% 以内的计量精度。

图 9 - 3a 为南海某气井水下虚拟计量装置气相产量计算值与流量计测量值的对比,水下虚拟计量装置的计算结果与实际测量值吻合较好,测试期间的各种产量调整过程所产生的产量波动都基本可以很好地体现,其间几次关停井造成的短时间停产过程也没有影响水下虚拟计量装置的工作。图 9 - 3b 为气相计算值与测量值的相对误差分布,相对误差小于 ±5% 的计算结果占 92% 左右。水下虚拟计量装置的液相计量测量误

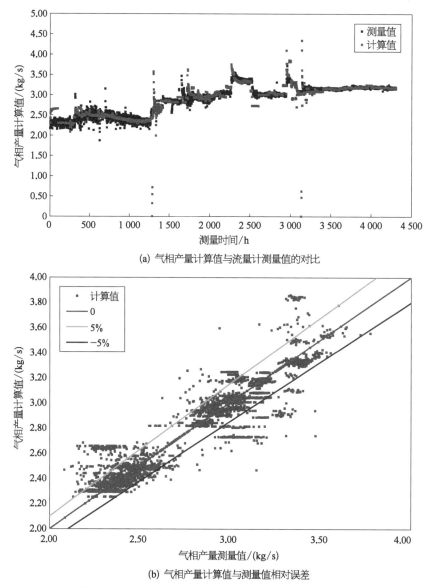

(a) 气相产量计算值与流量计测量值的对比

(b) 气相产量计算值与测量值相对误差

图 9 - 3　我国南海水下气田某井虚拟计量系统气相产量计算值与测量值对比及相对误差

差一般可以达到 10% 左右。整体上来看,这样的计量效果已经可以满足气田生产的需求。

水下虚拟计量技术有着良好的经济性、可靠性、准确性和灵活度,正在越来越多的海上油气田中得到应用。其在南海水下边际气田的成功应用,为未来海上边际气田开发的水下单井计量方式选择起到了良好的示范作用,为实现气田智能流动管理奠定了基础,同时也为保护海上油气田的信息安全提供了保障。虚拟计量技术是流动管理系统功能模块之一,在海上天然气田开发过程中,通过对虚拟计量技术的应用,可进一步探索水合物动态管理和生产安全管理等智能气田创新技术。

9.3　泄漏监测技术

海底油气管道是输送石油和天然气的生命线,一般包括铺设在海底的油气集输管道、干线管道和附属的增压平台,以及管道与平台连接的主管等部分。由于海底管道运输量大、稳定、运输效率高、造价低廉、很少受气候影响等诸多优点,因此一直作为海上油气运输的最佳选择。然而,随着管线运行年限的增加,它们会不可避免地遇到老化、腐蚀穿孔、不可抗力和外界条件变化(如地震或海床支撑坍塌等)和其他自然或人为损坏等问题,从而可能导致管线事故频繁发生。管线一旦泄漏,将威胁到人们的生命财产安全、生存环境,以及造成严重的资源浪费等恶劣后果。及时发现管道泄漏事故并排除事故是安全生产的重要环节,因此,建立可靠的泄漏监测系统,为管道提供连续不间断的监测,及时识别管道意外发生的泄漏事故,准确监测泄漏点位置及估计泄漏程度,对于陆地和海底管道都具有很大的意义,可以最大限度地减小经济损失和环境污染。应通过海底油气管道泄漏监测技术的研发,将其应用于运行中的海底管道,提前判断和及时解决海底油气管道的泄漏问题,以减少运营者的损失。

1) 管道泄漏监测系统应具备的要求

① 泄漏监测的灵敏性。管道泄漏监测系统能够监测从管道渗漏到管道断裂全部范围内的泄漏情况,发出正确的报警提示。

② 泄漏监测的实时性。从管道泄漏到系统监测到泄漏的时间要短,以便管道管理人员立即采取措施,减少损失。

③ 泄漏监测的准确性。一方面要求准确地监测到泄漏的发生,另一方面也要求误报警率低、报警系统可靠性高。

④ 泄漏定位的准确性。当长输管道发生不同等级的泄漏时,监测系统提供的泄漏点位置与管道真实泄漏点误差要小,以使管理人员尽快到达泄漏点进行维修。

⑤ 检漏系统易维护。当检漏系统出现故障时,要容易调整,尽快修好。

⑥ 检漏系统具有较高的性价比。

2) 泄漏监测技术常见方法

基于以上要求,国内外就管道泄漏监测方法进行了大量研究。

根据泄漏监测位置的不同,可分为管内监测和管外监测两种方法。根据原理的不同,可分为基于硬件的监测和基于软件的监测。在此按照基于内部监测、基于外部监测以及间歇性泄漏监测方法进行分类(图 9 - 4)。基于内部监测的方法主要包括压力/流量监测法、声压力波法即负压波法、平衡法、统计监测法、实时瞬变模型法,另外,外接实时瞬态模型法、液下气泡法以及套管监测也较为常用;基于外部监测的方法主要有光纤法、声波法,其他还有电容法、蒸气感应法、光学相机法、生物传感器法、荧光监测法、特性阻抗监测法以及遥感法。另外,还有一些间歇性监测,为周期性泄漏监测系统,包括智能清管器、声学清管器、水下机器人(ROV)/自主式水下潜器(AUV)监测、水下滑翔机器人以及水下拖曳系统。下面介绍应用比较广泛的几种方法。

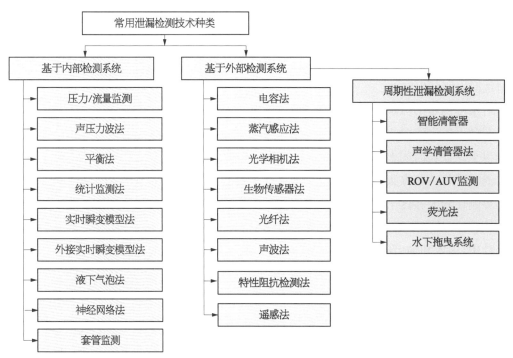

图 9 - 4 泄漏监测技术分类

(1) 压力/流量监测

该方法建立管道内流体压力和流量的状态方程,以被监测的两站的压力为输入,对两站流量的实测值和观测值的偏差信号采用适当的算法进行检漏和定位。其假定两站的压力不受泄漏量的影响,所以仅适于小泄漏量情形。针对多泄漏的情况,利用管道首末端的压力和流量信号间的冗余关系实现多泄漏监测。泄漏监测是基于已知的管线分布模型，在状态空间将其离散化，根据沿管道假定的一组泄漏分布实现泄漏监测。泄漏定位是通过评价一组未知输入观测器的残差来实现。

（2）瞬变流监测法

这是基于瞬变流数学模型的管道监测方法，是目前输油管道泄漏监测准确性、可靠性较高的一种方法。其监测系统由瞬变流数学模型，流量、压力和温度监测装置，计算机和数据采集板组成。中心计算机中装有在线仿真软件，该软件主要由实时模块、泄漏监测定位模块和报警模块等组成。实时模块是在线仿真软件的核心模块，描述管道运行的数学模型就在此模块中。该方法将管道中的瞬时流量、压力和温度监测数据传输到监控微机的通信设备中，再通过无线发射器与中心计算机通信。

（3）统计监测法

该方法是指在管道的入口和出口测量流体的流量和压力，连续计算管道出、入口的流量和压力关系的变化，若无泄漏发生，则流量和压力之间的关系不会发生变化，而发生泄漏时则相反。应用序贯概率方法对出入口的压力和流量值进行分析，连续计算泄漏发生的概率，然后利用水力坡降法对泄漏点进行定位。统计监测法的理论基础包括假设检验、似然比检验、序贯概率比检验等。其中序贯概率比利用动态质量平衡监测管道泄漏原理，根据管道出入口的流量和压力，连续计算流量和压力之间的关系。当发生泄漏时，流量和压力之间的关系就会发生变化，应用序贯概率比检验方法和模型识别技术对实际测量的流量值和压力值进行分析，对每一组新的数据，使用修正流量差来计算泄漏和不发生泄漏的概率。如果修正流量差的统计平均值增加，泄漏的概率就会增加。如果平均值长时间保持很高，以致使泄漏的概率大大高于不发生泄漏的概率，那么就发出泄漏警告。此方法采用最小二乘法对泄漏点进行定位，但定位精度受监测仪表精度的影响比较大。这里采用一种"顺序概率测试"假设检验的统计分析方法——序贯概率比检验法，从实际测量到的流量和压力信号中实时计算泄漏发生的置信概率。在实际统计中，输入和输出的质量流通过流量变化来平衡。在输入的流量和压力均值与输出的流量和压力均值之间会有一定的偏差，但大多数偏差在可以接受的范围之内，只有小部分偏差是真正的异常。通过计算标准偏差和检验零假设，对偏差的显著性进行检验，来判断是否出现故障。泄漏发生后，采用最小二乘算法进行定位。该方法的优点是不需要建立管道模型，计算量比较小，误报警率低，对工况条件变化的适应能力非常好。其缺点是对气体管道泄漏的响应时间比较慢，而且需要流量信号。

3）泄漏监测系统研发及测试

"十二五"期间，中国海油与浙江大学课题组开发了管道泄漏监测系统软件。软件中主要包括以下模块：界面模块、采集数据模块、数据处理模块、动态监测模块、水力坡降线定位模块、静态监测模块、负压波定位模块、模式识别模块等。图 9-5 为泄漏监测软件的主界面图。在此基础上试制了实验室泄漏监测系统，并开展了现场试验。该试

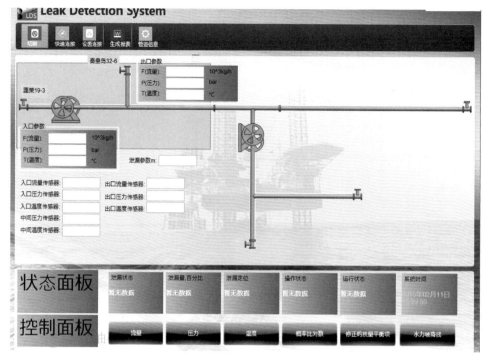

图 9 - 5　泄漏监测软件主界面示意图

验系统分为单相流实验系统和两相流实验系统。单相流实验系统包括管道、空压机、储气罐、气体涡街流量计、气体涡轮流量计、压力传感器、温度传感器、可编程逻辑控制器（programmable logic controller，PLC）、减压阀等。两相流实验系统在单相流实验系统的基础上增加了储水罐、液体流量计、气水分离器等。

　　对泄漏监测软件进行了数次测试，软件均能够实现实时显示功能，满足合同要求。利用实验室试验，采集不同的泄漏量，实验进行 20 次，测试了系统的反应时间，20 次的反应时间在 25～27 s 间，小于 30 s。通过实验室试验模拟海底管道工作环境中常规的非泄漏干扰因素，实验进行 20 次，系统并未产生误报警，即误报警率为零，系统的抗干扰性较强。通过改变泄漏点的压力信号，测试系统对压力波的敏感性。测试 20 次。当压力波变化时，系统能够监测到泄漏，并能给出泄漏量。同时，系统所能监测到的最小泄漏量不大于 5%，最快的反应时间不超过 10 min。相关测试情况见表 9 - 1。

表 9 - 1　泄漏监测系统实验测试指标

实 验 目 的	测 试 条 件	测 试 指 标
测试系统工作状态（是否漏报）；测试最小可监测泄漏量；测试反应时间；测试泄漏量估算精度；测试泄漏定位精度	人工控制不同位置的泄漏以及泄漏量，实验 20 次	漏报警 0 次；最小可监测泄漏量不超过 1%；最快反应时间不超过 1 min；最佳泄漏量估算精度不超过±10%；泄漏定位精度不大于 1.0%的测量长度

9.4　堵塞监测技术及系统研发

9.4.1　堵塞监测技术及常见方法

海底管道的堵塞与它所处的环境息息相关。由于深海温度较低,在深海采油过程中降温作用剧烈,就会发生结蜡堵塞海底管道。当海底管道堵塞时,一定要及时清除掉,否则越积越多。堵塞管道直接影响原油生产和输送正常进行。在国外,美国、加拿大等国家对海底管道堵塞监测技术的研究已有近几十年。由于管道所处环境的多样性,掌握此监测技术的企业寥寥无几。国内的海底管道堵塞监测技术起步较晚,总体上还在吸收研制和开发阶段。

因为管道运输并非时时畅通无阻,管道一旦发生堵塞,就会带来比较严重的经济损失,因此,必须加强管道的堵塞状况监控,而监控的根本点在于对管道堵塞的位置监测和堵塞程度评估。就我国目前运输管道的发展程度而言,大部分城市还没有完善的设备和先进的技术来监测管道堵塞,而配备齐全的管道堵塞监测机构的设立往往成本非常高,因此研究出对监测设备要求不高、监测方法便捷高效的管道堵塞监测方法具有其现实必要性。

管线堵塞位置监测技术的传统方法都需要将管道挖露出来,并沿着管道变形程度进行测试或通过钻孔对流体状态进行观察。这些方法工作量大、耗时较长、操作费用高,很难满足管道运营的要求。国内外研究机构为了寻找到高效可行的管道堵塞监测及定位方法,近年来在管道堵塞点监测和定位技术方面进行了有益的探索。目前,对于管道堵塞点监测及定位技术主要有正压波法、管道模拟仿真法、音波法等几种方法。

1) 正压波法

正压波实际上就是,当管道发生堵塞时,堵塞处管道内流体受到挤压压力上升,达到一定程度后,由于堵塞点与堵塞点前的管道内存在一个压差,且堵塞点压力高于堵塞点前的压力,堵塞点流体向管道上游不断扩充,相当于堵塞点处产生了以一定速度传播的正压波(增压波)。

正压波管道堵塞监测系统主要设备是压力变送器、加压设备和监控终端。为保障系统可靠性,加强监测定位能力,在实际正压波系统中,并不只是依靠堵塞点产生的正压波判断是否发生堵塞并定位,而且用首尾两端压力传感器监测是否有堵塞。当管道发生堵塞后,在管道首端启动加压设备,加强堵塞点前端压力,使堵塞点前端产生更强烈的正压波,正压波遇到堵塞点之后发生反射。安装在管端的压力变送器可以捕捉到直达正压波及反射回波,可进行堵塞点定位。

正压波管道堵塞监测系统的堵塞点定位流程如下:

① 压力变送器监测管道两端压力差,一旦出现异常,疑似堵塞,启动加压泵。

② 加压设备对管道进行加压,压力变送器监测堵塞点传播回来的压力波,记录两次到达变送器的时延差。

③ 监控终端根据时延差和压力波速度求出堵塞点位置。

如图9-6所示,设堵塞点距左边压力变送器距离为 L,压力变送器接收两次压力波的时间差为 Δt,压力波传播速度为 c,那么 $L = c\Delta t$。

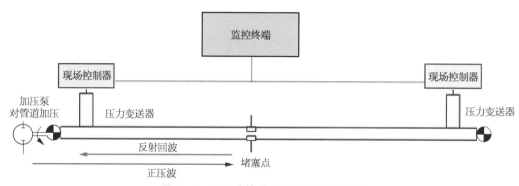

图 9-6 正压波管道堵塞监测系统框图

管内压力波的传播速度决定于流体的弹性、密度、管材的弹性等因素,可以事先进行估算和校准。该方法具有所需设备少、操作费用低、操作简单等优点,其缺点是定位精度差、监测灵敏度较低。

2) 管道模拟仿真法

这种方法主要是通过建立管道模型,将压力传感器安装于压力管道的两端,采集管道两端压力的运行参数,作为边界带入管道模型,仿真出一条水力坡降曲线。当管道出现堵塞时,堵塞点前端憋压,造成管道前段的压力增加,而在堵塞点的后端流体压力骤减,这样可以利用管道堵塞前后两端的剧烈变化来判断管道是否发生堵塞。当管道两端压力差超过一个阈值,就可以判断有堵塞发生。发生堵塞时,根据仿真得到的水力坡降曲线与正常工作时的水力坡降曲线不同在于,堵塞时的曲线在堵塞点对应的坡降曲线点处会出现畸变。利用小波分析定位曲线上畸变点的位置,就可以找到堵塞点的位置。这种方法无须开挖管线,能够及时准确地确定管道堵塞位置,为下一步的抢修赢得时间,有着广阔的应用前景。

目前,国外最新管道模拟仿真软件通过 OPC 等接口从 SCADA 系统采集温度、压力、流量等实时数据。根据管道模拟模型,实时仿真管道的运行状态,实时计算管道输送流量、温度、压力等管网重要运行参数,用于管道的在线工况监测、工况预测、运行优化和培训等方面。现在,国内外也开始研究利用计算机模拟仿真技术进行管道内流动状态模拟仿真,并提供管道流动状态监测的功能。

SCADA 系统预先根据管道的已知参数设定管道流动模型,基本模型由流体运动方程组成。在稳定工况下,根据能量守恒原理、管道内流体的动力学方程、管道内流体的连续性方程和已知的边界条件,模拟出管道上任意一点的压力。

3) 音波法

利用音波法进行管道堵塞点监测和定位,具有监测速度快、定位精度高和对管道无破坏性等优点,是一种很有潜力的管道堵塞监测及定位方法。基于低频音波的管道堵塞点监测系统工作原理是,在管道的一端发射一个低频音波信号,由于管道的波导作用,低频音波信号将以平面波的形式在管道内传播。当管道内流体由于水合物冰堵、结蜡或者阀门关闭等原因导致部分或者全部堵塞时,管道声阻抗将发生明显变化,平面音波将发生反射,并沿着管道传输回到发射点。通过测量发射音波和反射回声的时间延迟,并结合管道内声速,可精确计算出管道内堵塞点的位置。

4) 堵塞监测方法性能对比

对目前主流的管道堵塞点监测和定位方法进行性能对比,见表 9-2。

表 9-2 堵塞监测方法性能对比

监测方法	安全性	灵敏度	定位精度	响应时间
正压波法	差	差	一般	快
管道模拟仿真法	高	好	较差	慢
音波法	高	较好	高	快

9.4.2 堵塞监测系统研发及测试

"十二五"期间,中国海油与北京寰宇声望智能科技有限公司联合研发了基于音波的堵塞监测系统(图 9-7),该系统可针对平台间海底管线、水下生产系统回接到平台的海底管线内流动堵塞(主要包括水合物堵塞、清管器运行位置等),通过海底管线音波信号处理与堵塞识别算法,进行监测与定位。系统主要包括低频音波发射装置、数据采集及预处理装置、堵塞监测定位服务器、监控终端及其他配件。

各部分功能介绍如下:

1) 低频音波发射装置

音波发射装置是基于音波的海底管线堵塞监测定位系统的重要组成部分,其可以产生传播距离较远的次音波(<20 Hz),并高效地传导到被监测管线之中。当管道发生堵塞时,传播的音波会遇到堵塞进而反射,从而安全可靠地实现管线堵塞点的监测和

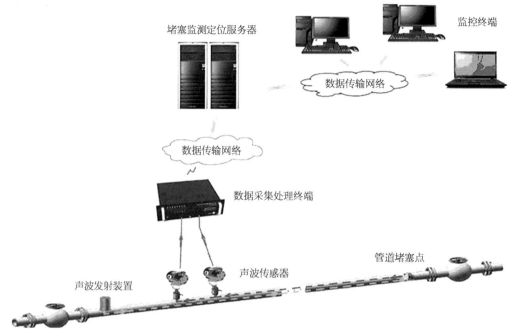

图 9-7　音波加正压波的海底管道堵塞监测系统示意图

定位。

2）数据采集及预处理装置

数据采集及预处理装置接收低频音波，当管道发生堵塞时，会产生反射的回波。数据采集及预处理装置利用安装在管内及管壁的音波传感器采集海底管线内的堵塞反射音波信号。由于存在噪声的干扰以及音波的传播环境复杂，堵塞反射声信号的幅度十分微弱。预处理装置可以对微弱信号进行放大、滤波，消除噪声和干扰，提高回波信号的信噪比，为在低信噪比环境下有效监测堵塞回波信号提供了基础。

3）堵塞监测定位服务器

堵塞监测定位服务器是基于音波的海底管线堵塞监测定位系统的核心组成部分。数据采集及预处理装置将回波处理结果送至堵塞监测定位服务器，利用堵塞反射音波的数据特征进行堵塞监测和定位。通过先进的信号处理方法，堵塞监测定位服务器可以快速、准确地识别堵塞，同时利用直达波和反射波之间的时间差，计算堵塞点位置。堵塞监测定位服务器能够实时将管线状态传送给监控终端，用于报警和人工干预操作。

4）监控终端及其他配件

监控终端是基于音波的海底管线堵塞监测定位系统中的人机交互接口。一方面，可以通过监控终端对整个系统的工作参数进行配置，对系统的工作状态进行监测；另一方面，系统也通过监控终端实时反馈堵塞监测结果。监控终端提供友好的人机操作界面，使用户可以方便地对系统进行操作，获取系统状态。

基于音波的海底管道堵塞监测定位系统能够对海底管道堵塞位置进行有效的监测及定位,通过对不同堵塞面积的堵塞进行测试,实现堵塞定位及监测,分别在长度为303.9 m 和 1 009 m 的管道中进行不同堵塞面积的测试,通过控制球阀的开度控制管道的堵塞面积,在不同的堵塞面积下进行测试,从而得出在技术指标范围之内能就监测到的最小堵塞面积为 45%。根据多组实验得出实验结论,基于音波的管道堵塞监测及定位原型系统性能如下:可以监测到长达 1 km 的管道堵塞。堵塞点平均定位精度小于50 m。对于长度小于 1 km 的气体管道,堵塞点监测速度小于 60 s,可监测出堵塞面积为 45% 的堵塞;监测堵塞面积为大于 85% 时,误报率在 0.5% 以内;当堵塞面积在 45%和 85% 之间时,误报率在 1% 以内。通过信号衰减的负指数分布情况递推出该系统可以监测出 20 km 海底管线的堵塞位置,因此该海底管线堵塞监测及定位系统可达到的技术如下:可监测出长达 20 km 管道中的堵塞,堵塞点平均定位精度在 ±200 m 以内,堵塞点监测速度小于 200 s,可监测出堵塞面积大于 45% 的堵塞;监测堵塞面积大于85% 时,误报率在 0.5% 以内;当堵塞面积在 45% 和 85% 之间时,误报率在 1% 以内。

通过清管器的清管过程,实现对堵塞位置的监测及定位。清管器被放置在管道之中,它会随着管道内的液体或者气体往前运行;当管道中出现小部分堵塞时,清管器会推着堵塞物向前走,清管器的速度同时会减慢;当堵塞物达到一定程度之后,清管器就被停留在堵塞处,系统便可通过发射音波和反射回波的时延差计算出清管器所在的位置及堵塞位置。通过三组实验分别进行验证,分别是天津塘沽 303.9 m 长的室外管道、阿塞线及延长—西安线。通过多组清管实验,可以精确地监测定位到清管器的位置,从而实现对堵塞点的定位,清管器清管实验能够达到要求的技术指标。

第 10 章　技术展望及建议

在国家"863"计划、国家科技重大专项的持续支持下,经过"十一五""十二五""十三五"核心技术持续攻关,我国深水油气田流动安全保障技术取得了重大突破,建立了世界先进的深水流动安全保障系列实验研究平台、1 500 m深水油气田流动安全工程技术体系,实现了深水流动安全监测、控制等核心技术和产品的自主研制和国产化,研究成果已在荔湾3-1气田、流花34-2气田和陵水17-2深水油气田工程设计、建造和运维中得到应用,并为海外合作开发深水油气田安全运行提供了技术支持。更深更远是当前世界海洋石油工业发展的必然趋势,总结所取得的成果,统筹面向2035年深水流动安全保障技术发展方向,实现核心技术自主可控,为我国深远海油气田的自主开发做好技术储备。

10.1 基本认识与应用成效

"十一五"以来,本书编者即"深水油气田流动安全保障技术"课题组紧密结合我国南海深水和海外深水油气田开发过程中的流动安全保障技术难题,联合国内优势力量,学习国外先进技术和实验手段、设计方法,通过持续的联合攻关,在深水流动安全实验体系建立、核心技术攻关、关键设备自主研制和国产化等方面取得了理论成果和技术创新。总结如下:

1) 深水流动安全实验研究与分析技术

由于深水油气田输送系统面临的低温、高压的环境条件,流动系统中面临诸多新的流动安全问题。针对深水油气田输送系统面临的高压条件,课题组自主研制、自主建立了从室内机理研究到大型试验评价的系统。15年来,中国海油联合国内优势力量建立了15 MPa小型室内高压固相沉积实验环路,35 MPa高压多相流水平、起伏和立管实验系统,并搭建了流动改性剂的海上现场测试系统;同时建立了深水多相流动态腐蚀评价系统,实现了从室内到中试评价的转变,为开展目标油气田流动特性、段塞、水合物和蜡沉积特性提供了世界先进的设备和手段。实验成果已为文昌气田群、陵水17-2气田群、东方13-2气田、流花深水油田群等提供了工程设计、运维决策支持。

2) 深水管道流动安全工艺设计集成创新

"十一五"以来,坚持自主研制深水流动安全保障工程设计软件,分别建立了深水油气集输系统中水合物、蜡、沥青质预测模型,稳态和停输再启动瞬态模块等,实现了自主研发与集成创新结合以及从联合设计到自主设计的跨越,为软件国产化研制奠定了基础:

(1) 组分模型

通过对多相流动、蜡、水合物与浆液流动的实验研究和理论分析,自主建立了组分模型与黑油模型物性计算模块,奠定了工艺软件开发的基础。

（2）水合物生成预测模型

首次提出了水合物生长壳模型,考虑了气体的传质及动力学生长和传热对水合物生长的限制,更贴合水合物壳生长的实际情况,模拟计算的结果更加合理与浆液流动计算模块。

（3）蜡沉积预测模块

通过实验研究,分析单相、气液两相、油水两相、油气水三相介质中蜡沉积现象,包括扩散和胶凝规律、影响因素,建立自主的蜡沉积预测模型以及沥青质预测模型,与实验吻合较好,奠定了结合现场修正和改进的基础。

（4）双流体段塞预测模型

研制了适应性更广的双流体模型,并基于双流体模型,开发了集输-立管系统内气液两相流动特性的预测软件。

（5）自主研制和集成研制相结合

集成国外经典稳态多相混输管道工艺设计计算模型,自主研制和集成研制相结合,初步建立 1 500 m 深水油气田流动安全保障工程设计技术,已在荔湾气田群、流花深水油田群、陵水 17-2 深水油气田、海外深水油气田工程设计和安全运维中提供了技术支持和保障,给我方在对外合作项目中争取技术话语权提供了有力支撑。

3）深水流动安全改性药剂体系的研制

（1）水合物低剂量抑制剂体系

研发了 10 种低剂量水合物抑制剂（5 种动力学抑制剂、5 种防聚剂）,建立了产品生产线。所研制的抑制剂成功运用于锦州 21-1、东方 1-1、渤中 25-2 等现场试验测试中,并进行了深水油气田应用分析。

（2）复合水合物和蜡抑制剂体系

研制了 1 种复合水合物防聚-石蜡沉积抑制剂,特别是从植物中提取的高效环保型水合物阻聚剂。优选化学抑制剂性能:在油包水乳状液中体积含水率小于 50% 时,用量为水含量的 0.5%～3.0%,抗水合物生成过冷度 10℃ 以上,对高含蜡原油降凝幅度达到 10～15℃,环保性好。

（3）自主研制了水下解堵橇

为水合物、蜡沉积发生在水下易堵部位,提供了解决方案。同时研制的射流清管器也可以用于水合物和蜡清管作业,减少了管道壁面处的沉积。

4）深水立管段塞流的实时监测、控制及清除技术

（1）流型监测与智能节流段塞控制系统

针对深远海油气开发的潜在需求,自主研制了基于多传感器数据融合技术的流型识别方案,通过对不同位置处的压差进行测量,开发了基于 OPC 技术的深水段塞流在线监测系统和智能节流控制系统,不稳定流型识别率达到 93.61%,可消除 93% 以上严

重段塞流。该系统在文昌油田 116FPSO 顺利实施并稳定运行,实现了段塞有效控制和生产平稳进行。

（2）水下段塞控制技术

进行了水下气液旋流分离器工业样机的研制。以离心分离与重力分离技术为基础,研究设计两级水下管柱式气液旋流分离器。在室内原理机测试的基础上,梳理水下分离器设计标准,完成 300 m 水深水下气液旋流分离器的工艺、结构、容器、配管、仪表、控制、通信等的专业设计,进行过高压舱外压试验、水池模拟的功能试验和性能测试,可以有效实现气液分离、控制水下段塞,各项指标达到国外同类水平。相关技术已经在岐口 17-2、崖城 13-4 等海上油田和陆地油田得到应用,并服务海油海外项目,完成针对荔湾 3-1、陵水 17-2 气田水下分离器概念方案。

（3）清管段塞控制

研制了可以实现旁通射流和防卡堵功能的海底天然气凝析液管线的新型射流清管技术,计算出不同压差、不同旁通率条件下的阀门受力情况。射流清管的现场试验与数值模拟吻合度较高,误差在 10％ 左右,效果较好。自主研制国内首套海底天然气凝析液管道射流清管器工程样机,并在渤中 25-1 海底管道成功应用,有效减少了 30％ 的清管段塞。

5）深水气田流动安全监测与流动管理技术

① 深水油气田实时流动模拟及监测。通过采集油气田的常规工艺参数（组分、井深结构、导热系数、试井数据等）,及常规生产所收集的即时生产数据（各个位置的温度压力）,建立实时多相流动态仿真模型,获得所需的流动信息,包括流型、流态、流量计量、水合物和蜡沉积等。

② 深水油气田流动决策支持系统。利用虚拟计量所得流量信息,或者现场实测流量信息、海底管道进出口压力温度数据,实时计算海底管道的压力、温度、持液率等流动参数分布,实现危险工况的预警,并给出药剂优化方案、清管策略以及典型危险工况的对策和决策支持。

③ 自主研制国内第一套水下气田流动管理系统,可实现虚拟计量和海底管道在线模拟。该系统在南海流花 19-5 气田、文昌气田群等成功应用,油气水各相计量误差在 10％ 以内,其中 92％ 的数据误差在 5％ 以内,已初步达到国际同行水平,保证了油田生产信息的安全,目前已推广到 60 口井。

④ 自主研制的基于声波、流动模拟等为主的海底管道泄漏、堵塞监测系统,已经在岐口 18-1、涠洲 11-4 油田海底管道得到测试应用,并在陆地油田进行了成功验证,为进一步产品开发奠定了基础。

6）深水油气田多相流动态腐蚀探索

① 针对深水天然气管道高气相流速下的腐蚀行为与缓蚀剂评价,设计研发一套高压高速湿气环路,可实现高含 CO_2 高气相流速高壁面剪切力湿气管道腐蚀工况的模拟,

明确了关键工艺参数对高气流速下冲蚀与缓蚀剂成膜稳定性的影响机制,获得了高气流速下缓蚀剂有效性评价的关键参数与临界判据,建立了基于高压高速环路装置的高气相流速下缓蚀剂评价方法。

② 针对深水输油管道油水两相层流工况下的腐蚀行为与缓蚀剂评价,设计研发了一套油水交替润湿工况下腐蚀行为研究及缓蚀剂评价装置,研究了油水交替润湿对缓蚀剂作用效果的影响规律及机制,明确了低流速油水层流工况下油相对缓蚀剂作用效果的影响,模拟了油水界面处缓蚀剂作用效果的衰减效应及油水界面处沟槽腐蚀的产生,建立了一套适用于油水两相层流工况下的缓蚀剂评价方法。

③ 开展深水气液、油水两相流动动态腐蚀机理及对策研究,为深水油气田远距离集输处理防腐策略制定提供技术支持。

10.2 问 题 和 挑 战

经过多年持续攻关,重点突破了 1 500 m 水深级从水下流动设施到海底管道、立管以及下游设备流动全过程中的技术瓶颈,如流动安全工程设计技术、水合物和蜡固相沉积、段塞防控、多相腐蚀、水下油气集输处理等流动安全保障创新技术,同时探索建立了我国首套水下油气田流动安全监测与管理系统,为海上油气田高效、安全、经济运行,奠定了技术基础和提供了技术支持。

但是,还应该清醒地认识到,我国的深水油气田开发才刚刚起步,与国际先进水平和我国深水油气田开发的实际需求相比,仍存在较大差距;同时,由于我国海上原油特性复杂,高黏、高凝、高含 CO_2 以及高温高压等特点,出现了许多尚未解决的基础理论和工程技术问题(表 10 - 1),主要概括为以下几个方面:

表 10 - 1 深水流动安全保障面临问题和挑战

关 键 技 术	面 临 问 题	面 临 挑 战
含蜡、水合物原油流动特征与监控	① 蜡沉积规律、分布的预测 ② 水合物与蜡联合作用评价方法、防控方法单一	① 扩散和胶凝、微观特征 ② 监测手段、评价方法、多方法联合防控
段塞预测和控制	① 老油田无立管底部信号 ② 深水段塞可借鉴资料少	① 信号获取量有限 ② 室内放大到现场应用技术

（续表）

关键技术	面临问题	面临挑战
自主软件和流动管理	① 设计分析软件全部进口 ② 油嘴设计信息封锁 ③ ESP 内部构件封锁	① 自主软件研制及准确性评价 ② 模型准确性评估 ③ 国外技术封锁
流动监测	① 堵塞、泄漏等监测背景噪声复杂 ② 油气水多相流动机制复杂 ③ 砂的沉积现象	① 去噪、提高精度 ② 多相流基础理论 ③ 砂的沉降预测与防控
气液、油水多相流腐蚀	① 缺乏试验手段 ② 国内研究基础薄弱	① 顶部腐蚀 ② 流型腐蚀的模拟、评价方法
水下油气处理集输技术	荔湾气田群、陵水 17 - 2 气田、陆丰 15 - 1 等生产后期，将上水下压缩、分离等流动安全设备	国外技术垄断和技术保护

1）中试级别的含蜡-水合物深水流动安全系统尚未建立

通过实验认清流动特性本质是工程研究的前提和根本保障。目前国内高压低温实验环路主要以 1 in 小型机理研究分析为主，用于多相流特性研究，但多相流设备、仪表测试主要依靠国外机构，如水下多相流量计认证需要到荷兰等国有资质的机构进行。建立深水油田流动安全技术中试评价试验研究平台，为进行海上含蜡油流动规律、多相流动态腐蚀、流动策略以及多相流动安全设备性能验证提供试验认证研究平台，是基础平台建设的重要内容。

2）工程软件几乎全部依赖进口

缺乏成体系的自主流动安全分析软件；自主研制的软件还需要结合对现场的认识，数据的修正有待不断提升，如建立了适用于实验室条件下的蜡油-气/水多相流蜡沉积预测模型，但该模型应用到实际生产时与生产需求还有差距。同时目前研制了各个功能模块，还需要各个模块建立商业化的软件构建和体系。

3）水合物控制技术有待完善和提升

固相沉积如水合物和蜡、沥青质的控制方法单一，对于蜡、水合物、沥青质等部分或全部存在的工况，尚未形成系统的解决方法；深水油气田水合物、蜡沉积防控正常运行期间主要采用注热力学抑制剂，同时考虑保温输送、机械清管等策略，新型低剂量水合物抑制剂、复合抑制剂尚未进入工业应用。直流电加热、冷流输送等新技术尚未起步。

4）深水段塞流控制技术应用才刚刚起步

目前主要集中在立管段塞控制，针对海底管道和管汇等处发生的段塞控制方式尚未形成体系，同时水下段塞控制、清管段塞控制等工艺和技术尚不成熟。

5）深水多相流动态腐蚀研究才刚刚起步

目前集中开展了气液、油水两相流动特点、流型、流态等与腐蚀的相关性研究，同时研究主要集中在室内测试分析,包括小型的湿气、油气两相流环路测试,与指导实际工程还有很大差距。

6)海上油气田流动监测及流动管理技术应用尚处于初步探索

流动实时监测包括温度、压力、堵塞、泄漏等工况测试,目前泄漏、堵塞监测主要以实验室研究为主,并部分进行了现场应用,意味着流动安全保障和管理系统研发应用初步。

7)水下油气水增压、处理技术尚未突破

针对我国深水气田群后期水下分离、增压等潜在需求,现有技术停留在机理研究、陆地测试等,与水下油气田开发实际还有很大距离。

8)与国际先进水平差距还很大

国外在研流动安全技术主要有31项,见表10-2。我国仅集中在有限的研究范围内,差距较大。

表 10-2　国外在研流动安全技术

类　　别	技　　术	类　　别	技　　术
固相生成:热力学方法	① 保温 ② 直流电加热 ③ 管中管电加热 ④ 冷流 ⑤ 相变材料	硬件系统	① 水下分离 ② 水下多相增压 ③ 水下压缩 ④ 水下冷凝器 ⑤ 管中管 ⑥ 捆绑式管道 ⑦ 连续油管对接 ⑧ 除砂装置 ⑨ 腐蚀电极 ⑩ 声波砂监测 ⑪ 泄漏监测
固相生成:化学方法	① 热力学抑制剂 ② 低剂量抑制剂 ③ 防蜡、沥青质药剂 ④ 破乳剂 ⑤ 防垢剂 ⑥ CO_2/H_2S 缓蚀剂 ⑦ 消泡剂 ⑧ 杀菌剂 ⑨ 稳定剂	软件系统	① 设计软件 ② 在线虚拟仿真软件系统
		操作方法	① 冷热油冲洗 ② 清管 ③ 降压 ④ 气体扫线

10.3　发展方向思考与建议

随着深水油气田开发水深的逐步增加,由多相流自身组成(含水、含酸性物质等)、海底地势起伏、运行操作等带来的流动安全问题更为突出。因此,围绕深水流动安全设计及相关研究的工作亟待加强,主要体现在新理论、新工艺、新技术以及新装备等方面的研发。深水流动安全技术发展方向思考建议主要在于以下几个方面:

1) 建立国际先进深远海流动安全保障技术中试评价基地

建立国际先进、自主产权的流动安全中试评价基地,形成相应的评价方法。目前在各个科研院所建立的多相流环路的基础上,针对深远海高压、低温、长距离等特征,自主研制并建设具有高压低温油气水多相流动安全保障技术中试评价基地,实现从室内机理到中试之间转变的有效衔接,同时成为从新技术、新工艺应用到现场之间的技术指标、性能测试基地;对新研制产品如水下多相流量计等,可进行性能测试,同时还可以对化学药剂动态特性进行筛选,对现场清管作业等提供技术支持和保障,也为软件的研制奠定实验基础。

2) 自主建立的流动安全模拟分析与设计技术

① 深水流动安全保障模拟分析与设计技术决定了深水油气田开发模式,即干式采油、湿式采油,或者采用全水下生产系统、深水浮式进行海上油气田开发的具体组合模式;同时,该方面技术也决定了深水油气田开发的半径。

② 目前国外具有大型试验研究系统、较为成熟的商业软件,形成了相对成熟的技术产品,并得到较为广泛的应用。国内已经建立室内机理研究的试验系统,具备独立设计的能力,但所用软件全部来自进口,因此迫切需要自主研制。

③ 依托所建立的国际先进的实验室、中试基地,利用大数据技术完善水合物、蜡沉积、段塞预测等模型;研发智能设计软件,实现设计与工程实践循环验证,提升设计软件对现场的自适应、自学习能力,是本项技术的发展趋势。

3) 自主建立的流动安全模拟分析与设计技术

不断改进提升,力争早日建立自主产权的工程设计软件。

① 建立蜡与水合物共存的 W/O 体系黏度计算方法。综合其与水合物诱导期模型及生长模型,提出适用于复杂混输条件下蜡晶析出前后、水合物生成前后的压降预测方法,以期为深海油气开采混输工艺提供必要的理论支撑与参考。

② 明确各组分对蜡沉积规律的影响。海底混输及地面集输管道内含水乳化原油蜡固相沉积已成为流动安全保障研究关注的重点问题,油水体系中乳化微结构及蜡晶聚集体的复杂性制约着其沉积机理的发展,在已获得广泛认同的蜡晶界面吸附作用基础上,深入探索界面吸附蜡微观传热传质与管道宏观流动沉积的本质性关联,可为油水两相及油气水多相混输蜡沉积预测模型的建立提供理论依据。

③ 流动体系中段塞及有害流型识别与控制。在大量实验室数据和现场数据的基础上,改进算法,缩短段塞流识别时间,细化段塞等流型的特征描述,并开展智能控制技术研究。

4) 固相沉积等防控新方法

开展低剂量化学药剂应用研究,为水合物、蜡防控降本增效;同时考虑多种防控方法,如加热、清管、降压等。

5)深水流动安全监测和管理技术

① 深水流动安全保障技术及其相关装备是世界深水油气田勘探开发核心技术,其中的深水流动安全监测和管理技术是保障深水油气田安全经济运行的关键技术之一,其具体包括管道流动参数监测及运行管理优化、堵塞、泄漏监测等技术。目前国外已经形成了相对成熟的技术产品。国内已形成技术产品样机,在我国海上油气田得到初步应用。

② 基于大数据的深水流动安全监测和管理技术,实现对深水油气田流动安全的区域化智能管理且具有一定的自学习功能,有助于解决深水油气田的安全运营,是本项技术的发展趋势。

6)深水多相流动态腐蚀及防护技术

① 进一步研究深水油气管道典型流型腐蚀风险的模拟软件,充分考虑现场更复杂、苛刻的工况环境,提高软件预测的准确性。

② 将所建立深水油气田管道缓蚀剂应用导则应用到实际工作中,指导现场缓蚀剂应用,规范现场缓蚀剂使用。

7)水下油气管网可靠性评估技术

① 针对水下油气管网,建立全生命周期的水下油气管网可靠性评估方法和系统分析方法,概率化定量表征水下油气管网多相流动的安全程度或可靠度,为水下油气管网规划、设计、运行管理等决策提供技术支撑,保障海底油气管网的本质安全和运行安全。

② 研究海底油气管道多相流动机理与流动保障问题,同时采用概率来表征管网的本质安全和运行安全的程度,完成从定性评价到定量表征的转变,是本项技术的发展趋势。

③ 深水水下生产系统流动安全评价与应急处理技术。包括针对水下生产系统中油气管道和设备在发生失效后,水下生产系统的动态响应预测及相应的流动保障技术,以及溢油(气)在深水水下环境与风浪流作用下流动扩散规律预测及相应的应急处理技术。

8)水下油气分离集输装备和工艺

重点开展水下气液分离、水下增压泵、水下压缩机、水下储存等新的技术方向。

① 结合荔湾气田群、陵水深水气田群的实际需求,开展针对性的管道式水下气液分离器、水下湿气增压、水下供电及配套的仪控系统的研究。

② 结合在建设流花深水油气田群重点生产中遇到的新问题,如缓蚀剂沉降、水合物和蜡同时存在、清管策略等。

更深更远是海洋油气开发的必然趋势,也意味着进一步提升单井的控制半径、延长深海油气水多相流体的集输半径,突破深远海油气田多相集输流动安全关键技术和核心装备,形成深远海油气田流动安全工程技术体系,构建深远海油气田流动安全监测、控制与管理技术和装备体系,推动流动安全保障技术成果的产业化,为深水油气田安全开发提供技术支撑和保障。同时,深远海流动安全保障技术涉及多学科领域交叉,其深入研究将逐步推动相关基础研究、应用基础研究、核心技术和关键装备的协同发展,促进学科建设和产业升级,建立从室内基础研究、机理实验到核心技术攻关、中间试验和评价,从陆地到海上,从水面、水中到水下到产业化的技术路径,为深远海油气田安全开发工程设计、建造、运维提供全方位的、系统的、持续的技术支撑和保障。

参 考 文 献

［1］ Duan J M，Wang W，Zhang Y，et al. Energy equation derivation of the oil-gas flow in pipelines［J］. Oil and Gas Science and Technology，2013，68(2)：342 - 353.

［2］ Lv X，Yu D，Li W，et al. Experimental study on blockage of gas hydrate slurry in a flow loop［C］//2012 9th International Pipeline Conference. American Society of Mechanical Engineers，2012：37 - 43.

［3］ 韩朋飞,郭烈锦,程兵.泡状流三维模拟及壁面润滑力模型比较[J].工程热物理学报,2014(10)：1979 - 1983.

［4］ 周宏亮,郭烈锦,李清平,等.用于节流控制的立管严重段塞流模型研究[J].工程热物理学报,2014,35(6)：1109 - 1113.

［5］ 李文升,郭烈锦,谢晨,等.集输立管内气水两相流压差信号的特征分析[J].工程热物理学报,2015(6)：1247 - 1251.

［6］ 张宇,吴海浩,宫敬.海底混输管道蜡沉积研究与发展[J].石油矿场机械,2009,38(9)：1 - 8.

［7］ Sun R，Duan Z H. An accurate model to predict the thermodynamic stability of methane hydrate and methane solubility in marine environments［J］. Chemical Geology，2007，244(1 - 2)：248 - 262.

［8］ Nasrifar K，Moshfeghian M. A model for predication of gas hydrate formation conditions in aqueous solutions containing electrolytes and/or alcohol［J］. Journal of Chemical Thermodynamics，2001，33(9)：999 - 1014.

［9］ Kharrat M，Dalmazzone D. Experimental determation of stability conditions of methane hydrate in aqueous calcium chloride solutions using high pressure differential scanning calorimetry［J］. Journal of Chemical Thermodynamics，2003(35)：1489 - 1505.

［10］ Uchida T，Ebinuma T，Takeya S，et al. Effect of pore size on dissociation temperatures and pressures of methane，carbon dioxide，and propane hydrates in porous media［J］. J. Phys. Chem. B.，2002，106(4)：820 - 826.

［11］ Liao J，Mei D H，Yang J T，et al. Prediction of gas hydrate formation conditions in aqueous solutions containing electrolytes and （electrolytes ＋ methanol）[J]. Ind. Eng. Chem. Res，1999，38(4)：1700－1705.

[12] 李攀,赵金省.机械清除法解决管道水合物堵塞的工程实践[J].油气储运,2012, 31(5)：394－396.

[13] 魏千盛,王小佳,高倩,等.电热解堵技术在苏里格气田的应用[J].石油化工应用,2010,29(11)：84－87.

[14] 任斌,何洋,贾伟浏,等.连续油管解堵技术的应用——以普光P102-3井井筒解堵为例[J].天然气技术与经济,2012,6(2)：56－58.

[15] 武超,王定亚,任克忍,等.海洋油气水下处理系统研究现状和发展趋势[J].石油机械,2012,40(8)：80－84.

[16] 高原,魏会东,姜瑛,等.深水水下生产系统及工艺设备技术现状与发展趋势[J].中国海上油气,2014,26(4)：84－90.

[17] Knudsen T W，Solvik N A. World First Submerged Testing of Subsea Wet Gas Compressor[C]. OTC 21346，2011.

[18] Paul Hedne. Asgard subsea Compression Qualification Profram［C］. OTC 25409,2014.

[19] Terdre N. Subsea Compression Tests Could Determine Long-term Future of Ormen Lange field[J]. Offshore, 2011, 71(4)：100－101.

[20] 江怀友,李治平,冯彬.世界石油工业海底油气水分离技术现状与展望[J].特种油气藏,2011,18(3)：9－10.

[21] Ju G T, Littell H S, Cook T B, et al. Perdido development：subsea and flowline systems[C]. OTC 20882，Houston，Texas，USA，2010：1－6.

[22] Orlowski R T C，Euphemio M L L，Casto F G，et al. Marlim 3 phase subsea separation system-challenges and solutions for the subsea separation station to cope with process requirements［C］. OTC 23552，Houston，Texas，USA，2012：2－4.

[23] 彭伟华,苗健,高伟,等.原油含水量和流速对X60钢管道腐蚀行为的影响[J].材料保护,2012,45(5)：60－62.

[24] 邓晓辉,邓卫东,廖伍彬,等.X65海底管线在多相流中的冲击腐蚀[J].石油化工腐蚀与防护,2011(1)：20－22,29.

[25] 姚景,王文武.弯管中油水固三相转相对冲刷腐蚀影响研究[J].中国安全生产科学技术,2018,14(6)：142－148.

[26] Wang Z L, Zhang J, Wang Z M, et al. Emulsification reducing the corrosion risk in oil-brine mixtures[J]. Corros. Sci. ，2014(86)：310－317.

[27] 白羽,李自力,程远鹏.集输管线钢在CO_2/油/水多相流环境中的腐蚀行为[J].

腐蚀与防护,2017,38(3):204-207,213.

[28] 贾巧燕,王贝,王赟,等. X65 管线钢在油水两相界面处的 CO_2 腐蚀行为研究[J].中国腐蚀与防护学报,2020,40(3):230-236.

[29] 贾巧燕,王贝,王赟,等.油水两相界面处缓蚀剂的作用效果及机理[J].工程科学学报,2020,42(2):225-232.

[30] 刘猛,李斌,陈新华,等. X65 管线钢在油水混合物中的水线腐蚀发展趋势[J].广西科学院学报,2018,34(4):261-267.

[31] 程远鹏,白羽,郑度奎,等. X65 钢在 CO_2/油/水环境中的腐蚀特性试验[J].油气储运,2019,38(8):863-869.

[32] 孟凡娟,王清,李慧心,等. 3Cr 钢在油水两相层流工况下的腐蚀行为[J].工程科学学报,2020,42(8):1029-1039.

[33] 齐友,刘武,王赤宇,等.多相流集输管道腐蚀规律及控制措施[J].腐蚀与防护,2013,34(10):929-932.

[34] 姜志超,杨燕,彭浩平,等. X80 钢在不同砂粒粒径下的多相流中的冲刷腐蚀行为[J].油气田地面工程,2018,37(11):76-79.

[35] 高国娟.基于陕北油田管道 H_2S/CO_2 腐蚀预测模型的应用研究[D].西安:西安石油大学,2020.

[36] 王盼锋,王寿喜,马钢,等.基于 PCA-PSO-SVM 模型的海底多相流管道内腐蚀速率预测[J].安全与环境工程,2020,27(2):183-189.

[37] 吴海浩,王智,宫敬,等.虚拟流量计系统的研制及应用[J].中国海上油气,2015,27(3):154-158.

[38] 周雪梅,段永刚,何玉发,等.深水气井测试流动保障研究[J].石油天然气学报,2014,36(5):149-153.

[39] 王艳芝,吴海浩,宫敬.基于 D-S 理论的多模型凝析气井流量算法研究[J].北京石油化工学院学报,2016,24(2):31-36.